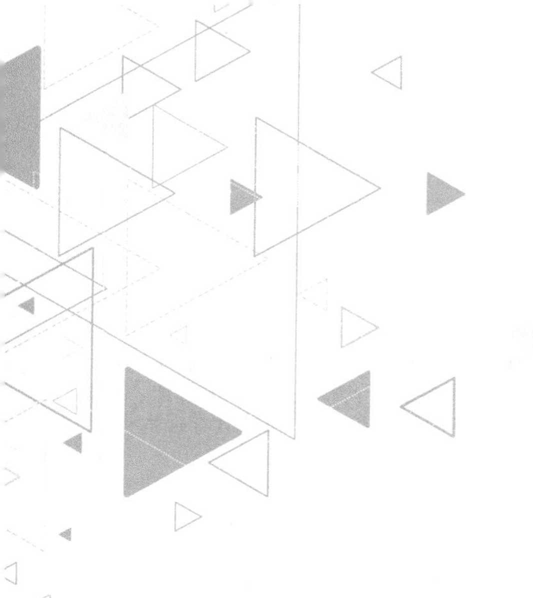

21世纪高等学校计算机专业
核心课程规划教材

数据仓库与数据挖掘

（第二版）

◎ 陈志泊 主编
韩 慧 王建新 孙 俏 聂耿青 编著

清華大学出版社
北京

内 容 简 介

本书主要介绍数据仓库和数据挖掘技术的基本原理和应用方法。全书共分为12章，主要内容包括数据仓库的概念和体系结构、数据仓库的数据存储和处理、数据仓库系统的设计与开发、关联规则、数据分类、数据聚类、贝叶斯网络、粗糙集、神经网络、遗传算法、统计分析、文本和Web挖掘。

本书既重视理论知识的讲解，又强调应用技能的培养。每章首先介绍算法的主要思想和理论基础，之后利用算法去解决实例中给出的任务，而且对于数据仓库的组建方法和多数章节中的数据挖掘算法，书中都使用Microsoft SQL Server 2005进行了操作实现。通过对具体实例的学习和实践，使读者掌握数据仓库和数据挖掘中必要的知识点，达到学以致用的目的。

本书每章均配有习题，习题形式为选择题、简答题和操作题，可以帮助读者进一步掌握和巩固所学知识。此外，本书提供多媒体教学课件和习题参考答案，读者可到清华大学出版社网站http://www.tup.com.cn/下载。

本书可以作为高等学校计算机及相关专业本科、研究生的数据仓库和数据挖掘教材，也可供相关领域的广大科技工作人员和高校师生参考。

图书在版编目(CIP)数据

数据仓库与数据挖掘/陈志泊主编. —2版. —北京：清华大学出版社，2017(2024.12重印)
(21世纪高等学校计算机专业核心课程规划教材)
ISBN 978-7-302-48399-1

Ⅰ.①数… Ⅱ.①陈… Ⅲ.①数据库系统—高等学校—教材 ②数据采集—高等学校—教材 Ⅳ.①TP311.13 ②TP274

中国版本图书馆CIP数据核字(2017)第218791号

责任编辑：刘向威
封面设计：刘 键
责任校对：李建庄
责任印制：刘海龙

出版发行：清华大学出版社
网 址：https://www.tup.com.cn，https://www.wqxuetang.com
地 址：北京清华大学学研大厦A座 **邮 编**：100084
社 总 机：010-83470000 **邮 购**：010-62786544
投稿与读者服务：010-62776969，c-service@tup.tsinghua.edu.cn
质量反馈：010-62772015，zhiliang@tup.tsinghua.edu.cn
课件下载：https://www.tup.com.cn，010-83470236
印 装 者：三河市龙大印装有限公司
经 销：全国新华书店
开 本：185mm×260mm **印 张**：16.5 **字 数**：403千字
版 次：2009年5月第1版 2017年11月第2版 **印 次**：2024年12月第12次印刷
印 数：39001～39500
定 价：49.00元

产品编号：076794-02

FOREWORD

前言

随着计算机和信息时代的迅猛发展，人类收集、存储和访问数据的能力大大增强，快速增长的海量数据集已经远远超出了人类的理解能力，传统的数据分析工具也显得力不从心。如何才能不被这些海量数据淹没，而是有效地组织这些数据，并且从中找出有价值的知识，帮助人类制定正确的决策？针对这一问题，数据仓库和数据挖掘技术应运而生，并且显示出强大的生命力。要将海量数据转换成为有用的信息和知识，首先要有效地收集和组织数据。数据仓库是良好的数据收集和组织工具，它的任务是搜集来自各个业务系统的有用数据，存放在一个集成的储存区内。在数据仓库丰富完整的数据基础上，数据挖掘技术可以从中挖掘出有价值的知识，从而帮助决策者正确决策。

本书主要介绍数据仓库和数据挖掘技术的基本原理和应用方法，全书共分为12章，主要内容包括数据仓库的概念和体系结构、数据仓库的数据存储和处理、数据仓库系统的设计与开发、关联规则、数据分类、数据聚类、贝叶斯网络、粗糙集、神经网络、遗传算法、统计分析、文本和Web挖掘。其中，前3章主要介绍数据仓库的基本原理和数据仓库系统的组建方法，后面的章节介绍当前流行的数据挖掘算法的主要思想和理论基础，并且给出丰富的应用实例。

本书紧跟数据仓库和数据挖掘技术的发展和人才培养的目标，有以下几个特点。

(1) 可读性强，文字叙述深入浅出，易读易用，即使是初学者，阅读起来也比较容易。

(2) 概念清晰，条理清楚，内容取舍合理。

(3) 本书强调基础，重视实例。各章节都以经典算法为主，介绍其主要思想和基本原理，并且给出恰当和丰富的实例。

(4) 书中实例和课后习题实用、丰富，通过练习，读者可以对各个知识点从不同角度得到训练，掌握和巩固所学知识。

(5) 教学资源丰富，本书提供多媒体教学课件和习题参考答案，方便教学。对于上述资源，读者可到清华大学出版社的网站 http://www.tup.com.cn/

下载。

(6) 对于数据仓库的组建方法和多数章节中的数据挖掘算法,本书都使用 Microsoft SQL Server 2005 进行了操作实现,这种做法与市场主流开发工具和技术同步,有利于读者走向社会。

本书各章节之间衔接自然,同时各章节又有一定的独立性,读者可按教材的自然顺序学习,也可以根据实际情况挑选需要的章节学习。

本书可以作为高等学校计算机及相关专业本科、研究生学习数据仓库和数据挖掘的教材,也可供相关领域的广大科技工作人员和高校师生参考。

本书由陈志泊担任主编,第 1～3 章由聂耿青编写,第 5 章、第 6 章和第 11 章由韩慧编写,第 4 章和第 10 章由孙俏编写,第 7～9 章和第 12 章由王建新编写。

由于时间仓促,加之编者水平有限,对于书中不足之处敬请读者批评指正。

编　者
2017 年 8 月

CONTENTS

目录

CHAPTER 1

第1章 数据仓库的概念与体系结构

随着企事业单位信息化建设的逐步完善，各单位信息系统将产生越来越多的历史数据信息。如何处理这些历史数据呢？现各单位至少有如下三种做法。

（1）将已经失效的历史数据简单地删除，以便减少磁盘的占用空间并提高系统性能。这种方法最简单。

（2）先对历史数据作介质备份，然后删除，以防万一需要查看。

（3）建立一个数据仓库系统，将各业务系统及其他档案数据中有分析价值的数据及需要存档的数据保存到数据仓库中，进而可以综合利用这些数据，建立分析模型，从中挖掘出符合规律的知识并用于未来的预测与决策中。

一方面，各信息化单位正逐步认识到这些历史业务数据就是金矿石，可以从中炼出金子来，因此越来越多的单位开始建立自己的数据仓库与数据挖掘系统，以从中淘出“金子”来。事实上，业务数据的积累年限越长，越容易发现规律，形成知识。

另一方面，基于Web的商务应用越来越普及，客户和供应商在商务网站上的活动提供了大量的点击流数据，通过分析可以进一步了解访问者的行为偏好，发现带普遍性的消费行为规律。同时，通过网站日志还可进一步获得访问者的活动细节，如时间、IP地址、经常访问的页面和内容、在网页上的停留时间等。如果将这些数据连同客户的交易、付款、产品利润、业务查询等历史记录都从各业务系统中合并到数据仓库中，将可以进一步改进网站页面内容和风格，让客户和业务伙伴更加满意，甚至带来利润更高的相关业务。

1.1 数据仓库的概念、特点与组成

数据仓库(data warehouse)通常指一个数据库环境，而不是指一件产品，它提供用户用于决策支持的当前和历史数据，这些数据在传统的数据库中通常不方便得到。

简单地说,数据仓库就是一个面向主题(subject oriented)的、集成(integrate)的、相对稳定(non-volatile)的、反映历史变化(time variant)的数据集合,通常用于辅助决策支持。

1.1.1 数据仓库的特点

1. 面向主题

操作型数据库中的数据针对事务处理任务,各个业务系统之间各自分离;而数据仓库中的数据是按照一定的主题域进行组织的。主题是一个抽象的概念,是指用户使用数据仓库进行决策时所关心的重点领域,例如顾客、供应商和产品等。一个主题通常与多个操作型数据库相关。

2. 集成

操作型数据库通常与某些特定的应用相关,数据库之间相互独立,并且往往是异构的;而数据仓库中的数据是在对原有分散的数据库数据作抽取、清理的基础上经过系统加工、汇总和整理得到的。所以,必须消除源数据中的不一致性,以保证数据仓库内的信息是关于整个企事业单位一致的全局信息。也就是说,存放在数据仓库中的数据应使用一致的命名规则、格式、编码结构和相关特性来定义。

3. 相对稳定

操作型数据库中的数据通常实时更新,数据根据需要及时发生变化。数据仓库的数据主要用于决策分析,其所涉及的数据操作主要是数据查询和定期更新,一旦某个数据加载到数据仓库以后,一般情况下将作为数据档案长期保存,几乎不再做修改和删除操作。也就是说,针对数据仓库,通常有大量的查询操作及少量定期的更新操作。

4. 反映历史变化

操作型数据库主要关心当前某一个时间段内的数据,而数据仓库中的数据通常包含较久远的历史数据,因此总是包括一个时间维,以便可以研究趋势和变化。数据仓库系统通常记录了一个单位从过去某一时期到目前的所有时期的信息,通过这些信息,可以对单位的发展历程和未来趋势作出定量分析和预测。

1.1.2 数据仓库的组成

1. 数据仓库数据库

数据仓库数据库是整个数据仓库环境的核心,是数据信息存放的地方,对数据提供存取和检索支持。相对于传统数据库来说,其突出的特点是对海量数据的支持和快速的检索技术。

2. 数据抽取工具

数据抽取工具把数据从各种各样的存储环境中提取出来,进行必要的转化、整理,再存放到数据仓库内。对各种不同数据存储方式的访问能力是数据抽取工具的关键,可以运用高级语言编写的程序、操作系统脚本、批命令脚本或SQL脚本等方式访问不同的数据环境。数据转换通常包括如下内容。

(1) 删除对决策分析没有意义的数据。

(2) 转换到统一的数据名称和定义。

(3) 计算统计和衍生数据。

(4) 填补缺失数据。

(5) 统一不同的数据定义方式。

3. 元数据

元数据是描述数据仓库内数据的结构和建立方法的数据。元数据为访问数据仓库提供了一个信息目录,这个目录全面描述了数据仓库中有什么数据、这些数据是怎么得到的、怎么访问这些数据。元数据是数据仓库运行和维护的中心内容,数据仓库系统对数据的存取和更新都需要元数据信息。根据元数据用途的不同可将元数据分为技术元数据和业务元数据两类。

(1) 技术元数据是数据仓库的设计和管理人员在开发和管理数据仓库时使用的元数据,包括数据源信息、数据转换的描述、数据仓库内对象和数据结构的定义、数据清理和数据更新时用的规则、源数据到目的数据的映射表,以及用户访问权限、数据备份历史记录、数据导入历史记录和信息发布历史记录等。

(2) 业务元数据是从单位业务的角度描述数据仓库的元数据,例如业务主题的描述,即业务主题包含的数据、查询及报表等信息。

4. 访问工具

访问工具是为用户访问数据仓库提供的手段,如数据查询和报表工具、应用开发工具、数据挖掘工具和数据分析工具等。

5. 数据集市(Data Mart)

数据集市是为了特定的应用目的,从数据仓库中独立出来的一部分数据,也称为部门数据或主题数据。在数据仓库的实施过程中往往可以从一个部门的数据集市着手,再逐渐用几个数据集市组成一个完整的数据仓库。需要注意的是,在实施不同的数据集市时,相同含义字段的定义一定要相容,以免未来实施数据仓库时出现问题。

6. 数据仓库管理

数据仓库管理包括安全与权限的管理、数据更新的跟踪、数据质量的检查、元数据的管理与更新、数据仓库使用状态的检测与审计、数据复制与删除、数据分割与分发、数据备份与恢复、数据存储管理等。

7. 信息发布系统

信息发布系统用于把数据仓库中的数据或其他相关的数据发送给不同的地点或用户。基于Web的信息发布系统是当前流行的多用户访问的最有效方法。

1.2 数据挖掘的概念与方法

数据挖掘(Data Mining)就是从大量数据中获取有效的、新颖的、潜在有用的、最终可理解的模式的过程。简单地说,数据挖掘就是从大量数据中提取或"挖掘"知识,又被称为数据库中的知识发现(Knowledge Discovery in Database, KDD)。

1.2.1 数据挖掘的分析方法

数据挖掘的分析方法可以分为直接数据挖掘与间接数据挖掘两类。

直接数据挖掘的目标是利用可用的数据建立一个模型,这个模型对剩余的数据(例如对一个特定的变量)进行描述,包括分类(classification)、估值(estimation)和预测(prediction)等分析方法。

在间接数据挖掘的目标中,没有选出某一具体的变量并用模型进行描述,而是在所有的变量中建立起某种关系,如相关性分组(affinity grouping)或关联规则(association rules)、聚类(clustering)、描述和可视化(description and visualization)及复杂数据类型的挖掘,如文本、网页、图形图像、音视频和空间数据等。

在后续的章节会详细介绍有关的数据挖掘分析方法。

1.2.2 数据仓库与数据挖掘的关系

若将数据仓库比作矿井,那么数据挖掘就是深入矿井采矿的工作。数据挖掘不是一种无中生有的魔术,也不是点石成金的炼金术,若没有足够丰富完整的数据,将很难期待数据挖掘能挖掘出什么有意义的信息。

要将庞大的数据转换成为有用的信息和知识,必须要先有效地收集数据。功能完善的数据库管理系统事实上是最好的数据收集工具,数据仓库的一个重要任务就是搜集来自其他业务系统的有用数据,存放在一个集成的储存区内。

决策者利用这些数据作决策,即从数据仓库中挖掘出对决策有用的信息与知识,是建立数据仓库与进行数据挖掘的最大目的。只有数据仓库先行建立完成,且数据仓库所含数据是干净(不会有虚假错误的数据掺杂其中)、完备和经过整合的,数据挖掘才能有效地进行,因此,从一定意义上可将两者的关系解读为数据挖掘是从数据仓库中找出有用信息的一种过程与技术。

1.3 数据仓库的技术、方法与产品

数据仓库技术是为了有效地把操作型数据集成到统一的环境中以提供决策型数据访问的各种技术和模型的总称。

1.3.1 OLAP 技术

1. 联机事务处理与联机分析处理的比较

数据处理通常分成两大类:联机事务处理(On-Line Transaction Processing,OLTP)和

联机分析处理(On-Line Analytical Processing,OLAP)。

OLTP 是传统的操作型数据库系统的主要应用,主要是一些基本的日常事务处理,如银行柜台存取款、股票交易和商场 POS 系统等。OLAP 是数据仓库系统的主要应用,支持复杂的分析操作,侧重决策支持,并且提供直观易懂的查询结果。表 1.1 列出了 OLTP 与 OLAP 之间的区别。

表 1.1　OLTP 与 OLAP 的比较

	OLTP	OLAP
用户	操作人员、低层管理人员	决策人员、高级管理人员
功能	日常操作型事务处理	分析决策
数据库设计目标	面向应用	面向主题
数据特点	当前的、最新的、细节的、二维的与分立的	历史的、聚集的、多维的、集成的与统一的
存取规模	通常一次读或写数十条记录	可能读取百万条以上记录
工作单元	一个事务	一个复杂查询
用户数	通常是成千上万个用户	可能只有几十个或上百个用户
数据库大小	通常在 GB 级(100MB～1GB)	通常在 TB 级(100GB～1TB 及以上)

2. OLAP 技术的有关概念

(1) 多维数据集。多维数据集是联机分析处理的主要对象,它是一个数据集合,通常从数据仓库的子集构造,并组织汇总成一个由一组维度和度量值定义的多维结构。

(2) 维度。维度是 OLAP 技术的核心,即人们观察客观世界的角度,通过把一个实体的一些重要属性定义为维(dimension),使用户能对不同维属性上的数据进行比较研究。因此,“维”是一种高层次的类型划分,一般都包含层次关系,甚至相当复杂的层次关系。例如,一个企业在考虑产品的销售情况时,通常从时间、销售地区和产品等不同角度来深入观察产品的销售情况。这里的时间、地区和产品就是维度。而这些维的不同组合和所考查的度量值(如销售额)共同构成的多维数据集则是 OLAP 分析的基础。

(3) 度量值。度量值也叫度量指标,是多维数据集中的一组数值,这些值基于多维数据集的事实数据表中的一列,是最终用户浏览多维数据集时重点查看的数值数据,也是所分析的多维数据集的中心值。如销售量、成本值和费用支出等都可能成为度量值。

(4) 多维分析。多维分析是指对以“维”形式组织起来的数据(多维数据集)采取切片(slice)、切块(dice)、钻取(drill down 和 roll up 等)和旋转(pivot)等各种分析动作,以求剖析数据,使用户能从不同角度、不同侧面观察数据仓库中的数据,从而深入理解多维数据集中的信息。多维分析操作通常包括如下内容。

① 钻取可以改变维的层次、变换分析的粒度,包括向上钻取(roll up)、向下钻取(drill down)、交叉钻取(drill across)和钻透(drill through)等。向上钻取即减少维数,是在某一维上将低层次的细节数据概括到高层次的汇总数据;而向下钻取则正好相反,它从汇总数据深入到细节数据进行观察,增加了维数。

② 切片和切块是在一部分维上选定值后,度量值在剩余维上的分布。如果剩余维有两个则是切片,如果有三个则是切块。

③ 旋转是变换维的方向,即在表格中重新安排维的放置,例如行列互换。

OLAP技术是使分析人员、管理人员或执行人员能够从多角度对信息进行快速、一致、交互的存取,进而获得对数据的深入了解的一种软件技术。其目标是满足在多维数据环境下的特定查询与报表需求,以及辅助决策支持的需求。OLAP技术通常表现为多维数据分析工具的集合。

3. OLAP的分类

OLAP根据其存储数据的方式可分为ROLAP、MOLAP和HOLAP三类。

常见的OLAP主要是基于多维数据库的MOLAP及基于关系数据库的ROLAP两种。MOLAP是以多维数据库的方式组织和存储数据,ROLAP则利用现有的关系数据库技术来模拟多维数据。

(1) ROLAP表示基于关系数据库的OLAP实现(relational OLAP),它以关系数据库为核心,以关系型结构进行多维数据的表示和存储。ROLAP将多维数据集的多维结构划分为两类表:一类是事实表,用来存储度量数据和维关键字;另一类是维表,即针对每个维使用一个或多个表来存放维的层次、成员类别等维的描述信息。维表和事实表通过主关键字和外关键字联系在一起,形成了“星型模式”。对于层次复杂的维,为避免冗余数据占用过大的存储空间,可以使用多个表来描述这种维度,这实际上是对星型模式的扩展,由此产生的多维数据存储模式称为“雪花型模式”。

(2) MOLAP表示基于多维数据结构组织的OLAP实现(multidimensional OLAP),它以多维数据组织方式(多维数据库)为核心,例如MOLAP使用多维数组来存储数据。多维数据在存储中形成类似“立方块”(cube)结构,在MOLAP中对“立方块”(可以不止三维,而是多维cube)的“旋转”“切块”和“切片”是产生多维数据报表的主要技术。

(3) HOLAP表示基于混合数据组织的OLAP实现(hybrid OLAP),如低层是关系型的,高层是多维数组矩阵的。这种方式具有更好的灵活性。

4. OLAP工具

OLAP工具是针对特定问题的联机数据访问与分析,它通过多维的方式对数据进行分析、查询和报表。在数据仓库应用中,OLAP应用一般是数据仓库应用的前端工具,同时,OLAP工具还可以同数据挖掘工具、统计分析工具配合使用,以增强决策分析功能。

1.3.2 数据仓库实施的关键环节和技术

数据仓库按照开发过程,其关键环节包括数据抽取、数据存储与管理和数据表现等。

1. 数据抽取

数据抽取是数据进入数据仓库的入口。由于数据仓库是一个独立的数据库环境,它需要通过抽取过程将数据从联机事务处理系统、外部数据源、脱机的数据存储介质中导入数据仓库。

数据抽取在技术上主要涉及互连、复制、增量、转换、调度和监控等方面。数据仓库的数据并不要求与联机事务处理系统保持实时的同步,因此,数据抽取可以定时进行,但多个抽取操作执行的时间及其抽取顺序和是否抽取成功对数据仓库信息的有效性至关重要。

实现抽取既可以使用专业的数据抽取工具,也可以直接针对业务数据开发抽取接口程序。

2. 数据存储与管理

数据仓库真正的关键环节是数据的存储和管理。数据仓库的数据组织管理方式决定了它有别于传统操作型数据库的特性。数据仓库在存储与管理方面的特点与关键技术如下。

(1) 数据仓库面对的是大量数据的存储和管理。这里所涉及的数据量比传统事务处理大得多,且随时间的推移而累积。对于传统的数据仓库来说,只有关系数据库管理系统能够担当此重任。关系数据库经过近30年的发展,在数据存储和管理方面已经非常成熟,非其他数据管理系统可比。目前不少关系数据库管理系统已支持数据分割技术,能够将一个大的数据库表分散到多个物理存储设备中,进一步增强了系统管理大数据量的扩展能力。采用关系数据库管理几百个GB甚至是TB级的数据已是很平常的事情。目前数据仓库与大数据平台的集成已成为一种趋势,可以采用Hadoop集群和NoSQL数据库来扩展数据仓库的存储能力。

(2) 并行处理。在传统联机事务处理应用中,用户访问系统的特点是快速而密集地访问少量数据,因此,处理好并发操作是其关键。而在数据仓库系统中,用户访问系统的特点是庞大而稀疏,每一个查询和统计都很复杂,但访问的频率并不是很高。系统需要有能力将所有的软硬件资源调动起来,为这一复杂的查询请求服务,并对该请求作并行处理。因此,并行处理技术在数据仓库中显得尤为重要。

(3) 针对决策支持查询的优化。在技术上,针对决策支持的优化涉及关系数据库系统的索引机制、查询优化器、连接策略、数据排序和采样等多个因素。一般关系数据库管理系统采用的B树索引对于性别、年龄和地区等具有大量重复值的字段几乎没有效果。不过,当前大多数关系数据库管理系统已引入了位图索引机制,以二进制位表示字段的状态,将查询过程变为筛选过程,可快速筛选多条记录。

由于数据仓库中各数据表的数据量分布往往极不均匀,普通查询优化器所得出的最佳查询路径可能不是最优的。因此,面向决策支持的关系数据库在查询优化器上也做了改进,而且根据索引的使用特性增加了多重索引扫描机制和连接索引机制。数据仓库的查询常常只需要数据库中的部分记录,如消费最多的前10名客户等,且针对数据仓库的查询有时并不需要像事务处理系统那样精确,但要求在大容量数据环境中有足够短的系统响应时间。因此,多数关系数据库管理系统都对数据仓库和决策支持应用提供单独的系统安装选项,并针对数据仓库应用提供诸如基于数据采样的查询能力,进而在精确度允许的范围内,大幅度提高系统查询效率。

(4) 支持多维分析的查询模式。这也是关系数据库管理系统在数据仓库领域遇到的最严峻挑战之一。用户在使用数据仓库时的访问方式与传统关系数据库有很大的不同。对于数据仓库的访问往往不是简单的表和记录的查询,而是基于用户业务主题的分析模式,即联机分析。它的特点是将数据想象成多维的立方体,用户的查询便相当于在其中的部分维上施加条件,对立方体进行切片、分割,得到的结果则是数值矩阵或向量,然后将其制成图表或输入统计分析的算法。关系数据库本身没有提供这种多维分析的查询功能,针对此问题,一般采用多维数据库或星型模式等技术。

① 多维数据库是一种以多维数据结构存储形式来组织数据的数据管理系统,它不是关

系数据库,在使用时需要将数据从关系数据库中加载到多维数据库中方可访问。采用多维数据库实现的联机分析应用就是上面提到的 MOLAP。但多维数据库通常缺少关系数据库所拥有的并行处理能力和大规模数据管理的扩展性,因此难以承担大型数据仓库应用,通常作为数据集市的一种实现方式。

② 星型模式是指关系数据库系统通过采用"星型"模式或类似结构来组织数据,以解决多维分析问题。星型模式可以将用户的多维查询请求转换成针对该数据模式的标准 SQL 语句,而且该语句是最优化的。星型模式的应用为关系数据库在数据仓库领域的应用提供了广阔的前景。采用关系数据库实现的联机分析应用即是上面提到的 ROLAP。目前,大多数数据仓库厂商提供的数据仓库解决方案都采用 ROLAP 数据存储方式。因此,针对决策支持应用做过优化的并行关系数据库技术仍是数据仓库的核心和关键技术。

3. 数据表现

数据表现是数据仓库的展示界面。针对数据表现的工具主要集中在多维分析、统计分析和数据挖掘等方面。

(1) 多维分析是数据仓库的重要表现形式,由于 MOLAP 系统是专用的,因此,关于多维分析领域的工具和产品大多是 ROLAP 工具。这些产品多数都能支持数据的 Web 发布,并提供基于 Web 的前端联机分析界面。

(2) 统计分析其实与数据仓库没有直接的联系,但在实际的数据仓库应用中,客户通常需要通过对数据的统计分析来验证对某些事物或事件的假设,以进行决策。

(3) 数据挖掘不仅要验证人们对数据特性的假设,而且它还要主动寻找并发现蕴藏在数据之中的规律。如 1.2 节所述,数据挖掘是从大量的数据中挖掘那些令人感兴趣的、有用的、非平凡且隐藏着的、先前未知却潜在有用的模式或知识。

因此,数据挖掘是建立在企业数据仓库之上的重要应用之一,从数据仓库的海量数据中寻找有用的信息。根据企业自身的业务特点制定应用模型,结合数据挖掘的一些成熟算法,让企业数据仓库中的海量数据成为企业重要的信息决策源。不过,当前市面上的通用数据挖掘工具大多仍是统计分析工具的改进,它们并不能很好地寻找出数据的规律,而是验证尽可能多的假设。因此,根据企业业务需求设计专用的数据挖掘模型是数据挖掘应用的关键环节。

1.3.3 数据仓库实施方法论

在数据仓库的实施过程中,首先必须搞清如下问题:数据仓库提供哪些部门使用?各部门如何发挥数据仓库的决策效益?数据仓库需要存放哪些数据?这些数据以什么样的结构存放?数据从哪里装载?装载的频率多少为合适?建立数据仓库需要选择哪些数据管理产品和工具?

数据仓库不是简单的数据或产品堆砌,它是一个综合集成解决方案和系统工程。在数据仓库的实施过程中,技术决策至关重要,技术选择或决策错误很可能导致项目实施失败。

1.3.4 常用的数据仓库产品

1. 常用的 OLAP 工具介绍

OLAP 这个名词是在 1993 年由 E. F. Codd 提出来的,但目前市场上的主流产品几乎都是在1993年之前就已问世，有的甚至已有30多年的历史了。OLAP产品不少，下面主要介绍Cognos(Powerplay)、Hyperion(Essbase)和MicroStrategy等独立厂商及关系数据库厂商提供的相关产品。

(1) MOLAP产品是将数据从关系数据库，甚至是文本文件、Excel文件中抽取出来，存储在自己的数据库中。

① Cognos从桌面OLAP起家。所谓桌面OLAP，即是可以用客户端将Cube下载到本地进行访问，现也已开发出C/S(客户端/服务器)结构及B/S(浏览器/服务器)结构的OLAP服务器，提供可以简洁部署且具有交互性的PowerPlay Web Explorer界面。另外，Cognos Powerplay是个相对封闭的产品，它有自己的客户端和Web Explorer。

② Essbase作为老牌的OLAP服务器，是一个比较复杂的产品，采用以服务器为中心的分布式体系结构，提供丰富的API，具有几百个计算公式，支持多种计算，用户可以自己构建复杂的查询，可以充分定制开发，有30多个前端工具可供选择，支持多种财务标准，能与ERP或其他数据源集成，但开发难度较大，部署也不容易。

(2) ROLAP独立产品仍将数据存放在关系数据库中，通常遵循星型模式或雪花型模式，会定义维度、度量、事实表和聚集表等元数据。从第一个独立ROLAP产品Metaphor到Metacube、WhiteLight、MicroStrategy，其实独立的ROLAP产品不太好发展，目前只有MicroStrategy发展势头较好。很多OLAP产品都会混合MOLAP和ROLAP，特别是那些本身就做关系数据库的厂商，在现有数据库上面增加一些ROLAP的特性常常比较容易，且性能也相对较好。

(3) 关系数据库厂商提供的OLAP产品系列主要有如下几种。

① Oracle公司提供的OLAP前端展示工具，包括如下几种。

- Discoverer：主要针对关系型的数据库仓库分析，即席查询，即ROLAP使用。
- Express：主要针对多维的数据仓库使用，即MOLAP，它的使用比Discoverer的使用要复杂。提供一组存储过程语言来支持对数据的抽取，有内建的分析函数，数据可以存放在Express Server内，也可直接在RDB上使用。
- Reports：可以方便地从数据库直接生成报表，并可基于Web发布报表。

② 微软公司的产品向来以友好的用户界面著称，上手迅速。在OLAP产品上，微软公司依然发扬了这一优良传统，并有进一步标准化的趋势，开发了OLE DB for OLAP以及MDX(Multi-Dimensional Express，多维表达式)。目前，SQL Server自带的OLAP相关产品包括如下几种。

- SQL Server Analysis Services(SQL Server分析服务，SSAS)：属于多维数据库产品，即MOLAP。SQL Server分析服务通过服务器和客户端技术的组合提供联机分析处理和数据挖掘功能，并为设计、创建、部署和维护商业智能应用程序提供专用的开发和管理环境。
- SQL Server Integration Services(SSIS)：这是一个具有企业级开发能力的ETL平台，可通过SSIS完成数据抽取、转换，并加载企业数据仓库，不仅仅用来简单地传输和转换数据，还可以用来对建立商业智能平台的数据进行集成、转移、扩展、过滤和修正，并具有很多内置的数据清理功能。SSIS可以将数据直接导入到SQL Server分析服务的Cube中。

• SQL Server Reporting Services(SSRS):用于报表设计。

③ IBM DB2 OLAP Server 把 Hyperion Essbase 的 OLAP 引擎和 DB2 的关系数据库集成在一起,与 Essbase API 完全兼容,数据用星型模型存放在关系数据库 DB2 中。

2. 各数据仓库厂商提供的解决方案简介

(1) IBM 公司提供了一套基于可视化数据仓库的商业智能(Business Intelligence, BI)解决方案,包括 Visual Warehouse(VW)、Essbase/DB2 OLAP Server 5.0、IBM DB2 UDB 以及来自第三方的前端数据展现工具(如 BO)和数据挖掘工具(如 SAS)。其中,VW 是一个功能很强的集成环境,既可用于数据仓库建模和元数据管理,又可用于数据抽取、转换、装载和调度;Essbase/DB2 OLAP Server 支持“维”的定义和数据装载,它不是 ROLAP 服务器,而是一个混合的(ROLAP 和 MOLAP)HOLAP 服务器。在 Essbase 完成数据装载后,数据存放在系统指定的 DB2 UDB 数据库中,它的前端数据展现工具可以选择 Business Objects 公司的 BO、Lotus 公司的 Approach、Cognos 公司的 Impromptu 或 IBM 公司的 Query Management Facility;多维分析工具支持 Arbor Software 公司的 Essbase 和 IBM 公司(与 Arbor 公司联合开发)的 DB2 OLAP 服务器;统计分析工具采用 SAS 系统。

(2) Oracle 数据仓库解决方案主要包括 Oracle Express 和 Oracle Discoverer 两个部分。Oracle Express 由 4 个工具组成:Oracle Express Server 是一个 MOLAP(多维 OLAP)服务器,它利用多维模型存储和管理多维数据库或多维高速缓存,同时也能够访问多种关系数据库;Oracle Express Web Agent 通过 CGI 或 Web 插件支持基于 Web 的动态多维数据展现;Oracle Express Objects 前端数据分析工具(目前仅支持 Windows 平台)提供了图形化建模和假设分析功能,支持可视化开发和事件驱动编程技术,提供了兼容 Visual Basic 语法的语言,支持 OCX 和 OLE;Oracle Express Analyzer 是通用的、面向最终用户的报告和分析工具(目前仅支持 Windows 平台)。Oracle Discoverer 即席查询工具是专门为最终用户设计的,分为最终用户版和管理员版。

在 Oracle 数据仓库解决方案的实施过程中,通常把汇总数据存储在 Express 多维数据库中,而将详细数据存储在 Oracle 关系数据库中,当需要详细数据时,Express Server 通过构造 SQL 语句访问关系数据库。

(3) NCR Teradata 是高端数据仓库市场最有力的竞争者,主要运行在 NCR WorldMark SMP 硬件的 UNIX 操作系统平台上。从 1998 年开始,该公司也提供基于 Windows 平台的 Teradata,试图开拓数据集市市场。NCR 的产品性能很好,但产品价格相对较高,中小企业用户难以接受,其联机多维分析相对较弱。

(4) 微软公司将 OLAP 功能集成到 SQL Server 数据库中,其解决方案包括 BI 平台、BI 终端工具、BI 门户和 BI 应用 4 个部分,如图 1.1 所示。

① BI 平台是 BI 解决方案的基础,包括 ETL 平台 SQL Server 2005 Integration Service (SSIS)、数据仓库引擎 SQL Server 2005 RDBMS 以及多维分析和数据挖掘引擎 SQL Server 2005 Analysis Service、报表管理引擎 SQL Server 2005 Reporting Service。

② 用户通过 BI 终端用户工具同 Analysis Service 中的 OLAP 服务和数据挖掘服务进行交互来使用多维数据集和数据挖掘模型,终端用户通常可使用预定义报表、交互式多维分析、即席查询、数据可视化和数据挖掘等多种方法。

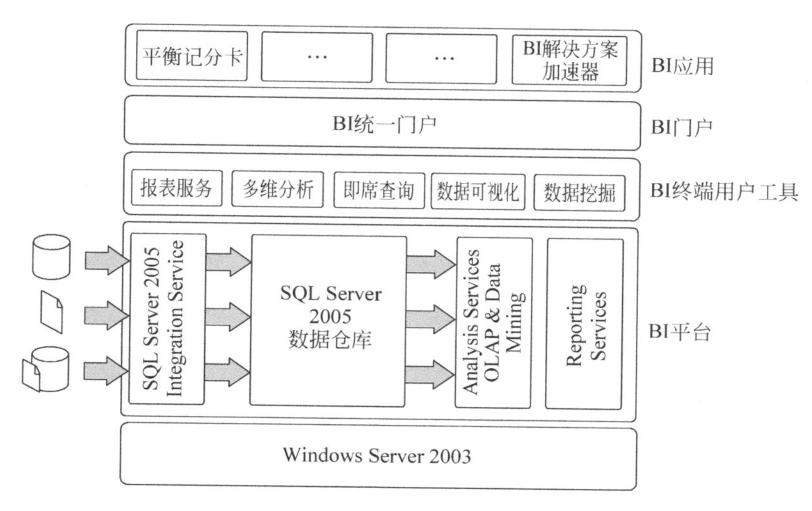

图 1.1　微软公司的数据仓库解决方案

③ BI 门户提供了各种不同用户访问 BI 信息的统一入口。BI 门户是一个数据的汇集地，集成了来自不同系统的相关信息。用户可以制定个性化的个人门户，选择和自己相关性最强的数据，提高信息访问和使用的效率。

④ BI 应用是建立在 BI 平台、BI 终端用户工具和 BI 统一门户这些公共技术手段之上的满足某个特定业务需求的应用，例如零售业务分析、企业项目管理组合分析等。

(5) SAS 公司在 20 世纪 70 年代以“统计分析”和“线性数学模型”享誉业界，90 年代以后，SAS 公司也加入了数据仓库市场的竞争，并提供了特点鲜明的数据仓库解决方案，包括 30 多个专用模块。其中，SAS/WA(Warehouse Administrator)是建立数据仓库的集成管理工具，包括定义主题、数据转换与汇总、更新汇总数据、元数据管理和数据集市的实现等；SAS/MDDB 是 SAS 用于在线分析的多维数据库服务器；SAS/AF 提供了屏幕设计功能和用于开发的 SCL(屏幕控制语言)；SAS/ITSV(IT service vision)是 IT 服务的性能评估和管理的软件，这些 IT 服务包括计算机系统、网络系统、Web 服务器和电话系统等。SAS 系统的优点是功能强、性能高、特长突出，缺点是系统比较复杂。

(6) BO(Business Objects)是集查询、报表和 OLAP 技术于一身的智能决策支持系统。它使用独特的“语义层”技术和“动态微立方”技术来表示数据库中的多维数据，具有较好的查询和报表功能，提供钻取等多维分析技术，支持多种数据库，同时它还支持基于 Web 浏览器的查询、报表和分析决策。虽然 BO 在不断增加新的功能，但从严格意义上说，BO 仍只能算是一个优秀的前端工具，几乎所有的数据仓库解决方案都把 BO 作为可选的数据展现工具。BO 公司于 2008 年初被德国软件巨头 SAP 公司收购。

1.4　数据仓库系统的体系结构

数据仓库系统通常是对多个异构数据源的有效集成，集成后按照主题进行重组，包含历史数据。存放在数据仓库中的数据通常不再修改，用于做进一步的分析型数据处理。

数据仓库系统的建立和开发是以企事业单位的现有业务系统和大量业务数据的积累为

基础的。数据仓库不是一个静态的概念,只有把信息适时地交给需要这些信息的使用者,供他们作出改善其业务经营的决策,信息才能发挥作用,信息才有意义。因此,把信息加以整理归纳和重组,并及时提供给相应的管理决策人员是数据仓库的根本任务。数据仓库的开发是全生命周期的,通常是一个循环迭代开发过程。

一个典型的数据仓库系统通常包含数据源、数据存储与管理、OLAP 服务器以及前端工具与应用 4 个部分。

1. 数据源

数据源是数据仓库系统的基础,即系统的数据来源,通常包括企业(或事业单位)的各种内部信息和外部信息。内部信息,例如存于操作型数据库中的各种业务数据和办公自动化系统中包含的各类文档数据;外部信息,例如各类法律法规、市场信息、竞争对手的信息以及各类外部统计数据及其他有关文档等。

2. 数据的存储与管理

数据的存储与管理是整个数据仓库系统的核心。在现有各业务系统的基础上,对数据进行抽取、清理,并有效集成,按照主题进行重新组织,最终确定数据仓库的物理存储结构,同时组织存储数据仓库元数据(包括数据仓库的数据字典、记录系统定义、数据转换规则、数据加载频率以及业务规则等信息)。按照数据的覆盖范围和存储规模,数据仓库可以分为企业级数据仓库和部门级数据仓库。对数据仓库系统的管理也就是对其相应数据库系统的管理,通常包括数据的安全、归档、备份、维护和恢复等工作。

3. OLAP 服务器

OLAP 服务器对需要分析的数据按照多维数据模型进行重组,以支持用户随时从多角度、多层次来分析数据,发现数据规律与趋势。如 1.3.1 节所述,OLAP 服务器通常有如下 3 种实现方式。

(1) ROLAP 的基本数据和聚合数据均存放在 RDBMS 之中。

(2) MOLAP 的基本数据和聚合数据均存放于多维数据集中。

(3) HOLAP 是 ROLAP 与 MOLAP 的综合,基本数据存放于 RDBMS 之中,聚合数据存放于多维数据集中。

4. 前端工具与应用

前端工具主要包括各种数据分析工具、报表工具、查询工具、数据挖掘及机器学习工具以及各种基于数据仓库或数据集市开发的应用。其中,数据分析工具主要针对 OLAP 服务器;报表工具、数据挖掘工具既可针对数据仓库,也可针对 OLAP 服务器。

数据仓库系统的体系结构根据应用需求的不同,可以分为以下 4 种类型。

(1) 两层架构(generic two-level architecture)。

(2) 独立型数据集市(independent data mart)。

(3) 依赖型数据集市和操作型数据存储(dependent data mart and operational data store)。

(4) 逻辑型数据集市和实时数据仓库(logical data mart and real-time data warehouse)。

1.4.1　独立的数据仓库体系结构

通常的数据仓库是两层体系结构,如图 1.2 所示。构造这种体系结构需要以下 4 个基本步骤。

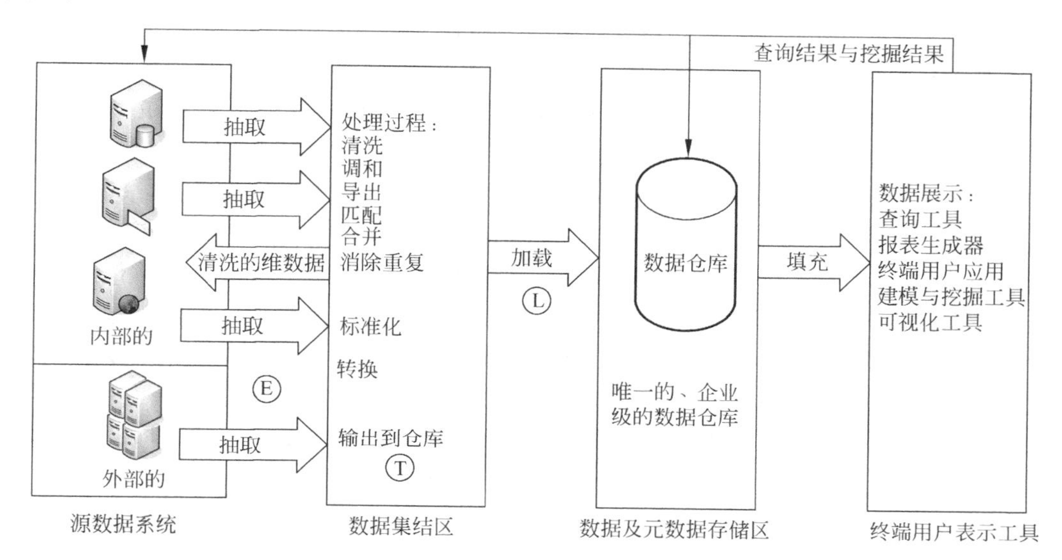

图 1.2　两层数据仓库体系结构示意图

(1) 数据从各种内外部的源系统文件或数据库中抽取得到。在一个大的组织中,可能有几十个甚至几百个这样的文件和数据库系统。

(2) 不同源系统中的数据在加载到数据仓库之前需要被转换和集成,甚至可能需要发送一些事务信息到源系统中,以纠正在数据分段传输中发现的错误。

(3) 建立为决策支持服务的数据库,即数据仓库,它通常会同时包括详细的和概括的数据。

(4) 用户通过 SQL 查询语言或分析工具访问数据仓库,其结果又会反馈到数据仓库和操作型数据库中。

数据仓库环境最重要的 3 个环节包括抽取(extract)、转换(transform)及加载(load,把数据从源数据系统中加载到数据仓库),即 ETL 过程。

抽取和加载通常是定期的,即每天、每星期或每个月。因此,数据仓库常常没有或者说不需要有当前数据。数据仓库不支持操作型事务处理,虽然它含有事务型数据(但更多的是事务的概括和变量状态的快照,如账户余额和库存级别等)。对大多数数据仓库应用来说,用户不是寻找对个别事务的反应,而是寻求包含在整个数据仓库中的一个特定子集上的企业(或其他组织)状态的趋势和模式。例如,通常会有 5 个季度及以上的财务数据保存在数据仓库中,以便识别趋势和模式。过于陈旧的数据如果确定对决策分析已没有意义,也可被清除或者存档。

1.4.2 基于独立数据集市的数据仓库体系结构

一些企业或事业组织由于其特殊的业务需求或历史原因,刚开始时并没有建立数据仓库,而是创建了许多分离的数据集市。其实,每一个数据集市都是基于数据仓库技术的,而不是基于事务处理的数据库技术。数据集市是范围受限的小型数据仓库(mini-warehouses),常适用于特定终端用户群制定决策应用。在这种情况下,每个独立数据集市的内容都来自于独立的 ETL 处理过程。下述其他情况的数据集市内容则可能来源于数据仓库。数据集市被设计用来优化定义明确的和可预测的使用性能,通常包括单个或一组针对某特殊应用的查询功能,如市场数据集市、财务数据集市和供应链数据集市等。

相对于其他数据仓库体系结构,独立型数据集市策略的一个明显特性是:当需要访问分离的数据集市中的数据时,对终端用户来说具有相对的复杂性(如图 1.3 所示,由互相交叉的连线来表示,连线连接所有数据集市到终端用户表示工具)。这个复杂性不仅来自于从分离的数据集市数据库访问数据,而且可能来自于不一致的数据系统产生的数据集市。如果有一个元数据集合跨越所有的数据集市,且数据集市上的数据通过数据分段传输时保持一致(即数据分段传输中拥有"一致维"),那么,对用户来说复杂性就减小了。另一方面是其 ETL 处理的复杂性,因为需要为每一个独立的数据集市创建一个抽取、转换和加载过程。

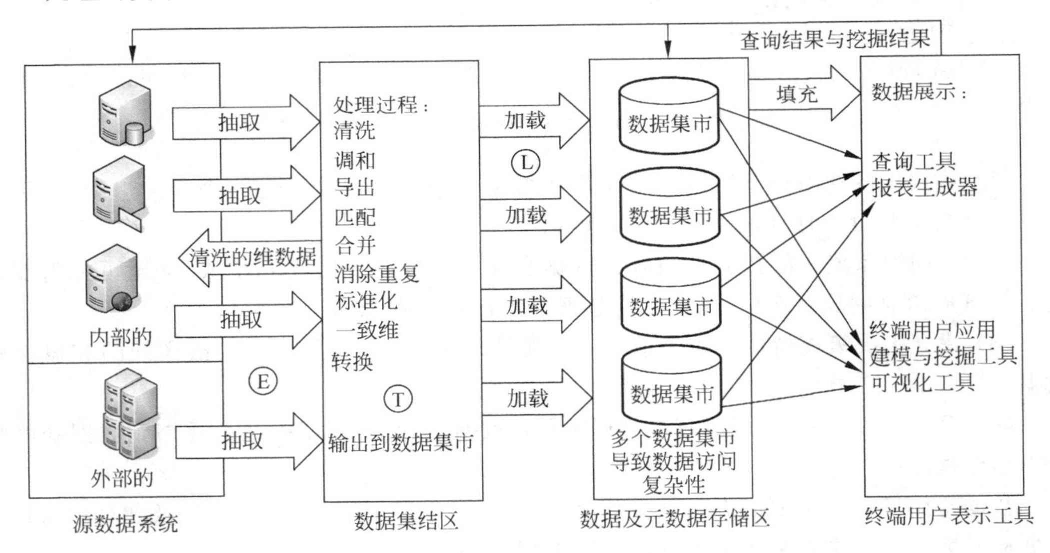

图 1.3 独立数据集市数据仓库体系结构示意图

因为一个企业或事业组织集中于一系列短期的业务目的,独立的数据集市经常被建立。有限的短期目标同需要相对较低成本来实现更加独立的数据集市相兼容。然而,从数据仓库体系结构的角度来说,围绕一些不同的短期目标来设计整个数据仓库环境,意味着失去了应对长期目标及业务环境变化的能力和灵活性。而这种应变能力对决策支持来说是至关重要的。

采用这种体系结构的优点是其方便性,可快速启动,这种数据仓库架构可通过一系列的小项目来实现。在一个大的企业或事业单位中,相对于使所有的下属组织在一个中心数据仓库中形成一致视图来说,在组织上、政策上更容易拥有独立的、小型数据仓库。另外,一些数据仓库技术在它们支持的数据仓库大小上有一定局限性（或称为可扩展性），但是，如果在理解数据仓库业务需求之前就把自己局限在特定的数据仓库技术上，则是由技术决定的数据仓库体系结构，而通常的情况是业务需求才是关键的技术架构决定因素。

独立型数据集市架构的局限性包括如下几个方面。

(1) 为每一个数据集市开发一个独立的ETL过程，它可能产生高代价的冗余数据和重复处理工作。

(2) 数据集市可能是不一致的，因为它们常常是用不同的技术来开发的。因此，不能提供一个清晰的企业级数据视图，而这样的数据视图可能涉及重要的主题，如客户、供应商和产品等。

(3) 没有能力下钻到更小的细节或与其他数据集市有关的事实或者共享的数据信息库，因此分析是有局限性的。要想获得全面数据，则需要在不同数据集市的分离平台上做连接，但跨数据集市的数据关联任务要由数据集市的外部系统来执行。

(4) 规模扩大的成本高，因为每一个新的应用创建了一个分离的数据集市，都要重复所有的抽取和加载步骤。通常情况下，对批数据抽取来说，操作型系统有有限的时间窗口（如每天0～5点）。如果想让分离的数据集市一致，成本将会很高。

1.4.3　基于依赖型数据集市和操作型数据存储的数据仓库体系结构

解决独立数据集市架构局限性的方法之一是使用基于依赖型数据集市（dependent data mart）和操作型数据存储（Operational Data Store，ODS）的数据仓库体系结构。通过从企业级数据仓库（Enterprise Data Warehouse，EDW）中加载依赖型数据集市，在整个体系架构中只使用单一的ETL过程，确保了ETL的效率和数据集市数据的一致性。

企业级数据仓库是一个集中的、集成的数据仓库，它拥有一致的数据版本，并可以对数据做统一控制，对终端用户的决策支持也是可用的。依赖型数据集市的主要目标就是提供一个简单、高性能的数据环境，用户群可以访问数据集市，当需要其他数据时，也可以访问企业数据仓库。另外，跨依赖型数据集市的冗余在控制之内，且冗余的数据是一致的，因为每一个数据集市都是从一个共同的源数据以一种同步的方式加载而来的。

基于依赖型数据集市和操作型数据存储的数据仓库体系结构（如图1.4所示）常常被称为“中心和辐射”（hub and spoke）架构，其中企业级数据仓库是中心，源数据系统和数据集市在输入和输出范围的两端。这种体系结构也被称为合作信息工厂（Corporate Information Factory，CIF）。在支持所有用户的数据需求中，它被认为是一个全面的企业级的数据视图。

相对于一般的两层体系结构而言，依赖型数据集市的优势是它们可以处理各个用户群的需求，甚至是探索性数据仓库的需求。探索性数据仓库是一种专门的数据仓库版本，它使用先进的统计学、数学模型和可视化工具来优化，通常用于数据挖掘和商业智能等业务模型应用的探索。独立型数据集市的主要优点是可以采用分段方法来开发数据仓库。事实上，分段方法也可以在基于依赖型数据集市和操作型数据存储的体系结构（即CIF模式）中实现。

ODS为所有的业务数据提供了一个集成的数据源，同时也解决了独立数据集市架构不能下钻到更小细节的问题。ODS实际上是一个集成的、面向主题的、可更新的、当前值的（但是可“挥发”的）、企业级的、详细的数据库，也叫运营数据存储。

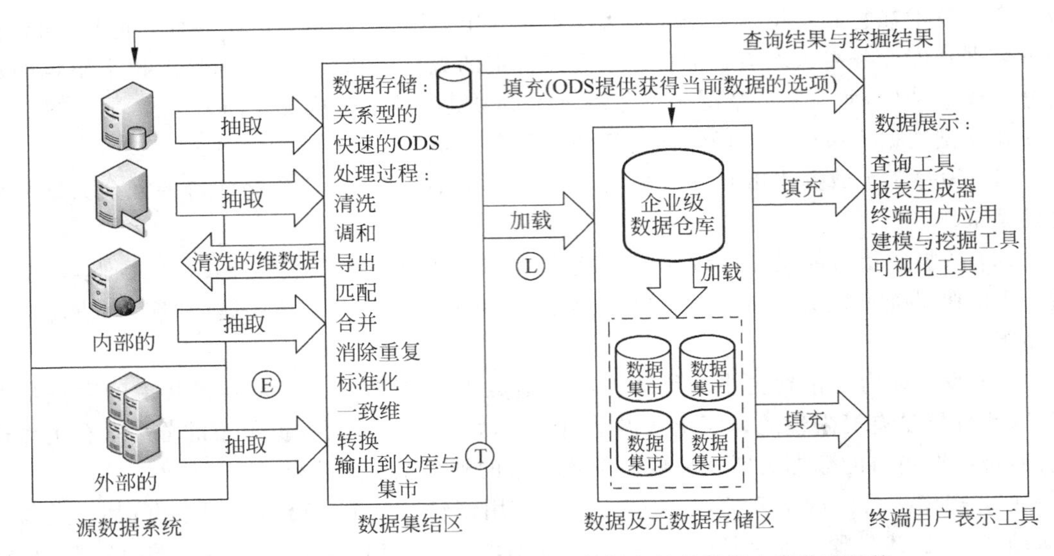

图 1.4　基于依赖型数据集市和操作型数据存储的数据仓库体系结构

一个 ODS 是一个典型的关系数据库，像在业务系统中的数据库一样被规范化，但它是面向决策支持应用系统的，因此，如索引等其他关系数据库设计理念都是面向检索大量数据的，而不是面向事务处理或者查询个别记录(例如，一个客户的预订)的情况。因为 ODS 有易变的、当前的数据，在 ODS 下的相同查询在不同的时间很有可能会产生不同的结果，这也称为 ODS 的可“挥发性”。一个 ODS 一般不包括历史数据，而 EDW 则保存了企业或事业组织状态的历史快照。一个 ODS 可能来自于一个 ERP 应用数据库，也可能是来自其他业务数据库，因此，ODS 通常是区别于 ERP 数据库的。ODS 同样作为分段传输区域，为将数据加载到 EDW 提供服务。ODS 可能立即接收数据或者有一定的延迟，无论哪一种情况对它的决策支持需求都是可行的和可接受的。

ODS 存储的逻辑结构是企事业组织范围内所有相关业务系统的数据以全面、统一的关系型实体来体现的；ODS 中的数据是基于分析主题进行组织，而不是基于业务系统的功能进行组织；ODS 只是存储了当前的数据且数据是“挥发性”的，因此其数据的刷新很快，过期的数据将要被挥发掉。因此，ODS 的存储量取决于业务接口数据的抽取与刷新频率，取决于企业的服务客户的数量。

从 ODS 的作用和实现来说，ODS 将各个孤立业务系统的运营数据集成起来，实现企业的统一数据视图，同时也实现了 ODS 的数据共享。

ODS 扮演的是用于数据稽核与交互的角色，它反映了在某一个时间切片瞬间，数据仓库系统和外围业务系统相互交换数据的集合，可用于数据仓库及其分析系统与外围业务系统之间关键数据的一致性校验，以及分析系统对外围业务系统的决策支持数据的反馈(如以客户扩展属性为主体的详细资料等反馈信息)。

ODS 数据稽核功能是根据 ODS 参与工作的实际情况建立相应的 ODS，并控制其权限。ODS 数据稽核主要涵盖下面的内容：界定关键数据稽核的项别与内容、获取数据稽核所需数据、稽核所需数据完整性、数据稽核报告的存储和稽核数据的更正等过程。

ODS 数据交互的价值体现在数据仓库及其分析系统的高度综合数据向外围业务系统

的回流。如果从安全上考虑，回流数据的格式可以采用文本的方式，用户只需登录到分析系统，进入ODS数据交互应用，下载文本即可。ODS数据交互程序会自动在指定周期，把预定义的内容上传到指定路径。但如果从实现的方便、快捷、可维护性考虑，可以采用数据库方式，即外围业务系统与分析系统之间相互约定好数据格式，由外围系统连接到分析系统ODS数据库，直接把ODS的高度综合数据导入到自己的数据库系统；也可以选择由ODS数据交互调度模块自动在指定周期，把预定义的内容通过事先建立的数据库连接，直接导入到外围数据库。

1.4.4　基于逻辑型数据集市和实时数据仓库的体系结构

逻辑型数据集市(logical data mart)和实时数据仓库体系结构实际上只用于一些特定环境的数据仓库系统，或使用一些高性能的数据仓库技术时，例如NCR Teradata系统。这种体系结构具有如下特征。

(1) 逻辑数据集市并不是物理上分离的数据库，而是在同一个物理数据仓库里的、稍微有些不规范的关系数据仓库的不同关系视图。

(2) 数据被放到数据仓库而不是分离的分段传输区域中，利用数据仓库技术的高性能计算能力来执行清洗和转换步骤。

(3) 新的数据集市可以非常快地创建，因为不需要创建或获得物理数据库或数据库技术，且不需要书写加载程序。

(4) 数据集市总是最新的，因为涉及某个视图时，视图中的数据将被建立，如果用户有一系列的查询和分析来清理数据集市中相同的实例，视图可以被物化。

图1.5中的实时数据仓库(real time data warehouse)也叫动态数据仓库(active data warehouse)，它意味着源数据系统、决策支持服务和数据仓库之间以一个接近实时的速度交换数据和业务规则。事实上，有许多的分析业务需要快速响应系统当前的、全面的组织状况和描述。例如，一些分析型CRM系统(特别是call center)的回答问题和日志记录问题，会需要客户最近的销售信息、欠账和付款事务信息、维护活动和订单的有关信息描述。一个重要事件，如输入一个新的产品订单，可以立即对客户和客户所在组织的最新状况有一个全面了解。一个有关客户的实时数据仓库分析系统可能的需求目标包括：

(1) 在一个业务事件(发生什么)中获取客户数据，减少从事件到行为的延迟。

(2) 分析客户行为(为什么会发生)并且预言客户的可能行为及其反应(将发生什么)。

(3) 制定规则来优化客户的交互，规则包括适当的反应和达到最好结果的途径。

(4) 为了使期望的结果发生，在适当的时间点对客户立即采取行动，当确定了决策规则时，适当的行动时间点是基于对客户的最佳反应。

实时数据仓库系统还包括如下一些应用领域。

(1) 运输。及时的运输是基于最新的存货水平。

(2) 电子商务。例如在用户下线之前，一个取消的购物车能引起电子邮件信息的增加。

(3) 信用卡交易的欺骗检测。一个特殊的交易类型可能会使销售员或在线购物车程序警惕以采取额外的预防措施。

这样的应用常被在线用户一天24小时、一周7天、一年365天访问，用户可能是雇员、客户或商业伙伴。

随着高性能计算机和实时数据仓库技术的出现,ODS 和 EDW 在这种情况下事实上是一个系统,这样在解决一系列问题的过程中,对用户来说上钻和下钻都比较容易,如图 1.5 所示。

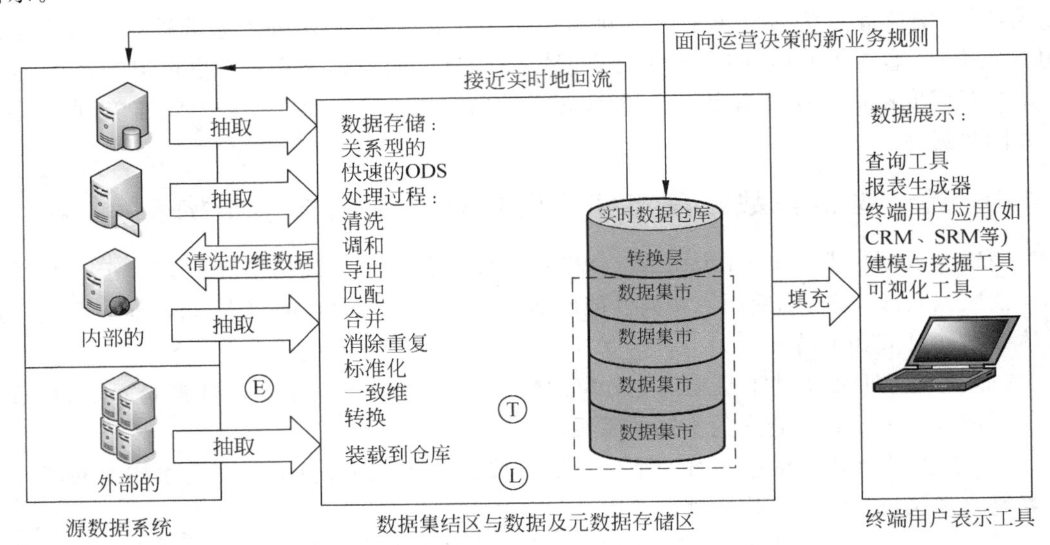

图 1.5 逻辑型数据集市及实时数据仓库体系结构示意图

逻辑或物理的数据集市和数据仓库在数据仓库技术环境中起着不同的作用,其主要区别如表 1.2 所示。虽然数据集市的范围有限制,但数据集市可能也并不小,因此,可扩展技术对数据仓库系统来说是至关重要的。当用户需要在几个物理上分离的数据集市上集成数据时(如果这是可能的),负载和代价就会分担给用户。因此,逻辑型数据集市和实时数据仓库的体系结构不失为建立数据仓库的一种较佳的有效方法,特别是在硬件性能不断提高、成本不断下降的条件下。

表 1.2 数据仓库和数据集市的比较表

对比内容	数据仓库	数据集市
范围	应用独立	特定的 DSS 应用
	集中式,企业级(可能)	用户域的离散化
	规划的	可能是临时组织的(无规划)
数据	历史的、详细的和概括的	一些历史的、详细的和概括的
	轻微不规范化	高度不规范化
主题	多个主题	用户关心的某一个中心主题
源	多个内部和外部源	很少的内部和外部源
其他特征	灵活的	严格的
	面向数据	面向工程
	长期	短期
	大	开始小、逐渐变大
	单一的复杂结构	多、半复杂性结构、合并复杂

1.5　数据仓库的产生、发展与未来

1.5.1　数据仓库的产生

计算机系统的功能从最初的数值计算逐渐扩展到对各类数据的管理。最初的数据管理形式主要是文件系统，少量的以数据片段之间增加一些关联和语义而构成层次型或网状数据库，但数据的访问必须依赖于特定的程序，数据的存取方式是固定的、死板的。到了1969年，E. F. Codd博士发表了著名的关系数据模型的论文。此后，关系数据库的出现开创了数据管理的一个新时代。

随着大量新技术、新思路涌现出来并被用于关系数据库系统的开发和实现，如客户端/服务器体系结构、存储过程、多线程并发内核、异步I/O和代价优化技术等，关系数据库系统的处理能力毫不逊色于那些昂贵的传统封闭的遗留数据库系统。而关系数据库在访问逻辑和应用上所带来的好处则远远不止这些，SQL的使用已成为一个不可阻挡的潮流，加上计算机硬件的处理能力呈数量级的递增，关系数据库最终成为联机事务处理系统的主宰。

从20世纪80年代初起直到90年代初，联机事务处理一直是关系数据库应用的主流。然而，应用需求在不断地变化，当联机事务处理系统应用到一定阶段时，企业家们便发现单靠拥有联机事务处理系统已经不足以获得市场竞争的优势，他们需要对其自身业务的运作以及整个市场相关行业的态势进行分析，进而作出有利的决策。这种决策需要对大量的业务数据包括历史业务数据进行分析才能得到。把这种基于业务数据的决策分析称为联机分析处理。如果说传统联机事务处理强调的是更新数据库(向数据库中添加信息)，那么联机分析处理就是从数据库中获取信息、利用信息。因此，著名的数据仓库专家Ralph Kimball写道："我们花了二十多年的时间将数据放入数据库，如今是该将它们拿出来的时候了。"

事实上，将大量的业务数据应用于分析和统计原本是一种非常简单和自然的想法。但在实际的操作中，人们却发现要获得有用的信息并非如想象得那么容易。

(1) 所有联机事务处理强调的是密集的数据更新处理性能和系统的可靠性，并不太关心数据查询的方便与快捷。

(2) 业务数据往往被存放于分散的异构环境中，不易统一查询访问，而且还有大量的历史数据处于脱机状态，形同虚设。

(3) 业务数据的数据库模式针对事务处理系统而设计，数据的格式和描述方式并不适合非计算机专业人员进行业务上的分析和统计。

因此有人感叹：联机事务处理系统刚上线时，查询不到数据是因为数据太少了，而几十年后查询不到有关数据是因为数据太多了。针对这一问题，人们设想专门为业务数据的统计分析建立一个数据中心，它的数据从联机事务处理系统中来、从异构的外部数据源来或从脱机的历史业务数据中来，这个数据中心也是一个联机系统，它专门为分析统计和决策支持应用服务，通过它可获取决策支持和联机分析应用所需要的一切数据。这个数据中心就叫作数据仓库。简单地说，数据仓库就是一个作为决策支持和联机分析应用系统数据源的结构化数据环境，数据仓库要研究和解决的就是从数据库中获取信息的问题。

那么数据仓库与数据库又是什么关系呢？回想当初，人们固守封闭式数据库系统是出于对事务处理的偏爱,人们当时选择关系数据库的一个理由之一就是为了方便地获取信息。由此看来,数据仓库所要提供的正是当年关系数据库所倡导的。由于关系数据库系统在联机事务处理应用中获得的巨大成功,使得人们已不知不觉地将它划归到事务处理的范畴。其实关系数据库系统也是数据仓库的核心数据环境,只是数据仓库对关系数据库的联机分析能力提出了更高的要求,需要对关系型数据库系统作专门的改进。

以辩证的眼光来看,数据仓库的兴起实际上是数据管理的一种回归,是螺旋式的上升。今天基于 OLTP 的关系数据库就好比当年的层次数据库和网型数据库,它们是面向事务处理的;今天的数据仓库就好比是当年的关系数据库,它是针对联机分析应用的。所不同的是,由于技术的专业化分工,今天的数据仓库技术完全专注于联机分析处理领域,不再用于事务处理应用。

数据仓库概念一经出现,就首先被应用于金融、电信和保险等主要传统数据处理密集型行业。国外许多大型的数据仓库在 1996—1997 年间建立。什么样的行业最需要建立数据仓库,有如下两个基本条件。

(1) 该行业有较为成熟的联机事务处理系统,它为数据仓库提供客观条件。

(2) 该行业面临市场竞争的压力,它为数据仓库的建立提供外在动力。

1.5.2 数据仓库的发展

最初的数据仓库系统可能只为企业内部高层提供某些方面的战略决策数据,如市场营销、战略策划和财务等方面的分析数据,数据仓库提供的信息极大地改善了这些部门的决策质量。然而,在当今竞争异常激烈的商业环境中,优秀的战略仅仅是成功的诸多要素之一。若不能付诸有效的实施,任何战略都将是一纸空文。新一代的数据仓库应用不仅改善了企业战略的形成,更重要的是加强了企业战略的执行决策能力。因此,从应用的角度来看,数据仓库的发展演变可以归纳为以下 5 个阶段。

1. 以报表为主

最初的数据仓库主要用于快速产生企业内部某些部门的报表。数据仓库把组织内不同来源的信息集成到一个单一的数据仓库中,这样可以为企业跨职能或跨产品的决策提供重要参考信息。在大多数情况下,人们事先已对报表中涉及的问题有所了解。因此,数据库的结构可根据问题的要求进行优化,即使数据查询人员要求访问的信息量极其巨大,但处理这些数据的效率仍然可以很高。

构建这一阶段的数据仓库所面临的最大挑战是数据集成。传统的计算环境经常有上百个数据源,每一数据源都有独特的定义标准和基本的实施技术。要对这些放在不同生产系统之中、不具备一致性的数据进行清洗,建立一致性的集成数据库是非常具有挑战性的。本阶段所建立并优化过的集成信息一方面为决策者提供辅助决策的报表,另一方面也为以后数据仓库的发展奠定了基础。

2. 以分析为主

在数据仓库应用的第 2 阶段,决策者关心的重点发生了转移,即从“发生了什么”转向“为什么会发生”。分析活动的目的就是了解报表数据的含义,需要对更详细的数据进行各种角度的分析。本阶段的数据仓库对要分析的问题可能事先一无所知，采用的方法也可能是随机分析方法。其中的性能管理依赖于关系型数据库管理系统（Relational Database Management System，RDBMS）的先进优化功能，因为这与纯报表环境不同，信息查询的结构关系是无法预知的。

在本阶段的数据仓库应用中，由于信息库的应用具有很高的交互性，所以性能问题非常重要。报表一般是根据业务日程安排定期提供的，而随机分析基本上是在交互环境中反复提出并不断优化问题的操作。业务用户希望通过图形用户界面（Graphics User Interface，GUI）直接访问数据仓库，不希望有编程人员作为中介。支持数据仓库的并发查询及大批量用户，这是本阶段应用的典型特征。

业务用户往往没有耐心，所以必须建立联机分析处理环境，向下挖掘的反应时间以秒或分钟来计算。采用索引和复杂的表连接技术，使得数据库优化器可以找到高效率的访问路径。所以，优化器技术对于在可接受的响应时间内灵活地存取信息至关重要。

3. 以预测模型为主

当一个公司决策过程得到量化以后，对经营业务的动态情况以及这种情况为什么发生都已有所体验时，往往就开始思索将信息用于预测了。很明显，掌握企业即将发生的动向意味着更为积极地管理和实施公司战略。数据仓库发展的第3阶段就是提供数据采集工具，利用历史资料创建预测模型。

利用预测模型进行高级分析的最终用户通常为数不多，但建模及评测的工作量极大。例如，一个建模可能需要用数百种复杂方法度量几十万个观察数据，以形成适合于某特定商业目标的预测算法，其评测也常常需要用到大量（百万级）的观察数据。为了得到所需的预测特性，高级数据分析通常要应用复杂的数学函数（如对数、指数、三角函数和复杂的统计函数）。对算法的预测效果而言，获取详细数据是非常重要的。一些工具（如SAS等）为开发复杂模型提供了框架，不过它要求直接访问数据仓库关系结构中所存储的信息。面对此类应用，必须考虑数据仓库的能力。少数用户可能在高峰期轻易地消耗掉数据仓库平台上50%或者更多的资源。资源消耗之所以这样巨大，原因在于数据访问过程复杂，而且数据处理量很大。

4. 以营运导向为主

数据仓库演变的第4阶段是要实现数据仓库的战术性决策功能，开始关注其动态性。数据仓库发展的前3个阶段都以支持企业内部战略性决策为重点，本阶段则开始有侧重地支持一些战术性决策，如分析性CRM系统、智能呼叫中心等数据仓库应用。数据仓库对战略性决策的支持是为企业长期决策提供必需的信息，包括市场细分、产品及其类别管理战略、获利性分析与预测等。

战术性决策支持的重点则可能在企业外部，为执行企业战略的员工提供支持。所谓数据仓库的“营运导向”，是指为现场即时决策提供信息，例如及时库存补给、包裹发运的日程安排和路径选择等。许多零售商都倾向于由供货方管理库存，自己则用一条零售数据链来连接众多作为伙伴的供货厂商，其目的是通过更有效的供货链管理来降低库存成本。为了使这种合作获得成功，就必须向供货商提供有关销售、促销推广和库内存货等详细信息，以便他们能根据每个商店和每个单品对库存的要求建立并实施有效的生产和交货计划。为了保证信息确实有价值,必须能够随时刷新信息,并对查询作出非常快的响应。以货运为例,统筹安排货运车辆和运输路线,这需要进行非常复杂的决策。常常需要将一辆卡车上的部分货物转移到另一辆车上,即重新配载,以最高或次高的整体运输效率将所有货物送抵各自的目的地。当某些卡车晚点时,就要作出艰难的决定:是让后继的运输车等待迟到的货物,还是让其按时出发。如果后继车辆按时出发而未等待迟到的包裹,那么迟到包裹的服务等级就会大打折扣。反过来说,等待迟到的包裹则将损害在后继运输车上其他待运包裹的服务等级。运输车究竟等待多长时间,取决于需卸装到该车辆的所有延迟货物的服务等级和已经装载到该车辆的货物的服务等级。很显然,第二天就应该抵达目的地的货物和数天后才需抵达目的地的货物,两者的服务等级及其实现难度是大不相同的。此外,发货方和收货方也是决策考虑的重要因素。对企业盈利十分重要的客户,其货物的服务等级应该相应提高,以免因货物迟到破坏双方关系。延误货物的运输路线、天气条件和许多其他的因素也应予以考虑。能够在这种情况下作出明智的战术性决策,相当于解决了一个非常复杂的优化问题。

要实现数据仓库的战术性决策功能,作为决策基础的信息就应该保持实时更新或接近实时更新。这就是说,为了使数据仓库的决策功能真正服务于日常业务,就必须持续不断地获取数据并将其填充到数据仓库中。战略决策可使用按月或周更新的数据,但以这种频率更新的数据是无法支持战术决策的。作业现场的战术决策需要查询响应时间以秒为单位来衡量。

5. 以实时数据仓库、自动决策应用为主

在这个阶段,实时数据仓库在决策支持领域中的角色越重要,企业实现决策自动化的积极性就越高。在人工操作效果不明显时,为了寻求决策的有效性和连续性,企业就会趋向于采取自动决策。特别是在电子商务模式中,面对客户与网站的互动,企业只能选择自动决策。例如,网站或 ATM 系统中所采用的交互式客户关系管理(Customer Relationship Management,CRM)是一个产品供应、定价和内容发送各方面都十分个性化的客户关系优化决策过程。这一复杂的过程在无人介入的情况下自动发生,响应时间以秒或毫秒计。

随着技术的进步,越来越多的决策由事件触发,并自动完成。例如,零售业正逐步流行的电子货架标签技术。电子标签可以通过计算机远程控制来改变标价,无须任何手工操作。电子货架标签技术结合实时数据仓库,可以帮助企业按照自己的意愿实现价格管理自动化;对于库存过大的季节性货物,这两项技术会自动实施降价策略,以便以最低的边际损耗售出最多的存货。降价决策在手工定价时代是一种非常复杂的操作,往往代价高昂,超过了企业的承受能力。带有促销信息和动态定价功能的电子货架标签,为价格管理带来了一个全新的世界。而且,实时数据仓库还允许用户采用事件触发和复杂决策支持技术,以最佳方案逐件货品、逐家店铺作出决策。在 CRM 环境中,利用实时数据仓库,根据每一位客户的情况做出决策都是可能的。

激烈的竞争形势和日新月异的技术革新推动了决策技术的进步。实时数据仓库可以为整个企业的各个层次提供决策信息和决策支持,而不只限于战略决策过程。然而,战术决策支持并不能代替战略决策支持,也就是说,实时数据仓库需要同时支持这两种决策方式。事

实上，在第5阶段，数据仓库的营运导向应用、实时数据仓库的事件触发自动决策支持以及为传统数据仓库分析而特别开发的战略决策支持这三者是并存的。

总之，数据仓库的应用是一个逐渐演进的过程，从第1阶段发展到第5阶段是水到渠成的事，是系统不断完善和应用不断扩展的过程。在数据仓库建立之初，用户首先往往需要基于整合数据源和调和数据的传统数据仓库应用，当数据仓库系统建设到具有战略决策支持功能时，必然会提出战术性决策的更高要求。再进一步，当实时数据仓库能用于整个企业(或事业单位)时，其商业价值会大大增加。向整个企业中成千上万的决策者提供信息，甚至通过有关应用界面(如CRM)，让客户也可参与决策，这将给企业的业务发展带来巨大的优势。因此，一个可扩展、高性能、高可用性且具有快速数据更新能力的实时数据仓库系统是实现企业决策飞跃的关键。

1.5.3　数据仓库的未来

数据仓库是数据管理技术和市场上一个方兴未艾的领域，有着良好的发展前景。在此，将从技术、应用和市场等几个方面探讨数据仓库的未来发展。

数据仓库技术的发展包括数据抽取、存储管理、数据表现和方法论等方面。在数据抽取方面，未来的技术发展将集中在系统集成化方面。它将互连、转换、复制、调度、监控纳入标准化的统一管理，以适应数据仓库本身或数据源可能的变化，使系统更便于管理和维护。在数据管理方面，未来的发展将使数据库厂商明确推出数据仓库引擎，作为数据仓库服务器产品与数据库服务器并驾齐驱。在这一方面，带有决策支持扩展的并行关系数据库将最具发展潜力。在数据表现方面，统计分析的算法和功能将普遍集成到联机分析产品中，并与Internet/Web技术紧密结合。按行业应用特征细化的数据仓库用户前端软件将成为产品，作为数据仓库解决方案的一部分。数据仓库实现过程的方法论将更加普及，将成为数据库设计的一个明确分支，成为管理信息系统设计的必备。

计算机应用技术发展的数据仓库倾向是数据仓库发展的推动力。传统的联机事务处理系统往往事先并不考虑数据仓库的建设，但实际应用对数据仓库所能提供的功能却早有需求。因此，许多事务处理系统近年来陷入困境：在现有系统上增加有限的联机分析功能，包括复杂的报表和数据汇总操作等，可这有时会严重影响事务处理联机性能，而且统计分析功能又因系统结构上的种种限制而不能很好地实现。因此，随着应用技术朝着更加细化、更加专业的方向发展，在新一代的应用系统中，数据仓库在一开始便被纳入系统设计的考虑，在数据管理上，联机事务处理和数据仓库应用相对独立，使联机事务处理系统本身更加简洁高效，同时分析统计应用也更为便利。面向行业的统计分析学向更为普遍的应用发展，并集成到数据仓库解决方案中。

在市场方面，将从厂商和用户两个方面看数据仓库的发展。对于提供数据仓库产品和解决方案的厂商来说，严酷的市场竞争是永恒的主题。未来的发展将是不提供完整解决方案的厂商可能被其他公司收购，例如提供数据抽取等专用工具的软件公司很可能并入大型数据库厂商而去构建完整的解决方案。能够持续发展的厂商大致有两类：一是拥有强大的数据库、数据管理背景的公司；二是专门提供面向具体行业的、从事数据仓库实施的技术咨询公司。

从用户的角度看，除了数据管理的传统领域(如金融、保险和电信等行业中的特定应用，如信用分析、风险分析和欺诈检测等)是数据仓库的主要市场之外,数据仓库的应用随着现代社会商业模式的变革而进一步普及和深入。近年来,一场悄悄的革命正在改变产品制造和提供服务的方式,它就是数字化定制经济模式。在这个世界里,用户可以购买一台根据自己要求组装的计算机、一条根据自己体形设计的牛仔裤、一种根据自己身体需要而生产的保健药、一副与自己脸型相配的眼镜等。在未来大规模定制经济环境下,数据仓库将成为企业获得竞争优势的关键武器,也是机器学习、人工智能应用的重要数据来源及数据存储方式。

总之,数据仓库是一项基于数据管理和数据应用的综合性技术和解决方案,它是数据库市场的新一轮增长点,同时也是未来企业应用系统的重要组成部分。

1.5.4 新一代数据仓库技术

以 Hadoop/Spark 为代表的大规模数据处理技术已成为新一代数据仓库平台的基础设施组件,在此基础上构建的平台具有高模块化、松耦合和并行化的特点,针对不同的应用领域,通过组件之间的灵活组合与高效协作,可以提供定制化的数据仓库平台;并可有限支持 SQL、PL/SQL 标准数据库语言,结合数据挖掘与机器学习组件,能够构建起强大的数据分析生态系统。

当前比较流行的基于这种分布式系统架构的数据仓库工具有 Hive、SparkSQL 等。

1. 基于 Hive 的数据仓库技术

Hive 是基于 Hadoop 的一个数据仓库工具,可以将结构化的数据文件映射为数据库表,并提供完整的 SQL 查询功能,它将类 SQL 语句转换为 MapReduce 任务去执行,Hadoop 和 Mapreduce 是 Hive 架构的基础。

Hive 的特点是通过类 SQL 来分析大数据,而不是写 MapReduce 程序来分析数据,这使得分析数据更容易;将数据映射成数据库及表,库和表的元数据信息一般存放在关系型数据库上(比如 MySQL);另外 Hive 本身并不提供数据的存储功能,数据一般都是存储在 HDFS(Hadoop 分布式文件系统)上。

Hive 与传统数据库技术的差异比较见表 1.3。

表 1.3 Hive 与传统数据库的对比

对比项	Hive	传统数据库
数据插入	支持批量导入,不可单条导入	支持单条和批量导入
数据更新	不支持	支持
索引	有限索引功能,可在某些列上建索引,创建的索引数据会被保存在另外的表中	支持
分区	支持,Hive 表是按分区形式组织的,根据"分区列"值对表进行粗略划分,加快数据的查询速度	支持,提供分区功能以改善大表的可伸缩性和可管理性,提高其查询效率
执行延迟	高,构建在 HDFS 和 MR 之上,比传统数据库延迟要高,HQL 语句延迟可达分钟级	低,传统 SQL 语句的延迟一般少于 1s
扩展性	好,基于 Hadoop 集群,有很好的横向扩展性	有限

2. 基于 Spark SQL 的数据仓库技术

Spark SQL 是 Spark 的一个组件，用于结构化数据的计算。Spark SQL 提供了一个称为 DataFrames 的编程抽象，DataFrames 可以充当分布式 SQL 查询引擎。

Spark SQL 在架构上和 Hive 类似，但底层不再使用 MapReduce，而是 Spark。Spark SQL 相对 Hive 来说，做了 3 个方面的优化：

(1) 可以使用基于内存的列簇存储方案。

(2) 对 SQL 语句提供基于成本的优化技术：根据数据的分布，统计分片大小，生成热点数据直方图。进而可以根据表的大小动态改变操作符类型(join 类型，aggeragate 类型)，也可以根据表的大小来决定并发数(DAG 节点分裂个数)。

(3) 数据共同分片，即创建表时可指定数据的分布方式，这样表连接(join)时就可以不用网络交换。

Spark SQL 把数据仓库的计算能力推向了新的高度，不仅是计算速度，Spark SQL 比 Shank 快了至少一个数量级，而 Shank 比 Hive 快了至少一个数量级，更为重要的是 Spark SQL 把数据仓库的计算复杂度推向了历史上全新的高度，Spark SQL 推出的 DataFrame 可以让数据仓库直接使用机器学习，图像计算等复杂的算法库来对数据仓库进行复杂深度数据价值的挖掘。

Spark SQL DataFrame 不仅是数据仓库的引擎，而且也是数据挖掘的引擎，更为重要的是 Spark SQL 也可以是数据科学计算和分析引擎。

DataFrame 简单地说就是一个分布式的数据集合，该数据集合以命名列的方式进行整合。DataFrame 可以理解为关系数据库中的一张表，也可以理解为 R/Python 中的一个 data frame。DataFrames 可以通过多种数据构造，例如：结构化的数据文件、Hive 中的表、外部数据库、Spark 计算过程中生成的 RDD 等。DataFrame 的 API 支持 4 种语言：Scala、Java、Python 和 R。

而数据集接口则可以使用 Spark SQL 的优化器对 RDD(Resilient Distributed Dataset，弹性分布式数据集)操作进行优化。数据集由 JVM 对象构建，并可以进行 map、flatMap、filter 等操作。数据集接口支持 Java 和 Scala 语言。

从未来趋势看，Hive 负责数据库存储，进行数据多维度查询，Spark SQL 负责高速计算，DataFrame 负责复杂的数据挖掘，将是数据仓库和大数据平台的发展方向。

1.6 小结

本章主要介绍了数据仓库的概念、特点、构成、分类以及数据挖掘和数据处理的基本概念。

数据仓库就是一个面向主题的、集成的、相对稳定的、反映历史变化的数据集合，通常用于辅助决策支持。数据仓库由数据仓库数据库、数据抽取工具、元数据、访问工具、数据集市、数据仓库管理和信息发布系统组成。数据仓库的 4 种体系结构模型，即两层体系结构、基于独立数据集市的体系结构、基于依赖型数据集市和 ODS 的体系结构、基于逻辑型数据集市的实时数据仓库体系结构。

数据挖掘,就是从大量数据中获取有效的、新颖的、潜在有用的、最终可理解的模式的过程。数据挖掘可以基于关系数据库、数据仓库和万维网等,在数据仓库中进行数据挖掘会使挖掘结果更具有指导意义。

数据处理通常分成两大类:联机事务处理(OLTP)和联机分析处理(OLAP)。OLTP是传统的操作型数据库系统的主要应用;OLAP是数据仓库系统的主要应用,支持复杂的分析操作,侧重决策支持,并且提供直观易懂的查询结果。

此外,本章还介绍了数据仓库实施的关键技术与方法论,以及数据仓库的产生与发展及其未来发展趋势和常用的数据仓库产品。

1.7 习题

1. 数据仓库就是一个________、集成的、________、反映历史变化的数据集合。

2. 元数据是描述数据仓库内数据的结构和建立方法的数据,它为访问数据仓库提供了一个信息目录,根据元数据用途的不同可将数据仓库的元数据分为________和________两类。

3. 数据处理通常分成两大类:联机事务处理和________。

4. 多维分析是指对以"维"形式组织起来的数据(多维数据集)采取________、切块、________和旋转等各种分析动作,以求剖析数据,使用户能从不同角度、不同侧面观察数据仓库中的数据,从而深入理解多维数据集中的信息。

5. ROLAP是基于________的OLAP实现,而MOLAP是基于多维数据结构组织的OLAP实现。

6. 数据仓库按照其开发过程,其关键环节包括________、________和数据表现等。

7. 数据仓库系统的体系结构根据应用需求的不同,可以分为以下4种类型:________、________、________和________。

8. 操作型数据存储实际上是一个集成的、面向主题的、________、________(但是可"挥发"的)、企业级的、详细的数据库,也叫运营数据存储。

9. "实时数据仓库"意味着源数据系统、决策支持服务和数据仓库之间以一个________的速度交换数据和业务规则。

10. 从应用的角度看,数据仓库的发展演变可以归纳为5个阶段:________、________、________、________和以实时数据仓库和自动决策为主。

11. 什么是数据仓库?数据仓库的特点主要有哪些?

12. 简述数据仓库4种体系结构的异同点及其适用性。

13. 简述你对数据仓库未来发展趋势的看法。

14. 请列出3种数据仓库产品,并说明其优缺点。

CHAPTER 2

第2章 数据仓库的数据存储与处理

第1章讲到数据存储与数据处理是数据仓库系统实施的三个关键环节中的中心环节，对数据仓库的数据存储结构设计和数据处理技术的研究在数据仓库理论中占有重要地位。因此，本章专门针对这个问题进行讨论。

2.1 数据仓库的数据结构

数据仓库的数据存储可用图2.1所示的三层数据结构来表示。简单地说，数据是从企业内外部的各业务处理系统（操作型数据）流向企业级数据仓库或操作型数据存储区。在这个过程中，要根据企业（或其他组织）的数据模型和元数据库对数据进行调和处理，形成一个中间数据层，然后再根据分析需求，从调和数据层（EDW、ODS）将数据引入导出数据层，如形成满足各类分析需求的数据集市。

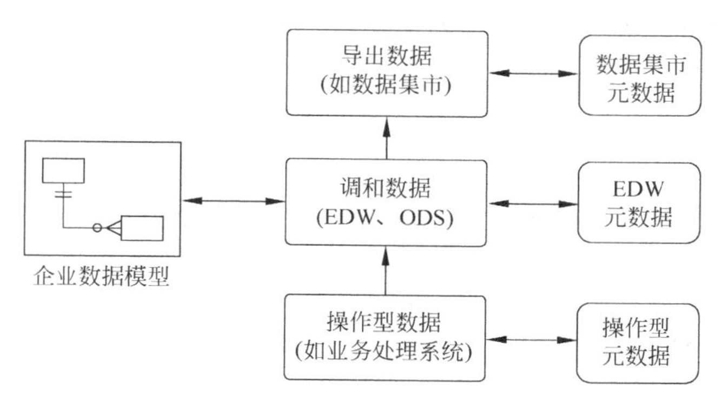

图2.1 数据仓库的三层数据结构

图2.1中各个组成部分的含义如下。

(1) 操作型数据(operational data)。操作型数据通常存储在遍及组织的各种不同的操作型记录系统中(如企业ERP、业务计费系统和供应链系统等，有时甚至是在组织外部的信息系统中)。

(2) 调和数据(reconciled data)。调和数据是存储在企业级数据仓库和操作型数据存储中的数据。调和数据是详细的、当前的数据。对所有的决策支持应用来说,调和数据是单一的、权威的数据源。

(3) 导出数据(derived data)。导出数据是存储在各个数据集市中的数据。对终端用户的决策支持应用来说,导出数据是已选择的、格式化了的聚集数据。

(4) 企业数据模型(enterprise data model)。企业数据模型描述了一个解释组织(企业或事业单位)所需数据的整体轮廓。由于调和数据层是数据仓库单一的、权威的数据源,因此,调和数据必须符合企业数据模型中说明的设计规格。企业数据模型控制着数据仓库的阶段演化,随着新需求的不断出现,企业数据模型得以不断完善。

(5) 元数据(metadata)。元数据是描述其他数据的属性或特征的技术和业务数据。简单地说,元数据就是描述数据的数据,它体现的是一种抽象。在设计模式中,强调要对接口编程,就是说不要处理这类对象和那类对象的交互,而要处理这个接口和那个接口的交互,先不管它们内部是怎么实现的。元数据存在的意义也在于此。元数据的存在就是要做到在更高抽象一层设计软件。数据仓库系统元数据的作用,其实就是实现系统的自动运转,以便于管理。元数据是数据仓库的应用基础。图 2.1 给出了元数据与不同数据层的连接,对应 3 个数据层的元数据分别如下。

① 操作型元数据。描述不同操作型业务系统(和外部数据)中提供给企业数据仓库的数据特性。操作型元数据一般以多种不同的格式存在,质量通常非常差。

② 企业级数据仓库元数据。通常来源于企业数据模型,至少是与企业数据模型保持一致。EDW 元数据主要描述调和数据层的数据特性及抽取、转换、加载操作型数据到调和数据的 ETL 规则。

③ 数据集市元数据。描述导出数据层的数据特性和从调和数据到导出数据的转换规则。

2.2 数据仓库的数据特征

2.2.1 状态数据与事件数据

数据仓库中的数据可以分为状态数据和事件数据两类,如果是描述对象的状态即为状态数据,若是描述对象发生的事件即为事件数据,两者的关系如下:

(前像)状态数据→事件数据→(后像)状态数据

事务是引起一个或更多个业务事件的数据库层次上发生的业务活动,事件是一个由事务引起的数据库活动(创建、修改、删除)。一个事务可能引起一个或多个事件。例如,银行取款事务将导致相关银行账户余额的减少;钱从一个账户转移到另一个账户,即导致了两个事件:一个取款事件和一个存款事件。有时,非事务也是非常重要的事件,如一个取消的在线购物车、网络连接突然中断等。

状态数据和事件数据都可以存储在数据库中,然而,存储在数据库和数据仓库中的基本数据类型是状态数据。数据仓库通常包括状态数据的历史快照或关于事务或事件数据的汇总(如小时总量)。

2.2.2 当前数据与周期数据

在数据仓库中,对在过去发生的事件保存一份记录常常是非常必要的。例如,比较一个特定日期或一段时间内的销售或库存同以前年份相同日期或同样的时间段的销售或库存。操作型业务系统中往往存储大量的“当前数据”类型的数据。

当前数据(transient data)只保留当前的最新数据，现存的最新记录将改变以前记录中的数据，即不保存以前的记录内容。因此，当前数据将破坏以前的历史数据内容。

表 2.1 给出了一个关系(库存表)，它最初只包括两行。表中有 4 个属性：商品编号(主码)和三个非码属性(商品名称、现有库存量和更新日期)。

表 2.2 是在表 2.1 的基础上，1 天后发生的改变，即表 2.1 原有的两行数据部分列值发生了改变(现有库存量和更新日期都变了)，且增加了一行新数据。表 2.1 和表 2.2 中的数据处理方式是操作型业务系统中临时数据的典型特征。

表 2.1　简化的库存表(当前数据类型)

商品编号	商品名称	现有库存量	更新日期
A001	A 品牌的方便面	100	2008-7-25
B002	B 品牌的衣服	200	2008-7-25

表 2.2　1 天后的简化库存表(当前数据类型)

商品编号	商品名称	现有库存量	更新日期
A001	A 品牌的方便面	85	2008-7-26
B002	B 品牌的衣服	210	2008-7-26
C003	C 品牌的矿泉水	300	2008-7-26

周期数据(periodic data)则相反，一旦保存，物理上就不再改变或删除数据。以数据日志模式记录的前像和后像代表周期数据。通常每个周期数据记录都会包含一个时间戳来指示日期甚至时间(如果需要)。

数据仓库的一个典型目标就是保存关键事件的历史记录或者为特定变量(如销售量)创建一个时间序列。这常常需要存储周期性的历史数据而不是仅存当期数据。表 2.3 和表 2.4 是周期数据类型一个简化的销售日报表。

表 2.3　简化的销售日报表(周期数据类型)

商品编号	商品名称	日销售量	销售日期
A001	A 品牌的方便面	15	2008-7-25
B002	B 品牌的衣服	50	2008-7-25

表 2.4　1 天后的简化销售日报表(周期数据类型)

商品编号	商品名称	日销售量	销售日期
A001	A 品牌的方便面	15	2008-7-25
B002	B 品牌的衣服	50	2008-7-25
A001	A 品牌的方便面	25	2008-7-26
B002	B 品牌的衣服	45	2008-7-26
C003	C 品牌的矿泉水	30	2008-7-26

一旦一个记录存储在周期数据表中,这个记录就不再改变。当一个记录改变时,前像和后像将分别被存储在表中。周期数据类型可以积攒足够长(通常5个季度以上)的历史数据用于趋势分析等工作。存储周期数据需要大量的存储空间,所以数据仓库的周期数据存储量将随着时间推移迅速增长,用户必须非常小心地选择需要这种处理方式的关键数据。

2.2.3 元数据

数据仓库的第三个数据特征是其元数据。数据仓库的元数据实际上是要解决何人在何时何地为了什么原因及怎样使用数据仓库的问题,再具体一点说,元数据在数据仓库管理员的眼中是数据仓库中包含的所有内容和过程的完整知识库及其文档,在最终用户(即数据分析人员)眼中是数据仓库的信息地图。

数据仓库的元数据通常分为技术元数据(technical metadata)和业务元数据(business metadata)两类。

技术元数据是描述关于数据仓库技术细节的数据,这些元数据应用于开发、管理和维护数据仓库,主要包含以下信息。

(1) 数据仓库结构的描述。包括数据仓库的模式、视图、维、层次结构和导出数据的定义,以及数据集市的位置和内容等。

(2) 业务系统、数据仓库和数据集市的体系结构和模式。

(3) 汇总算法。包括度量和维定义算法,数据粒度、主题领域、聚合、汇总和预定义的查询与报告。

(4) 由操作型业务环境到数据仓库环境的映射。包括源数据和它们的内容、数据分割、数据提取、清洗、转换规则和数据刷新规则及安全(用户授权和存取控制)。

业务元数据是从业务角度描述数据仓库中的数据,它提供了介于使用者和实际系统之间的语义层,使得不懂计算机技术的业务人员也能够"读懂"数据仓库中的数据。业务元数据主要包括以下信息。

(1) 使用者的业务术语所表达的数据模型、对象名和属性名。

(2) 访问数据的原则和数据的来源。

(3) 系统所提供的分析方法及公式和报表的信息。

数据分析员为了能有效地使用数据仓库环境,往往需要元数据的帮助。尤其是在数据分析员进行信息分析处理时,他们首先需要查看元数据。元数据还涉及数据从操作型业务环境到数据仓库环境的映射。当数据从操作型业务环境进入数据仓库环境时,数据要经历数据的转化、清洗、过滤、汇总和结构改变等过程。数据仓库的元数据要能够及时跟踪这些转变,当数据分析员需要就数据的变化从数据仓库环境追溯到操作型业务环境时,就要利用元数据来追踪这种转变。另外,由于数据仓库中的数据会存在很长一段时间,其间数据仓库往往可能会改变数据的结构。随着时间的流逝来跟踪数据结构的变化,也是元数据另一个常见的使用功能。

元数据描述了数据的结构、内容、链和索引等项内容。在传统的数据库中,元数据是对数据库中各个对象的描述,数据库中的数据字典就是一种元数据。在关系数据库中,这种描述就是对数据库、表、列、视图和其他对象的定义;在数据仓库中,元数据定义了数据仓库中的对象,如表、列、查询、业务规则及数据仓库内部的数据转移信息等。元数据是数据仓库的重要构件，是数据仓库的导航图。元数据在数据源抽取、数据仓库应用开发、业务分析、数据仓库服务和数据重构等过程中都有重要的作用。

2.3　数据仓库的数据 ETL 过程

建设数据仓库需要集成来自多种业务数据源中的数据，这些数据源可能是在不同的硬件平台上，使用不同的操作系统，因而数据以不同的格式存在不同的数据库中。如何向数据仓库中加载这些数量大、种类多的数据，已成为建立数据仓库所面临的一个关键问题。如果其中的信息不准确，那么这个数据仓库便形同虚设。因此，向数据仓库中导入操作型数据时，必须进行精心规划，选择合适的数据源，创建标准的字段名集，确定、开发与使用一致的数据仓库元数据标准。当完成这些工作后，便可以根据设计方案建立一个应用系统来转换数据，这个系统通常称为数据的 ETL 工具。在创建数据仓库时，需要使用 ETL 工具将所需数据从其他数据库中（例如不同版本的 SQL Server、Oracle 数据库等）选择、加工、装载到数据仓库中去。

数据 ETL 是用来实现异构数据源的数据集成，即完成数据的抓取/抽取、清洗、转换、加载与索引等数据调和工作，如图 2.2 所示。

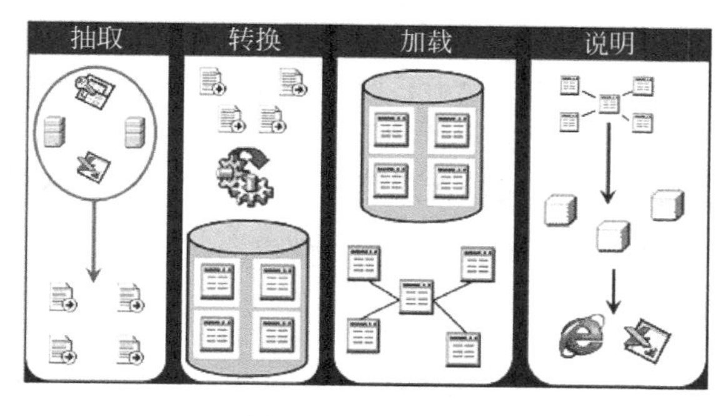

图 2.2　ETL 过程

ETL 软件的主要功能如下。

（1）数据的抽取。从不同的网络、不同的操作平台、不同的数据库及数据格式、不同的应用中抽取数据。

（2）数据的转换。数据转化（数据的合并、汇总、过滤和转换等）、数据的重新格式化和计算、关键数据的重新构建和数据汇总、数据定位等。

（3）数据的加载。将数据加载到目标数据库（数据仓库）中，通常需要跨网络，甚至跨操作平台进行加载。

因此，ETL 过程就是调和数据的过程。一个 EDW 或者 ODS 通常是规范化的关系数据库，但它需要灵活性去适应多种决策支持应用的需要。

2.3.1　ETL 的目标

抽取、转换、加载过程的目的是为决策支持应用提供一个单一的、权威的数据源。因此，要求 ETL 过程产生的数据（即调和数据层）是详细的、历史的、规范化的、可理解的、即时的和质量可控制的。

(1) 详细的。数据是详细的(不是概括的),为不同用户构造数据提供最大灵活性,以满足他们的需要。

(2) 历史的。数据是周期性的,用来提供历史记载。

(3) 规范化的。数据是完全规范化的(如第三范式或更高级的范式)。规范化的数据比非规范化的数据能提供更完整、更灵活的使用。反向规范化对于改进调和数据层的性能通常不是必需的,因为调和数据通常使用批处理定期访问。然而,导出层的数据往往是非规范化的,一些流行的数据仓库或数据集市的核心数据结构是非规范化的。

(4) 可理解的。要求站在企业整体的角度设计调和数据层数据,它的设计要同企业数据模型一致。

(5) 即时的。除了实时数据仓库体系结构之外,数据不需要是实时的。然而,数据必须是足够当前的,以使决策制定能够及时作出反应。

(6) 质量可控制的。调和数据必须有公认的质量和完整性,因为它们将被聚集进数据集市且用于决策制定。

经过 ETL 产生的调和数据同其来源的操作型数据有很大的区别,因为操作型数据具有如下特征。

(1) 操作型数据是即时的,而不是历史的。

(2) 操作型数据的规范化程度依赖于它们的来源,有规范化程度高的,也有可能从未被规范化或因为性能的原因可能被反向规范化。

(3) 操作型数据通常局限在特定的应用范围,而不是全局可理解的。

(4) 操作型数据非常详细,但可能质量很差,通常会存在一些不一致或错误的数据。

2.3.2 ETL 过程描述

数据的 ETL 过程就是负责将操作型数据转换成调和数据的过程。如 2.3.1 节所述,这两种数据具有明显的区别,因此,数据调和是构建一个数据仓库中最难的和最具技术挑战性的部分。在为企业级数据仓库填充数据的过程中,数据调和可分为如下两个阶段。

(1) 企业级数据仓库首次创建时的原始加载。

(2) 接下来的定期修改,以保持 EDW 的当前有效性和扩展性。

数据的 ETL 过程如图 2.3 所示,由 4 个步骤组成,即抽取、清洗、转换、加载与索引。事实上,这些步骤可以进行不同的组合,如可以将数据抽取与清洗组合为一个过程,或者将清洗和转换组合在一起。通常,在清洗过程中发现的拒绝数据信息会送回到源操作型业务系统中,然后将数据在源系统中加以处理,以便在以后重新抽取。

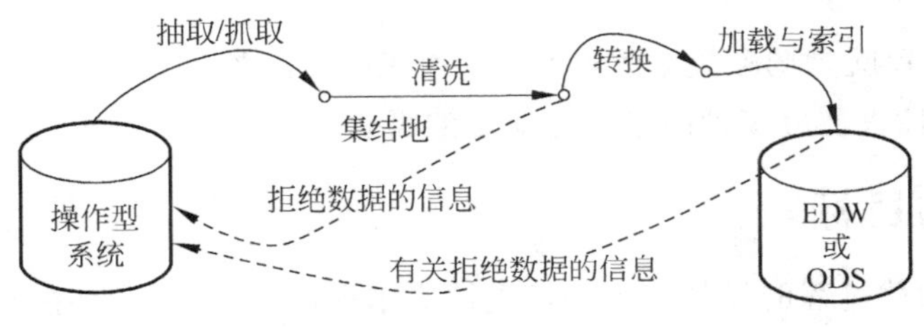

图 2.3 ETL 过程示意图

2.3.3　数据抽取

从源文件和源数据库中获取相关数据用于填充数据仓库，称为抽取。并非所有包含在不同操作型业务系统中的数据都需要抽取，通常只需要其中的一个子集。抽取数据的一个子集是基于对源系统和目标系统的扩展分析，一般会由终端用户和数据仓库专家共同决定。

数据抽取的两个常见类型是静态抽取(static extract)和增量抽取(incremental extract)。静态抽取用于最初填充数据仓库，是一种在某一时间点获取所需源数据快照的方法，源数据的视图独立于它被创建的时间。增量抽取用于进行数据仓库的维护，仅仅获取那些从上一次获取之后源数据中所发生的变化；最普遍的方法是日志获取，数据库日志包括数据库记录中最近变化的后像。

抽取数据进入集结区域的一个关键是源系统中的数据质量。特别是：

(1) 数据命名的透明度。以使数据仓库设计者确切地知道什么数据存放于哪个源系统中。

(2) 由一个源系统实施的业务规则的完整性和准确性。这将直接影响到数据的精度，而且，源系统中的业务规则应该同数据仓库中使用的规则相匹配。

(3) 数据格式。跨数据源的统一格式有助于匹配相关的数据。

同源系统的所有者达成一致协议也是很重要的，所以，当源系统中的元数据发生变化时，它们应该通知数据仓库的管理员。因为事务处理系统经常会发生变化以适应新的业务需要或者使用新的、更好的软件和硬件技术，管理源系统中的变化是抽取过程中的最大挑战之一。源系统中的变化需要数据质量和数据抽取与转换过程的重新评估，因为这些过程把源系统中的数据映射到目标数据仓库(或数据集市)中。这些映射说明数据仓库中的每一个数据元素是从哪一个源系统中导出来的，并怎样执行导出。对于定制的源系统，数据仓库管理员必须设计定制的映射和抽取实例，可以为一些打包的应用软件购买预先定义好的映射模板，如 ERP(企业资源规划)系统。

抽取可以使用同源系统相联系的工具所写的程序来完成，称为输出数据的工具。数据通常以一种中间数据格式抽取，通常，SQL 命令 SELECT…INTO 可被用来创建表。一旦选择数据源，写出抽取程序，数据就可以被移进集结地(staging area)，清洗过程就从这里开始。

2.3.4　数据清洗

通常接受的事实是，ETL 过程的作用是为了识别错误数据，而不是处理它们。应该在适当的源系统中进行错误数据的处理，以使由于系统过程错误所造成的错误数据不再重新出现。丢弃错误数据且在下一个从相关源系统的反馈中重新处理。

但由于许多常见的原因，操作型业务系统中的数据质量很差，这些原因包括雇员和客户的数据登录错误、源系统的变化、损坏的元数据、系统错误或抽取过程中对数据的破坏。因此，当源系统工作非常好的时候(例如，源系统使用默认的，但是不准确的值)，也不能假定数据就是干净的。其中的一些错误和典型的数据不一致性如下。

(1) 错误拼写的名字和地址。

(2) 不可能的或错误的出生日期。

(3) 没有使用目的的字段。

(4) 不匹配的地址和电话区号。

(5) 缺失的数据。

(6) 重复的数据。

(7) 跨源的不一致性(例如不同的地址)等。

下面是一些错误数据的例子。

客户名字常常用作主码或者客户资料的搜索条件。然而,这些名字常被错误拼写,或以几种方式来拼写。

另一种数据污染发生在当一个字段用于某目的时,但实际并不想用这个字段。例如,在一个银行中,一个记录字段被设计成保存一个电话号码。然而,不需要使用这个字段的某分支机构负责人就决定用该字段来存储利率。你可能想知道为什么这样的错误在操作型业务数据中如此普遍。

操作型数据的质量在很大程度上决定了它们所属的企事业组织单位聚集这些数据的价值。因为这些数据的准确程度对下游的数据仓库应用程序是很重要的。

假定错误经常发生,对一个企业或其他组织来说,最坏的事就是把操作型数据简单地复制到数据仓库中。事实上,可以通过一种称为数据清洗的技术来改善源数据的质量。

数据清洗(data scrubbing)是一种使用模式识别和其他技术,在将原始数据转换和移到数据仓库之前来升级原始数据质量的技术。怎样清洗随着属性变化的每条数据,在每个ETL清洗的步骤中都值得考虑分析。每次对源数据做出改变时,数据清洗技术必须被重新评价。当数据很明显是坏数据时,一些清洗就会完全地拒绝这些数据,而且发送一个消息给源系统,让它修正错误数据,同时为下一次抽取做准备。在完全拒绝数据之前,其他清洗结果可能为更详细的手工分析标记数据(例如,为什么一个销售员售出比其他销售员多出好几倍的货物)。

成功的数据仓库需要实现一个全面质量管理(Total Quality Management,TQM)的正式程序。TQM侧重于缺陷的预防,而不是缺陷的纠正。虽然数据清洗可以帮助提高数据质量,但并不是一个长期的解决数据质量问题的方法。

需要清洗的数据类型依赖于源系统中数据的质量。除了修正早期识别出的问题类型外,其他常见的清洗任务如下。

(1) 为数据解码,以使它们对于数据仓库技术的应用是可理解的。

(2) 重新格式化和改变数据类型,而且执行其他的功能,以使从每个源得到的数据放入为转换而准备的标准数据仓库格式。

(3) 增加时间戳以区分处于不同时间的相同属性的值。

(4) 在不同的度量单位之间进行转换。

(5) 为表的每一行产生一个主码。

(6) 匹配且合并分离的抽取数据到一个表或文件,而且通过匹配数据来进入到生成的表的同一行(当不同的源系统使用不同的码时,当命名习惯不同时,当源系统中的数据有错时,这可能是一个非常困难的过程)。

(7) 登录错误检测,修正这些错误,在不创建重复登录的情况下重新处理纠正的数据。

(8) 找到缺失的数据,使即将进行的加载工作所必需的批数据得以完善。

不同的数据源被处理的顺序可能很重要，例如，在从外部系统来的新客户人员统计数据能与这些客户匹配之前，处理从销售系统来的客户数据可能是必需的。

一旦数据在集结区域(staging area)被清洗，数据就已经为转换准备好了。

2.3.5 数据转换

数据转换在数据的 ETL 过程中处于中心位置，它把数据从源操作型业务系统的格式转换到企业数据仓库的数据格式。数据转换从数据抽取阶段接收数据(如果需要数据清洗，则在数据清洗之后)，将数据映射到调和数据层(EDW 或 ODS)的格式，然后传递到加载和索引阶段。

数据转换可能只是简单的数据格式等表示方式的变化，也可能是高度复杂的数据组合的变化。例如，某制造型企业的产品数据分别存放在三个操作型业务系统中：制造系统、销售系统和工程应用系统。构建企业数据仓库需要设计这些产品数据的一个统一视图。数据转换需要解决不同的键结构如何转换成普通的代码集合、如何从不同的数据源组合数据等。这些转换工作非常简单，大多数所需功能可以在一个带有图形接口的标准商业软件包中找到。

有时，数据清洗功能和数据转换功能混合在一起。通常情况下，数据清洗的目的是纠正源数据中数据值的错误，而数据转换的目的是把源系统中的数据格式转化成目标系统的数据格式。数据转换前进行清洗是非常必要的，因为如果数据在转换之前有错误，错误在转换之后仍会保留。

数据转换包括许多功能，这些功能可以分为两大类：记录级功能和字段级功能。在大多数数据仓库应用中，需要部分甚至全部这些功能。

1. 记录级功能

对一组记录，例如一个文件或一个表进行操作，是最重要的记录级功能，包括选择、连接、规范化和聚集。因为选择、连接、聚集常可用 SQL 语句完成，所以记录级转换通常在操作型数据存储或企业数据仓库中进行。

选择也称为子集化，是一个根据预先定义的规则分割数据的过程。对于数据仓库应用，选择功能用于从源系统中抽取相关数据，源系统将用来填充数据仓库。因此，选择可以说是抽取功能的一部分。当源数据是关系表时，SELECT 语句可以用于选择功能。

连接将来自不同源的数据合并到一个单一的表和视图中。连接数据是数据仓库应用中的一个重要功能，因为从不同的源中合并数据常常是必需的。例如，一个保险公司的客户数据可能分布在不同的文件和数据库中。当源数据是关系表时，SELECT 语句可用于执行连接操作。

由于下面的原因，连接经常是复杂的。

(1) 源数据常常不是关系的(抽取源是文件)，这种情况下，不能使用 SQL 语句。取而代之的是，过程化语言语句必须被编码或者数据必须被首先移到使用 RDBMS 的集结区域。

(2) 对于关系数据，被连接表的主码常常来自于不同的域，这些码必须在 SELECT 连接执行之前作调和。

(3) 源数据可能包括错误，使得连接操作很危险。

规范化(normalization)是分解有异常的关系,产生更小的、结构良好的关系的过程。如前所述,操作型业务系统中的数据可能是非规范化的(或轻微非规范化的)。因此,作为数据转换的一部分,数据必须被规范化。

聚集(aggregation)是把数据从详细级别转换成一个汇总级别的过程。例如,在零售业中,明细销售事务可以通过商店、产品和日期等被分组汇总出一些概括型销售信息。企业数据仓库通常只包括详细数据,聚集是填充数据集市的重要功能。

2. 字段级功能

字段级功能把数据从源记录中给定的格式转变到目标记录中不同的格式。字段级功能有两种类型:单字段和多字段。

单字段转换是把数据从单源字段转换到单目标字段。单字段转换的一个例子是把度量单位从本地标准(如斤)转换到公制(千克)。单字段转换有两种基本方法:算法和表查找。算法转换是使用公式或逻辑表达式来执行转换,如使用公式从华氏温度到摄氏温度的转换。当一个简单算法不能实施转换时,可以考虑使用一个查找表(如编码与名称映射表等)来解决。

多字段转换是把数据从一个或多个源字段转换到一个或多个目标字段。这种类型的转换在数据仓库应用中是非常普遍的。

在图 2.4 中给出了两个源字段转换成一个目标字段的例子,两个源字段被映射到一个目标字段中。在源记录表中,商品单价和销售数量是更明细的数据;但在目标记录表中,该组合被映射成了销售金额,以便于数据的汇总,这里可以通过算法(金额=单价×数量)来完成转换。但一些复杂转换可能需要创建一个查找表来实现。

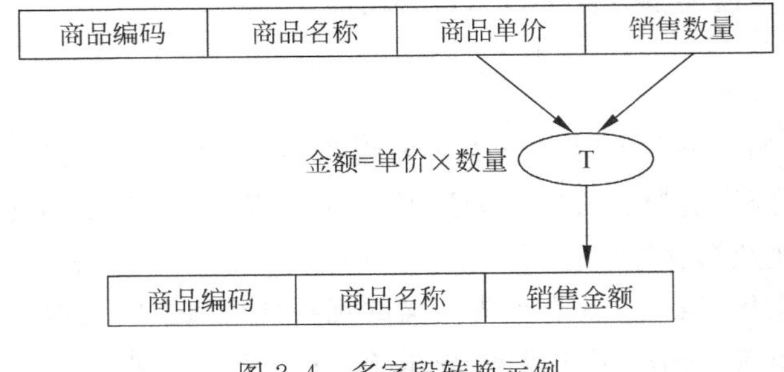

图 2.4 多字段转换示例

更复杂的转换情况是,多字段转换可以包括多于一个的源记录和多于一个的目标记录。在最复杂的情况下,这些记录可能来自于不同的操作型业务系统,甚至是不同的时区。

2.3.6 数据加载和索引

加载和索引,即是把数据加载到数据仓库或数据集市的过程。填充企业数据仓库的最后一步是加载所选择的数据到目标数据仓库中,并且创建所需的索引。加载数据到目标EDW 中的两个基本方式是刷新方式和更新方式。

刷新方式(refresh mode)是一种填充数据仓库的方法,采用在定期的间隔对目标数据进行批量重写的技术。也就是说,目标数据起初被写进数据仓库,然后每隔一定的时间,数据仓库被重写,替换以前的内容。现在这种加载方式越来越不流行了。

更新方式(update mode)是一种只将源数据中的数据改变写进数据仓库的方法。为了支持数据仓库的周期性,便于历史分析,新记录通常被写进数据仓库中,但不覆盖或删除以前的记录,而是通过时间戳来分辨它们。

刷新方式通常用于数据仓库首次被创建时填充数据仓库。更新方式通常用于目标数据仓库的维护。刷新方式通常与静态数据获取相结合,而更新方式常与增量数据获取相结合。

在刷新或更新数据后,有必要创建或维护数据仓库的索引。位图索引和连接索引常被用于数据仓库环境。

因为数据仓库保存了从不同的源系统中集成而来的历史数据,对数据仓库的用户来说,知道数据从何而来非常重要。元数据可以提供关于特定属性的信息,但是元数据也必须表示历史(例如源可能随时间而变)。如果有更多的源或知道哪一个特定的抽取或加载文件把数据放在了数据仓库中,或者哪个转换程序创建了数据,更详细的过程可能是必需的(这对于提示数据仓库中所发现的错误源可能是必需的)。因此,跟踪数据仓库数据来源也是有其复杂性的。

在什么样的频度上修改数据仓库?如果不频繁更新数据,可能导致每次的加载数据量特别大,且用户需要等待新的数据。因此,接近实时地加载数据仓库的技术是必需的,但是对于大多数的数据挖掘和分析应用程序来说是低效的和不必要的。一般来说,每天更新对于大多数的组织来说是足够的(统计表明,75%的组织每天做修改)。然而,每天更新一次对一些变化的情况作出迅速反应是不可能的。业界趋势是1天更新几次,几乎是接近实时更新。也有些企业使用长的更新间隔周期,如1个月。

加载数据到数据仓库意味着向数据仓库中的表添加新行,也可能是用新数据修改现存的行(例如,从附加的数据源中填充缺失的数据)。还意味着从数据仓库中清除识别为无效的数据,这些数据因为时间太长而过时,或者在以前的加载操作中加载了不正确的数据。数据通常从集结区加载到数据仓库中,加载方法包括如下几种。

(1) SQL命令(例如INSERT或UPDATE)。

(2) 由数据仓库供应商或第三方提供专门的加载工具。

(3) 由数据仓库管理员编写自定义程序。

无论如何,这种加载不仅要修改数据仓库,而且必须产生错误报告,以显示拒绝的数据(例如,试图用一个重复键来添加一行或者修改在数据仓库表中不存在的一行)。

加载工具可能是以批或连续的方式工作。可以使用工具写一个脚本程序,定义集结区中的数据格式及哪个集结区中的数据映射到哪个数据仓库。这个工具在数据加载(刷新方式)之前可以清除数据仓库表(DROP TABLE)中的所有数据,或能够添加新行(更新方式)。加载工具还可以分类输入数据。工具软件可以像数据库存储过程那样运行,因为加载的执行可能会非常耗时。为了防止DBMS(数据库管理系统)在执行一个加载的过程中受到破坏,可以从一个检查点重新启动加载是非常重要的。

2.4　多维数据模型

ETL过程产生出企业级数据仓库或操作型数据存储,在此基础上,进一步为终端用户决策支持应用对数据进行选择、格式化、聚集处理,将生成导出数据,这是同逻辑或物理数据集市相关的数据层,即导出数据通常是为了某个特定群体(如部门、工作组等)的需要而优化或选取的数据。一种情况是从企业级数据仓库中选取相关数据,并按需要对这些数据进行格式化和聚集,然后加载到目标数据集市中并建立索引。

因此,这一层数据有如下特征。

(1) 详细数据(如周期性的历史记录)和聚集数据并存。

(2) 为特定目标用户和特定应用定制的数据,并为之提供快速响应。

(3) 最普遍使用的数据模型是星型模式。

数据仓库中导出数据层的数据存储方式通常有两种:一种是存储在多维数据库中,也就是按多维数组的方式存储,对应 MOLAP;另一种是存储在关系数据库中,采用星型模式及其变体,对应 ROLAP。

2.4.1 多维数据模型及其相关概念

数据模型一般有两个层次:概念层(逻辑层)和物理层。逻辑数据模型是从概念角度抽象出现实世界的内在规律,如业务流程、数据架构等;物理数据模型则侧重于特定环境下的具体实现,如效率、安全性等。

多维数据模型是一个逻辑概念,该模型主要解决如何对大量数据进行快速查询和多角度展示,以便得出有利于管理决策的信息和知识。多维数据模型的应用领域主要有数据仓库、OLAP 和数据挖掘三个方面。其中,多维数据结构是 OLAP 的核心。

多维数据模型通过引入维、维分层和度量等概念,将信息在概念上视为一个立方体(其实是多维数据空间),即用三维或更多的维数描述一个对象,每个维彼此垂直。数据的度量值发生在维的交叉点上,数据空间的各个部分都有维属性。

1. 多维数据模型的相关概念

(1) 维。维是人们观察数据的特定角度,是考虑问题时的一类属性。此类属性的集合构成一个维度(如时间维、产品维等)。

(2) 维类别。维类别也叫维分层,即同一维度还可以存在细节程度不同的各个类别属性(如时间维包括年、季度、月份、周、日期和小时等)。

(3) 维属性。维属性是维的一个取值,是数据项在某维中位置的描述(例如"某年某月某日"是在时间维上位置的描述)。

(4) 度量。度量是多维数据空间中的单元格,用于存放数据,也叫事实,如收益、成本、利润率、数量和价格等,它们通常是可累加的,并直接与模型中的维数相关。也有些度量是不能累加的或者说累加结果没有意义,但其平均值有意义,如温度、价格等。

(5) 粒度。粒度是对数据仓库中数据的综合程度高低的一个衡量。粒度越小,细节程度越高,综合程度越低,回答查询的种类越多;反之,粒度越大,细节程度越低,综合程度越高,回答查询的种类越少。

(6) 分割。分割是将数据分散到各自的物理单元中去,以便能分别独立处理,以提高数据处理的效率。数据分割后的数据单元称为分片。数据分割的标准可以根据实际情况来确定,通常可选择按日期、地域或者业务领域等进行分割,也可以按照多个标准组合分割。

2. 数据综合级别与粒度的确定

数据仓库中存在不同综合级别的数据。一般把数据分成4个级别：早期细节级、当前细节级、轻度综合级和高度综合级。衡量综合级别的指标称为粒度，粒度越大，表示细节程度越低，综合程度越高。级别的划分是根据粒度进行的。

在数据仓库中确定粒度的级别时，需要考虑这样一些因素：要接受的分析类型、可接受的数据最低粒度和能存储的数据量等。

计划在数据仓库中进行的分析类型将直接影响到数据仓库的粒度划分。将粒度的层次定义得越高，就越不能在该仓库中进行更细致的分析。例如，将粒度的层次定义为月份时，就不可能利用数据仓库进行按日汇总的信息分析。

数据仓库通常在同一模式中使用多重粒度。在数据仓库中，可以有今年创建的数据粒度和以前创建的数据粒度，这是以数据仓库中所需的最低粒度级别为基础设置的。例如，可以用低粒度数据保存近期的财务数据和汇总数据，对时间较远的财务数据只保留粒度较大的汇总数据。这样既可以对财务近况进行细节分析，又可以利用汇总数据对财务趋势进行分析，这里的数据粒度划分策略就需要采用多重数据粒度。

定义数据仓库粒度的另外一个要素是数据仓库可以使用多少存储介质的空间量。如果存储资源有一定的限制，就只能采用较高粒度的数据粒度划分策略。这种粒度划分策略必须依据用户对数据需求的了解和信息占用数据仓库空间的大小来确定。

选择一个合适的粒度是数据仓库设计过程中所要解决的一个复杂的问题，因为粒度的确定实质上是业务决策分析、硬件、软件和数据仓库使用方法的一个折中。在确定数据仓库的粒度时，可以采用多种方法来达到既能满足用户决策分析的需要，又能减少数据仓库的数据量的目的。如果主题分析的时间范围较小，可以保持较少时间的细节数据。例如，在分析销售趋势的主题中，分析人员只利用一年的数据进行比较，那么保存销售主题的数据只需要15个月的就足够解决问题了，不必保存大量的数据和时间过长的数据。

还有一种可以大幅降低数据仓库容量的方法，就是只采用概括数据。这样处理后，确实可以降低数据仓库的存储空间，但是有可能达不到用户管理决策分析中对数据粒度的要求。因此，数据粒度的划分策略一定要保证数据的粒度确实能够满足用户的决策分析需要，这是数据粒度划分策略中最重要的一个准则。

2.4.2 多维数据模型的实现

多维数据模型的物理实现有多种途径，其中主要有采用多维数据库(Multi-Dimension Database，MDDB)、关系数据库以及两者相结合的方式，对应于OLAP系统分别称为MOLAP、ROLAP和HOLAP。

1. 多维数据库

多维数据库也是一种数据库，可以将数据加载、存储到此数据库中，或从中查询数据。但其数据是存储在大量的多维数组中，而不是关系表中。各种软件工具或程序都可以访问多维数据库，如Excel、Cognos。多维数据库对于分析非常密集的数据集非常合适，但不具有支持企业数据仓库所需的数据宽度。

与之相对应的是多维联机分析处理(MOLAP),多维联机分析处理遵照库德的定义,自行建立多维数据库来存放联机分析系统的数据,它以多维数据组织方式为核心,即使用多维数组方式存储数据。

当利用多维数据库存储OLAP数据时,不需要将多维数据模型中的维度、层划分和立方体等概念转换成其他的物理模型,因为多维数组能很好地体现多维数据模型特点。利用数组实现多维数据模型的优点,在于对数据的快速访问,但同时也会带来存储空间的冗余,即稀疏矩阵问题,进而导致对存储空间的极大需求。

为了解决稀疏矩阵问题,一些MOLAP产品提出了稀疏维(sparse)和密度维(dense)策略。由稀疏维产生索引块,由密度维形成数据块。只有当稀疏维的组合在交易事件初次发生时才创建索引块,进而创建数据块。稀疏维和密度维的引入在一定程度上降低了多维数据库的存储冗余问题。此外,还可以通过数据压缩技术降低数据块的存储空间。

2. 关系数据库

关系数据库是存储OLAP数据的另一种主要方式。与之对应的是关系联机分析处理(ROLAP),ROLAP以关系数据库为核心,以关系型结构进行多维数据的表示和存储。ROLAP将数据的多维结构划分为两类表:一类是事实表,用来存储数据和维关键字;另一类是维表,对每个维至少使用一个表来存放维的层次、成员类别等维的描述信息。维表和事实表通过主关键字(主键)和外关键字(外键)联系在一起,形成星型,通常叫作“星型模式”。对于层次复杂的维,为避免冗余数据占用过大的存储空间,可以使用多个表描述,这种星型模式的扩展称为“雪花型模式”。这种多维数据的表示方式能够让使用者以较简单的方式了解这些数据,增加查询效率,并对海量数据的存储空间有较少要求。

图2.5是星型架构(星型模式)示意图,其中有1个事实表和4个维表。

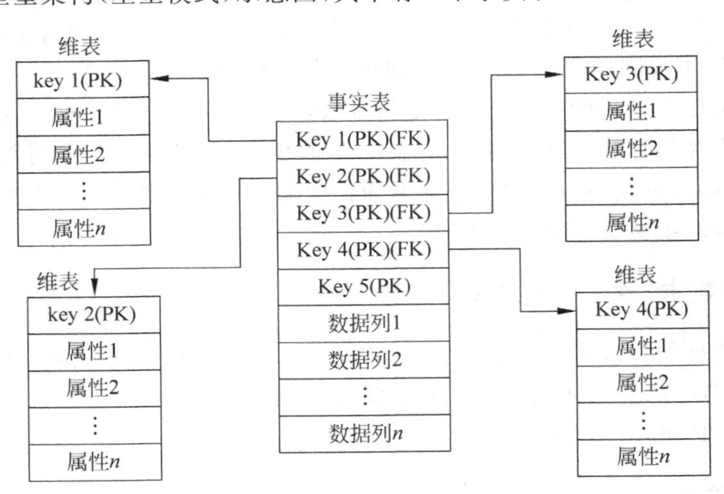

图2.5 星型模式结构示意图

维是关于一个组织想要记录的视角或观点。每个维都有一个表与之相关联,称为维表。维表是对维的属性的描述。事实是一个数据度量,是对所要考察的数据的一个数值度量,事实表包括事实的名称或度量以及每个相关维表的关键字。

通常情况下，事实表有如下特性。

(1) 大量的数据行，存储容量可达到 TB 级。

(2) 主要是数值信息，也可有少量的文字或者多媒体信息。

(3) 有和维表连接的外键。

(4) 主要是静态数据和聚集数据。

维表中的信息是对事实表的相应说明，例如产品特征、销售时间和客户账号等。通过维表将复杂的描述分割成几个小部分，如某个时间点的销售量等，从而减少对事实表的扫描，实现优化查询。它主要有以下特性。

(1) 记录数较少，可能不到上千或者上万个记录。

(2) 大多为文字信息。

(3) 信息具有层次结构。

(4) 只有一个主键(Primary Key，PK)。

(5) 信息可修改。

3. 两种存储模式的比较和选择

多维联机分析处理的优势不仅在于能清晰地表达多维概念，更重要的是它有着极高的聚集汇总速度。在关系数据库管理系统中，如果要得到某一地区的销售总量，只能逐条记录检索，找到满足条件的记录后将数据相加。而在多维数据库中，数据可以直接按行或列累加，其统计速度远远超过关系数据库管理系统。数据库中的记录数越多，其效果越明显。但是，对多维联机分析处理来说，随着维度和维成员的增加，其存储空间将呈现指数级增长。

关系联机分析处理的存储空间没有大小限制，现成的关系数据库技术可以直接使用，可以通过 SQL 实现详细数据与概要数据的存储与检索，现在的关系型数据库已经对 OLAP 做了很多优化，包括并行存储、并行查询、并行数据管理、基于成本的查询优化、位图索引以及 SQL 的 OLAP 扩展等，大大提高了关系联机分析处理的访问效率。相比较而言，关系联机分析处理技术具有更大的可伸缩性。

在具体项目的实施过程中，对 OLAP 产品和存储模式的选择还应考虑企业数据量的大小、数据处理过程、访问效率和性价比等多个方面的因素。由于多维联机分析处理访问具有高效性，可以将企业应用的大部分聚集层数据以多维联机分析处理形式存储；对有大量细节数据的应用，为防止多维数据库的存储空间过于膨胀，可对细节数据以关系联机分析处理方式存储，对于不经常查询的大型数据集，如年份较早的历史数据等也通常采用关系联机分析处理方式存储。这种兼用两种存储模式的方式也叫作 HOLAP 模式。

2.4.3　多维建模技术

要成功地建立一个数据仓库，必须要有一个合理的数据模型。数据仓库建模在业务需求分析之后开始。在创建数据仓库数据模型时应考虑：满足不同层次、用户的需求；兼顾查询效率与数据粒度的需求；支持用户需求变化；避免对业务运营系统的性能影响；提供可扩展性。数据模型的可扩展性决定了数据仓库对新需求的适应能力，建模时既要考虑眼前的信息需求，也要考虑未来的需求。

1. 主流的建模技术

两种主流的数据仓库模型分别是 Inmon 提出的企业级数据仓库模型和由 Kimball 提出的多维模型。Inmon 提出的企业级数据仓库模型采用第三范式(3NF),先建立企业级数据仓库,再在其上开发具体的应用。企业级数据仓库固然是我们所追求的目标,但在缺乏足够的技术力量和数据仓库建设经验的情况下,按照这种模型设计的系统建设过程长,周期长,难度大,风险大,容易失败。这种模型的优点是信息全面、系统灵活。由于采用了第三范式,数据存储冗余度低、数据组织结构性好、反映的业务主题能力强以及具有较好的业务扩展性等,但同时会存在大量的数据表,表之间的联系比较多,也比较复杂,跨表操作多,查询效率较低,对数据仓库系统的硬件性能要求高。另一方面,数据模式复杂,不容易理解,对于一般计算机用户来说,增加了理解数据表的困难。

Kimball 提出的多维模型降低了范式化,以分析主题为基本框架来组织数据。以维模型开发分析主题,这样能够快速实施,迅速获得投资回报,在取得实际效果的基础上,再逐渐增加应用主题,循序渐进,积累经验,逐步建成企业级数据仓库。这也可以说是采用总线型结构先建立数据集市,使所有的数据集市具有统一的维定义和一致的业务事实,这种方法融合了自下而上和自上而下两种设计方法的思想。这种模型的优点是查询速度快,做报表也快。缺点是由于存在大量的预处理,其建模过程相对来说就比较慢;当业务问题发生变化,原来的维不能满足要求时,需要增加新的维;由于事实表的主码由所有维表的主码组成,所以这种维的变动将是非常复杂、非常耗时的;而且信息不够全面、系统欠灵活、数据冗余多。

2. 基于关系数据库的多维数据建模

多维数据模型以直观的方式组织数据,并支持高性能的数据访问。一个多维数据模型可由多个多维数据模式表示,每一个多维数据模式都是由一个事实表和一组维表组成的。

多维数据建模是以维度为中心的建模,以便于从多个角度(维)分析有关数据(度量值),星型、雪花型和事实星座模式是其主要的存在形式。

(1) 星型模式包含事实表和一系列维表。

多维模型最常见的是星型模式。在星型模式中,事实表居中,多个维表呈辐射状分布于其四周,并与事实表连接(如图 2.6 所示)。

位于星型中心的实体是事实表,是用户最关心的基本实体和查询活动的中心,为数据仓库的查询活动提供定量数据。位于星型模式四周的实体是维度实体,其作用是限制和过滤用户的查询结果,缩小访问范围。每个维表都有自己的属性,维表和事实表通过关键字相关联。

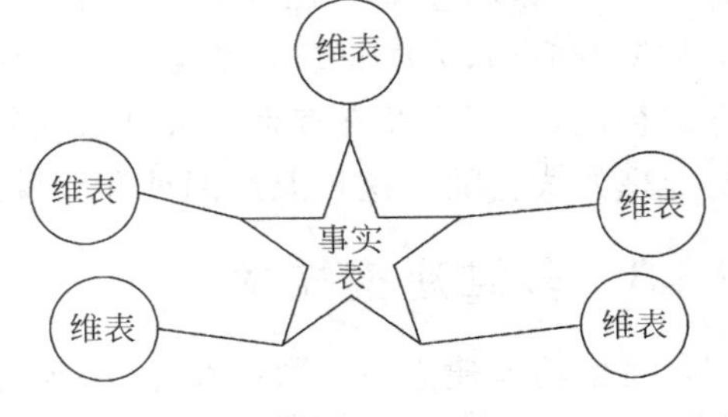

图 2.6　星型模式示意图

星型模式虽然是一个关系模型,但是它不一定是一个规范化的关系模型。在星型模式中,维表可能是非规范化的,这是面向数据仓库的星型模式与 OLTP 系统中的关系模式的基本区别。

使用星型模式可以从一定程度上提高查询效率。因为星型模式中数据的组织已经经过预处理，主要数据都在庞大的事实表中，所以查询主要是扫描事实表，而不必像 OLTP 系统那样通常需要连接多个庞大的数据表，因而查询访问效率较高。由于维表一般都很小，通常可以放在高速缓存中，与事实表作连接时其速度较快；另一方面，星型模式便于用户理解，对于非计算机专业的用户，星型模式比较直观，通过分析星型模式，很容易组合出各种查询。

在实际应用中，随着事实表和维表的增加和变化，星型模式会产生多种衍生模式，包括雪花型模式和星座结构等。

(2) 雪花型模式是星型模式的变种，不同的是将某些维表规范化。

雪花型模式是对星型模式维表的进一步层次化和规范化，从而消除冗余的数据。通过最大限度地减少数据存储量以及把分解后更小的规范化表联合在一起以改善查询性能。由于采取规范化的维表，各维表拥有较低的粒度，因此雪花型模式增加了应用程序的灵活性。但另一方面，雪花型模式也增加了用户需要处理的表的数量，增加了查询的复杂性，而且用户不容易理解，有时额外的连接将使查询性能下降。因此在数据仓库系统中，通常不推荐雪花型模式，因为对数据仓库系统的查询性能相对 OLTP 系统来说更加被重视，雪花型模式通常降低数据仓库系统的性能，如图 2.7 所示。

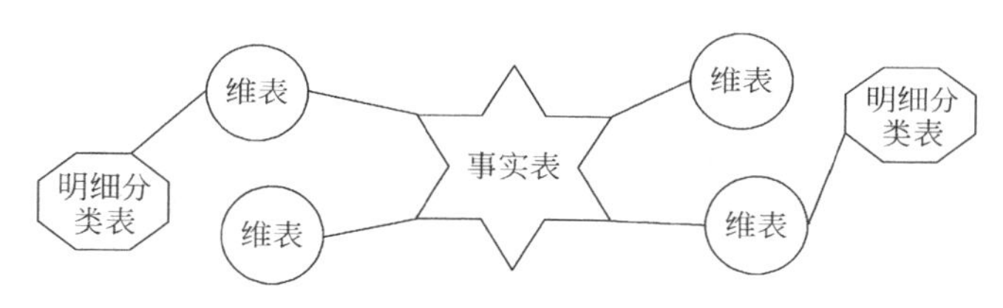

图 2.7　雪花型模式示意图

雪花型模式的维表是基于范式理论的，是介于第三范式和星型模式之间的一种设计模式，通常是部分数据组织采用第三范式的规范结构，部分数据组织采用星型模式的事实表和维表结构。在某些情况下，雪花型模式的形成是由于星型模式在组织数据时，为减少维表层次和处理多对多关系而对数据表进行规范化处理后形成的。

(3) 事实星座结构对应的多个事实表共享维表。

事实星座结构是多个事实表共享维表，这种模式可以看作是星型模式集，也叫多重事实表或称为星系模式(galaxy schema)。

3. 事实表、维表及键的设计

事实表和维表是多维建模技术中的两个基本概念。事实表是数据分析所对应的主要数据项，一般是企业或事业组织内的某项业务或某个事件。事实表中的事实一般具有数据特性和可加性，这种特征对于分析型应用而言是非常重要的。在这类应用中，人们所关心的不是单一的一条记录，而是关心汇总的、综合性的数据，因此，一次性检索的记录可能是几百条、几千条甚至可能几百万条，而且还可能要求按不同的粒度汇总。事实表中可以存储不同粒度的数据，同一主题中不同粒度的数据一般存储在不同的事实表中。在数据仓库中，对于比较简单的主题，一般一个主题对应一个事实表；对于比较复杂的分析主题，很可能一个主题对应多个事实表。

维表中包含的一般是描述性的文本信息，这些文本信息将成为事实表的检索条件，如按地区分类查询销售信息,或按季度考察销售变化趋势等。所以,维表的属性长度可能出现较宽的情况,但它们的数据行数往往很小,在数据仓库中占用的存储空间也比较小。维表中的维属性应该具体明确,体现出维层次的划分,能够成为分析型查询的约束条件,这是数据仓库与操作型应用在数据模型设计上的一个不同点。

维表层次的级别数量取决于查询的粒度。在实际业务环境中,多维数据模型一般含有4~15个维。在具体实施工作中,一定要根据企业的实际情况确定相应的维。

在多维模型中,事实表的主键是组合键,维表的主键是简单键,事实表中与维表主键相对应的各个组成部分是外键。事实表通过与各维表相对应的外键值同维表联系在一起。

维度表一般由主键、分类层次和属性描述组成。对于主键的选择一般存在两种观点:一种是采用自然键(natural key),即操作型业务系统使用的具有一定内置含义的标识符;另一种是采用代理键(surrogate key),即由装载程序或者数据库系统所赋予的一个数值,该数值按顺序分配,没有内置含义但可以作为一行维度信息记录的唯一标识。

通常情况下,推荐采用代理键,主要原因是代理键简化了事实表与维度表的主外键关系。维度表作为用户进入事实表的入口,承担着记录观察视角的历史变化轨迹的任务。如果以自然键、时间标签或机构代码联合起来也可以在逻辑上唯一标识出一个产品,但如果作为主键,那就意味着在事实表中也要加入同样的外键信息,而事实表记录行数是巨大的,在多个维度上重复这样的做法会使事实表由于列宽过于膨胀而出现性能或存储空间问题。因此,最好的办法是采用代理键,即选择一个只占用4字节就可以处理20亿个正整数的列作为维度表的主键,这样既解决了事实表存储空间的浪费问题,又维持了自身的独立和稳定。这样还有另一个好处,代理键可以作为数据仓库系统与源系统之间的缓冲。随着企业的发展,生产系统中的产品名称、产品分类、组织机构几乎不可避免地会发生调整,有时甚至自然键本身也会发生变化。就像身份证号码从15位升到18位。如果采用代理键,这些变化会被屏蔽在维度表内,需要记录历史轨迹的就贴上时间标签,不需要的就直接更新掉,变化的过程不会对事实表产生任何冲击。维持业务系统的自然键与维度表代理键的对照关系,既实现了业务系统到数据仓库系统的映射,又提高了数据仓库系统的抗震性。

事实表中包含度量指标和连接到相关维度表的一组外键,这组外键的联合唯一标识了一行事实数据。我们把构成事实表的所有维度外键的联合叫做逻辑主键。由于事实表存在多种类型,从粒度上看有原子级和汇总级;从度量的可加性上看有完全可加、半可加和不可加类型。在数据仓库逻辑模型设计阶段,使用逻辑主键是妥当的,这是一个具有很好的包容性和概括性的定义。物理主键是在具体的项目场景中能够唯一标识事实表中一行数据的列的联合。在数据仓库物理模型设计阶段,一般会采用物理主键的概念。逻辑主键有时是和物理主键一致的,但并不总是这样。

2.4.4 星型模式举例

星型模式是最流行的数据仓库导出数据层的设计结构。星型模式通过使用一个包含主题的事实表(fact table)和多个包含事实的非规范化描述的维度表(dimension table)来执行典型的决策支持查询。一旦创建了事实表,就可以使用OLAP工具预先计算常用的访问信息。在该模式的中间是事实表,周围是次要的表,数据在事实表中维护,维度数据在维度表中维护。

维度表组织数据仓库中数据的分类信息，例如时间、产品、地理位置及组织机构等。维度用于父层和子层的分层结构，例如，地理位置维度可以包含国家、城市等数据。因此，在该维度表中，维度由所有的国家、所有的城市组成。为了支持这种分层结构，在维度表中需要包括每一个成员与更高层次上维度的关系。维度关键字是用于查询中心事实表数据的唯一标识符。事实表包含了描述业务特定事件的数据，例如银行业务或者产品销售。事实表还包含了任何数据合计，例如每一个地区每月的销售情况。一般地，事实表中的数据是不允许修改的，新数据只是简单地增加进去。维度表中包含了事实表中事实记录的特性，例如产品描述、客户姓名和地址、供应商信息等。把特征信息和特定的事件分开，可以通过减少在事实表中扫描的数据量提高查询性能。维度表不包含与事实表同样多的数据，维度数据可以改变，例如客户的地址或者电话号码改变了。

星型模式的主要思想在于将我们关心的数据和用于描述数据的属性分隔开来。下面通过一个简单的"销售分析"例子来进一步理解星型模式。

图 2.8 是一个"销售分析"星型模式示意模型(ER 图)，包括如下内容。

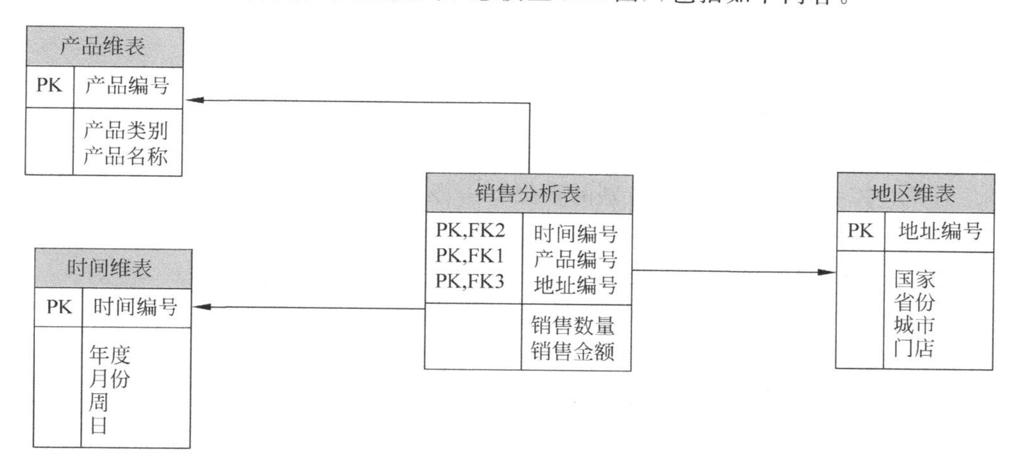

图 2.8　星型模式示例

(1) 维表。

① 地区维(locations)。包括"国家—省份—城市—门店"4 个层次。

② 时间维(times)。包括"年度—月份—周—日"4 个层次。

③ 产品维(products)。包括"产品类别—产品名称"两个层次。

(2) 事实表。

销售分析事实表(fact)。包括销售数量和销售金额两个度量。

2.5　小结

本章首先介绍了数据仓库的三层数据结构及其相关元数据：操作型业务数据层、调和数据层(EDW、ODS)和导出数据层(如数据集市)；接着介绍了数据仓库的数据特征与数据分类：状态数据与事件数据、当前数据与周期数据、元数据等；然后介绍了数据仓库的 ETL 过程，其中包括抽取、清洗、转换、加载与索引等；最后介绍了多维数据模型的有关概念、多维数据模型的物理实现方法与多维建模技术。

2.6 习题

1. 调和数据是存储在________和操作型数据存储中的数据。

2. 抽取、转换、加载过程的目的是为决策支持应用提供一个________、权威数据源。因此,我们要求ETL过程产生的数据(即调和数据层)是________、历史的、规范化的、可理解的、即时的和质量可控制的。

3. 数据抽取的两个常见类型是静态抽取和增量抽取。静态抽取用于________,增量抽取用于进行数据仓库的维护。

4. 粒度是对数据仓库中数据的综合程度高低的一个衡量。粒度越小,细节程度________,综合程度________,回答查询的种类________。

5. 使用星型模式可以从一定程度上________查询效率。因为星型模式中数据的组织已经经过________,主要数据都在庞大的________中。

6. 维度表一般由主键、分类层次和描述属性组成。对于主键可以选择两种方式:一种是采用________,另一种是采用________。

7. 雪花型模式是对________维表的进一步层次化和规范化来消除冗余的数据。

8. 数据仓库中存在不同综合级别的数据。一般把数据分成4个级别:________、当前细节级、________和高度综合级。

9. 什么是数据仓库的三层数据结构?

10. 什么是数据仓库的数据ETL过程?

11. 什么是星型模式?它的特征是什么?

12. 为什么时间总是数据仓库或数据集市的维?

CHAPTER 3

数据仓库系统的设计与开发 第3章

通过前两章的介绍，我们对数据仓库的概念、体系结构、存储结构和ETL过程等内容都有了一定的了解，那么如何建立一个数据仓库系统？在实际工作中数据仓库系统是如何设计和开发出来的？特别是在数据仓库创建以后，又怎样在此基础上建立多维数据模型？这些问题实际上属于数据仓库的实践范畴，与具体的应用系统环境特别是所使用的数据库环境、开发工具甚至开发人员都有密切的关系。本章以微软公司的SQL Server 2005为应用开发环境，通过实例介绍数据仓库的设计与开发过程。

3.1 数据仓库系统的设计与开发概述

3.1.1 建立数据仓库系统的步骤

数据仓库系统的建立在一定程度上说，是一个复杂甚至漫长的过程，因为数据仓库系统的开发涉及源数据系统、数据仓库对应的数据库系统及数据分析与报表工具等诸多应用问题。因此，数据仓库系统的创建不是一蹴而就的，将数据从原有的操作型业务环境移植到数据仓库环境本身就是一项复杂而艰巨的工作。一般来说，一个数据仓库系统的建立需要经过如下步骤。

(1) 收集和分析业务需求。用户需求往往不确定，在数据仓库环境中，决策支持分析人员往往是企业或事业组织的中上层管理人员，他们对决策分析的需求不能预先作出规范说明。他们对开发人员说："让我看看能得到什么，然后我才能告诉你我真正需要什么"。因此，数据仓库应该在海量的数据中为用户提供有用、及时、全面的信息，以帮助用户作出正确的决策。

(2) 建立数据模型和数据仓库的物理设计。通过设计数据仓库的概念模型、逻辑模型和物理模型，可以得到企业或事业数据的完整而清晰的描述信息。数据仓库的数据模型通常是面向主题建立的,同时又为多个面向应用的数据源的集成提供统一的标准。数据仓库的核心内容包括组织的各个主题域、主题域之间的联系、描述主题的码和属性组等。

(3) 定义数据源。也叫做定义记录系统(system of records),往往会形成一个操作型数据存储区,数据仓库中的数据来源于多个已有的操作型业务系统。一方面,各个系统的数据都是面向应用的,不能完整地描述企业中的主题域;另一方面,多个数据源的数据之间存在着许多不一致,如命名、结构和单位不一致等,甚至数据的内容也可能不一致。所以必须在已有系统中定义记录系统。记录系统是一个内容正确并在多个数据源间起决定作用的操作型数据源。它的特点是:数据最完整、最准确、最及时,结构最适合于数据仓库,并且与外部数据源最为接近。

(4) 选择数据仓库技术和平台。技术和平台选型对建设数据仓库来说非常重要,而且一旦选定,在数据仓库系统实施完成后将很难改变,平台及技术的切换成本非常高,所以选型一定要充分重视和高度谨慎。

(5) 从操作型数据库中抽取、清洗及转换数据到数据仓库。本部分内容参见第 2 章。

(6) 选择访问和报表工具,选择数据库连接软件,选择数据分析和数据展示软件。根据用户的具体情况及其分析需求和数据量大小等因素选择。

(7) 更新数据仓库。确定数据仓库的更新策略,开发或配置数据仓库更新子系统,实现数据仓库数据的自动更新。

3.1.2 数据仓库系统的生命周期

数据仓库系统的开发与设计是一个动态的反馈和循环过程。一方面,数据仓库的数据内容、结构、粒度、分割以及其他物理设计根据用户所返回的信息需要不断地调整和完善,以提高系统的效率和性能。另一方面,通过不断地理解需求,使得最终用户能作出更准确、更有用的决策分析。

一个数据仓库系统包括两个主要部分:一是数据库,用于存储数据仓库的数据;二是数据分析应用系统,用于对数据仓库数据库中的数据进行分析。因此,数据仓库系统的设计也包括数据仓库数据库设计和数据仓库应用设计两个方面。事实上,系统的设计开发是基于数据仓库的规划、需求分析及数据模型建立等前期工作的,数据仓库系统在经过分析与设计两个重要阶段后,就会进入数据仓库系统的实施阶段,实施完成后便转入系统维护阶段。在系统的使用和维护过程中,用户会提出新的需求,同时也会有新技术出现,因此数据仓库系统在用户使用评价和新需求确认的基础上,进入新一轮的分析、设计开发、实施与维护的循环。这个开发与使用过程是一个不断循环、完善和提高的过程。在一般情况下,一个数据仓库系统不可能在一个循环过程中完成,而是经过多次循环开发,每次循环都会为系统增加新的功能,使数据仓库的应用得到新的提高。图 3.1 示意了这个循环的开发过程,这个过程也叫数据仓库系统的生命周期。

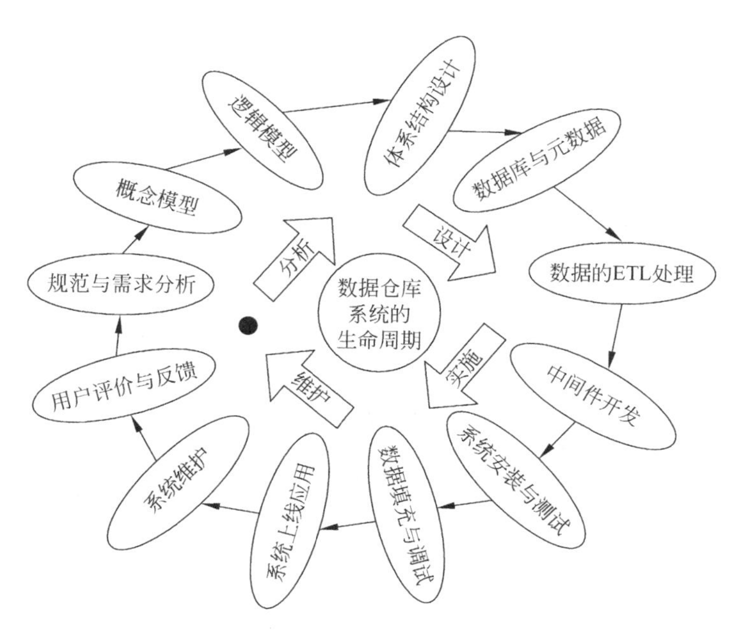

图3.1　数据仓库系统的生命周期

3.1.3　建立数据仓库系统的思维模式

1. 自顶向下

自顶向下(top-down)模式首先把OLTP数据通过ETL汇集到数据仓库中,然后再把数据通过复制的方式推进各个数据集市中,其优点如下。

(1) 数据来源固定,可以确保数据的完整性。

(2) 数据格式与单位一致,可以确保跨越不同数据集市进行分析的正确性。

(3) 数据集市可以保证有共享的字段。因为都是从数据仓库中分离出来的。

2. 自底向上

自底向上(bottom-up)模式首先将OLTP数据通过ETL汇集到数据集市中,然后通过复制的方式提升到数据仓库中,其优点如下。

(1) 构建数据集市的工作相对简单,易成功。

(2) 这种模式可实现快速数据传送。

3.1.4　数据仓库数据库的设计步骤

数据仓库数据库的设计如图3.2所示,主要工作包括收集、分析和确认业务分析需求,分析和理解主题和元数据、事实及其量度、粒度和维度的选择与设计,数据仓库的物理存储方式的设计等。

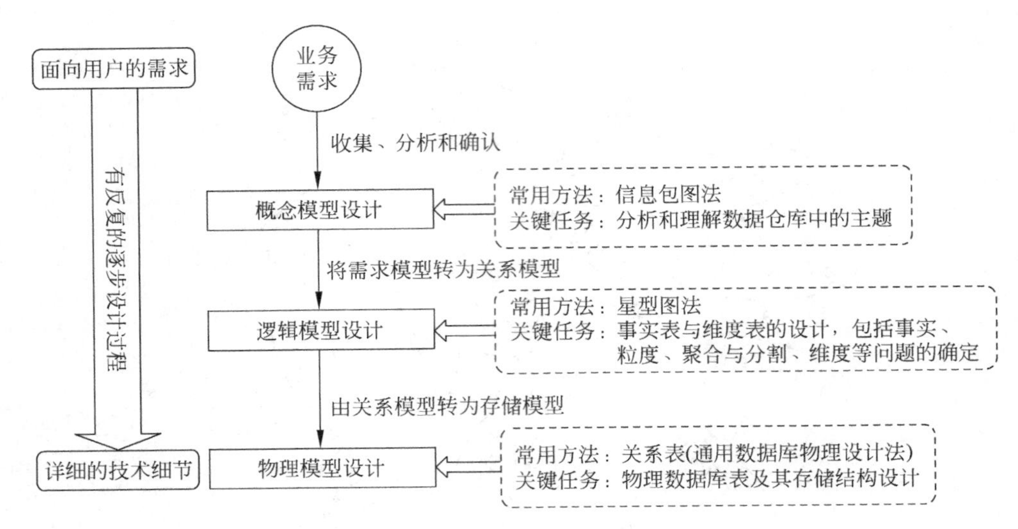

图 3.2　数据仓库数据库设计示意图

3.2　基于 SQL Server 2005 的数据仓库数据库设计

SQL Server 2005 集成了三个服务来实现数据仓库系统的开发：SQL Server 2005 Analysis Services、SQL Server 2005 Integration Services 和 SQL Server 2005 Reporting Services，同时还提供了一个数据仓库与商业智能应用系统的开发环境——SQL Server Business Intelligence Development Studio。它们的关系如图 3.3 所示。

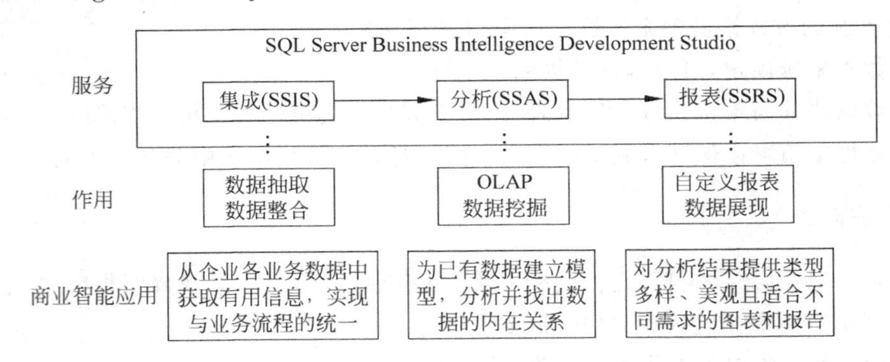

图 3.3　MS SQL Server 2005 的数据仓库架构

(1) SSAS(分析服务)提供了所有业务数据的统一整合视图，可以作为传统报表、在线分析处理、关键性能指示器(Key Performance Indicators，KPI)记分卡和数据挖掘的基础。同时提供了一个元数据模型以满足不同需求。其中的所有多维数据集和维度定义都可从统一空间模型(UDM)中查阅。UDM 是一个中心元数据库，其中定义了业务实体、业务逻辑、计算和度量，可作为所有报表、电子表格、OLAP 浏览器、KPI 和分析应用程序的源来使用。在 SQL Server 2005 中，关系数据库和多维数据库之间的界限变得模糊。可以将数据存储在关系数据库或多维数据库中，还可以使用主动缓存功能，充分利用两种数据库各自的优点。

(2) SSIS(集成服务)具有出色的 ETL 和整合能力,提供了构建企业级 ETL 应用程序所需的功能和性能,使得组织机构能更加容易地管理来自于不同的关系型和非关系型数据源的数据。SSIS 是可编程的、可嵌入的和可扩展的,这些特性使其成为理想的 ETL 平台。

(3) SSRS(报表服务)是一个基于服务器的完整报告平台,可创建、管理和交付传统报告和交互式报告。它包括创建、分发和管理报告所需的一切工具和信息。同时,其标准模块化设计和应用程序编程接口(API)使软件开发人员、数据提供商和企业能够集成原有系统或第三方应用程序中的报表功能。

在 SQL Server 2005 中可以安装示例数据库 Adventure Works DW(数据仓库示例数据库),其主要数据都源于另一示例数据库 Adventure Works(OLTP 示例数据库)。

本节以 SQL Server 2005 作为数据仓库环境来讲解数据仓库数据库的设计过程。示例数据是 SQL Server 2005 自带的示例数据库 Adventure Works 和 Adventure Works DW。

3.2.1　分析组织的业务状况及数据源结构

下面以 SQL Server 2005 示例数据库 Adventure Works DW 中所描述的 Adventure Works Cycles 公司的用户需求为例,介绍系统需求收集与分析过程。有关详细的业务信息参见 SQL Server 2005 有关数据仓库示例的帮助文档。

1. 公司概况

Adventure Works Cycles 是一家虚构的大型跨国制造公司,经营自行车及其相关配套产品,主要生产金属复合材料的自行车,产品远销北美、欧洲和亚洲市场。Adventure Works Cycles 公司总部设在华盛顿州的伯瑟尔市,雇用了 500 名工人。此外,在 Adventure Works Cycles 市场中还活跃着一些地区销售团队。

2000 年,Adventure Works Cycles 购买了位于墨西哥的小型生产厂 Importadores Neptuno。Importadores Neptuno 为 Adventure Works Cycles 产品系列生产多种关键子组件,这些子组件将被运送到伯瑟尔市进行最后的产品装配。2001 年,Importadores Neptuno 转型成为专注于旅游登山车系列产品的制造商和销售商。

实现一个成功的会计年度之后,Adventure Works Cycles 现在希望通过以下方法扩大市场份额:专注于向高端客户提供产品、通过外部网站扩展其产品的销售渠道、通过降低生产成本来削减其销售成本。

2. 原材料采购、生产和销售等环节的业务流程介绍

(1) 原材料采购与仓储业务流程。

在公司内部由采购部负责原材料采购,采购部门下设一个经理和多个采购员。一种原材料有多个供应商,一个供应商可以提供多种原材料。原材料和供应商之间是多对多的关系。每个采购员负责多种原材料的采购,一种原材料只能由一个采购员来采购。采购员和商品之间是一对多的关系。采购员只需了解原材料和供应商的联系,而采购部门经理需要管理员工,并且还需要了解原材料的库存情况,以确定需要采购的商品并将任务分配给每个采购人员。

公司为了防止产品过分依赖于原材料价格,还需要对原材料进行批量存储,因此设立仓

库管理部门,专门负责原材料的存储管理,仓库管理部门管理多个仓库,下设一个经理和多个仓库管理员,每个仓库中拥有多个仓库管理员,每个管理员只能在一个仓库中进行工作。仓库管理员需要知道他所管理的仓库中存储的原材料的种类、数量、存储的时间、原材料的保值期及原材料进入仓库和离开仓库的时间等信息。一种原材料可以保存在多个仓库中,一个仓库可以保存多种原材料。仓库管理部门经理不但需要处理仓库管理员需要的数据,而且需要知道仓库管理员的基本信息(例如仓库管理员的家庭住址和电话等)。

(2) 产品销售业务流程。

Adventure Works Cycles 的自行车及其相关产品远销北美、欧洲和亚洲市场。公司有网络销售和批发商销售两种销售渠道,因此,客户也分为两类,一类是从在线商店购买产品的消费者,通常是个人;一类是商店,即从 Adventure Works Cycles 销售代表处购买产品后进行转售的零售店或批发店。

对于销售部门,销售员关心的是商品的信息,即每种商品的价格、质量、颜色和规格等,以便向顾客推销相关的产品。因此,销售员最需要的数据就是商品的相关信息。销售部门经理一方面需要了解商品的销售情况,以便在某种商品缺货的时候通知仓储部门运送商品;另一方面,销售部经理还需要了解每个销售员的工作业绩,对每个销售员进行考核。因此,销售部门经理需要了解商品、顾客和部门员工的情况。

3. 对数据源结构的分析与理解

从上面的分析可以看出,业务数据确实是多维的。不同部门对数据的需求不同,同一部门人员对数据需求也存在差异。如果考虑数据需求的层次问题,管理人员和不同的业务人员对数据要求的程度也各不相同。管理人员可能需要综合度较高或较为概括的数据,而业务人员需要细节数据。

实际上,对业务的理解是所有信息系统建设过程所需要的,只不过在设计数据仓库时需要从业务蕴涵的数据视角来理解业务。数据仓库是以历史数据为基础的,这一步本质上是理解这些历史数据的来源。

通常,操作型业务数据是数据仓库数据库的来源和基础,只有对它的内容足够了解和理解,才能很好地设计数据仓库和对数据进行 ETL 处理。

首先是要了解数据源(操作型业务数据)的结构,例如,Adventure Works 示例数据库把 Adventure Works Cycles 公司的业务数据分成 5 大部分,分别是表示人力资源的 Human Resources、表示人员信息如客户或供应商联系人等的 Person、表示产品信息的 Production、表示采购信息的 Purchasing 和表示销售信息的 Sales。

其次是要明确数据的内容,数据内容包括某个业务领域的数据表结构及其主外键关系,还包括各个数据表的具体字段构成情况。Adventure Works 示例数据库的业务数据内容简述如下。

(1) 个人客户相关数据。个人客户是公司客户类型的一大类,即从 Adventure Works Cycles 在线商店购买产品的消费者。若 Sales. Customer 表的 CustomerType 列值为 I,则表示客户类型为个人,若为 S 则为批发商。与个人客户相关的表有 5 个,分别是:Person. Contact 表示客户的联系方式;Sales. Customer 表示客户的类型;Sales. Individual 表示个人客户的具体信息,其中 Demographics 列还以 XML 格式对个人客户的收入、爱好和车辆数目等进行了统计；而对于客户的订单信息则放在 Sales. Sales Order Header 和 Sales. Sales Order Detail 两个表中。

(2) 产品相关数据。Adventure Works Cycles 公司提供4类产品，包括公司自己生产的自行车、自行车零部件(替换件，如车轮、踏板或刹车等部件)，还有从供应商处购买来转售给客户的自行车装饰和自行车附件等。和产品相关的表比较多，结构也较为复杂，产品相关的数据内容如表3.1所示。

表3.1 产品(production)相关的表及其数据内容

数据表	数据表内容解释
Bill of Materials	制造自行车和自行车子部件的所有零部件列表(BOM结构)，Product Assembly ID 列表示父级产品(即主产品)，ComponentID 表示组装用的零件
Culture	列出使用了哪些语言来本地化产品说明
Location	列出产品和零件的库存位置
Product	由公司销售或用来制造自行车和自行车组件的各种产品信息
Product Category	产品分类，例如自行车或附件
Product Cost History	列出不同时间点的产品成本
Product Description	列出各种语言的详细产品说明
Product Inventory	按地点统计的产品库存量
Product List Price History	列出不同时间点的产品价格
Product Model	与产品关联的产品型号
Product Model Product Description Culture	给出产品型号、产品说明及其本地化后的语言之间的交叉引用
Product Photo	列出所售产品的图像
Product Review	给出客户对产品的评价
Product Subcategory	产品类别的子类别

(3) 原材料采购相关数据。采购部门购买自行车生产中需使用的原材料和零件，同时也购买一些产品直接转售，例如自行车装饰件和自行车附件，像水瓶和打气筒等。和原材料采购相关的表的数据内容如表3.2所示。

表3.2 原材料采购(purchasing)相关的表及其数据内容

数据表	数据表内容
Person. Address	客户的通信地址信息
Person. Contact	供应商雇员的姓名，与 Vendor Contact 表相关联，将联系人映射到供应商。XML 数据类型的列 Additional ContactInfo 包含了联系人的其他联系方式(手机和传真等)
Product Vendor	将供应商与其提供的产品建立对应关系
Purchase Order Detail	采购订单的明细信息，包括订购的产品、数量和单价等
Purchase Order Header	采购订单的头信息，包括应付款总计、订购日期和订单状态等。Purchase Order Header 表与 Purchase Order Detail 表构成主—从关系
Ship Method	用于维护产品标准发货方法的查找表。Ship Method ID 列包含在 Purchase Order Header 表中

续表

数据表	数据表内容
Vendor	供应商的详细信息,例如供应商的名称和账号
Vendor Address	将客户链接到 Address 表中的地址信息。按类型对地址进行分类,例如开票地址、家庭住址和发货地址等。Address Type ID 列映射到 Address Type 表中
Vendor Contact	这是一个关联表。连接 Contact 和 Vendor 两个表

以上对比较重要的业务数据表进行了解释,其目的是提供一个可供项目参考的示例,若要完全理解业务数据,还要对操作型业务数据库中的表结构及表间关系进行深入的理解。这里以原材料采购数据中的表 Purchasing. Purchase Order Header 为例子分析此表的具体结构,如表 3.3 所示。从后续的 ETL 处理及业务分析和业务规则挖掘等操作中会发现,对这些业务数据表的理解和分析是相当重要的。因此,在实际项目实施中,应该对重要的业务数据表进行类似的分析。

表 3.3　Purchasing. Purchase Order Header 的表结构

列	数据类型	说明
Purchase Order ID	int	主键
Revision Number	tinyint	用于跟踪一段时间内采购订单变化的递增编号
Status	tinyint	订单状态:1=等待批准,2=已批准,3=已拒绝,4=完成
Employee ID	int	创建采购订单的雇员。指向 Employee. Employee ID 的外键
Vendor ID	int	采购订单所采购的产品的供应商。Vendor. Vendor ID 的外键
Ship Method ID	int	发货方法,Ship Method. Ship Method ID 的外键
Order Date	datetime	采购订单的创建日期
Ship Date	datetime	预计供应商的发货日期
Sub Total	money	采购订单小计
Tax Amt	money	税额
Freight	money	运费
Total Due	money	应付款(SubTotal+TaxAmt+Freight)
Modified Date	datetime	上次更新日期和时间

3.2.2　组织需求调研,收集分析需求

数据仓库应用系统不同于事务处理业务系统,其数据分析需求刚开始时并不十分明确,而数据仓库的数据来源往往来自各操作型业务数据库的历史数据和当期数据,因此,项目需求的收集与分析需要从历史数据与用户需求两个方面同时着手,采用“数据驱动+用户驱动”的设计理念。

数据驱动是根据当前业务数据的基础和质量情况,以数据源的分析为出发点构建数据仓库。另一方面,用户驱动则是根据用户业务的方向性需求,从业务需要解决的具体问题出发,确定系统范围和需求框架,也叫需求驱动。

数据仓库的用户一般是企业或事业单位的管理者,在设计数据仓库系统时充分考虑用户的分析需求是十分必要的。同时,由于数据仓库的构建必须基于业务数据库等数据源,数

据源的结构也是不得不考虑的问题。如图 3.4 所示，常常采用“两头挤法”找出数据仓库系统的真正需求。

图 3.4　用户驱动与数据驱动相结合示意图

在 3.2.1 节的分析和理解业务数据库(Adventure Works)的过程中明确了企业的具体业务映射到数据库系统的细节，对从现有数据源中如何获取企业数据仓库需求对应的数据已经心中有数。现在我们从企业的各个视角对此企业数据仓库的分析需求做进一步的分析，发现企业需要且可以构造的主题。

实际上，企业每个部门都有观察企业业务的不同视角，这是需求多样性的一个方面。例如，对于 Adventure Works Cycles 公司来说，销售部门、采购部门和仓库管理部门等都有相应的视角，尽管这些业务是相关的，但是对数据的需求，特别是对分析数据的需求必然有所不同。

创建企业级数据仓库是一个面向企业各部门特别是管理部门的工程，但它的需求在前期可能是相当模糊的，因此，我们应该高度重视需求的调研与分析，尽量多地挖掘出用户的当前需求和潜在需求。

1. 关于用户需求的调研

用户方面，从组织机构的上层开始交流是非常有益的。上层行政官员可以提供许多令人惊奇的有关业务操作及其希望从该组织得到的内容。除此之外，还应该包括负责数据仓库项目或有关业务领域的行政职员，以及来自相关业务领域的负责向高级行政官员汇报的主管经理和为高级行政人员和主管经理准备报告的业务分析员。

根据不同的交谈对象，所提问题也应有所不同。很明显，针对高级行政人员和基层职员应该有不同的问题。通常也有些共性的问题域，例如：

(1) 他们的工作成绩是怎样得来的？即什么因素决定工作的成功与失败？

(2) 工作所需信息的分析过程需耗费多长时间？从这些分析中可作出什么决策？

(3) 信息分发的方式是什么？是报告、论文还是电子邮件？

(4) 怎样弥补信息的空缺？

(5) 分析这些数据需要哪一级的详细程度？

(6) 业务报表的来源是什么？谁对报告的制定、维护和分发负责？

对需求按照业务视角进行分类以后，可以进一步细化需求的提问，一般从业务目标、当前信息源、涉及的主题范围、关键性能指标和信息频率等方面分别提问。

(1) 业务目标：部门职责和目标是什么？怎样将这些目标融进企业的目标之中？要达到这些目标有哪些需要？成功的关键因素是什么？集团公司实现这些目标的障碍有哪些？需要购买外部数据吗？从哪里购买？

(2) 当前信息源和日常报表需求：在现有的日常报表过程中，当前传递了哪些信息？从何处获取这些分析数据？现在是如何加工处理的？这些信息的详细程度怎样？是太详细了，还是太粗略了？哪些操作会产生关于重要主题领域的数据和信息？

(3) 主题领域:有关这方面的问题可以帮助确定对业务活动来说什么主题是很重要的。随着用户地位的不同,在他们的数据领域中,各种不同的领域或维度被明确地提出,这就使得对信息的整合变得容易了。这些问题集中在数据仓库中的数据应怎样被检索及用户怎样分析和筛选这些数据等。关于主题领域的问题如:

① 哪些维度或领域对数据的分析是有价值的?这些维度有固有的层次结构吗?

② 作出业务决策仅仅需要当地的有关信息吗?

③ 某些产品是否仅仅在某一地区销售?

(4) 关键性能指标:不同的用户会有不同的看法。例如,部门的绩效是怎样监测的?部门内部提供哪些关键的指标?

(5) 信息频率:可以从用户处理信息的时间灵敏度获得信息频率。如用户需要多长时间对数据更新一次?适当的时间结构是什么?在数据仓库中,对信息有实时性需求吗?

2. 对用户需求调研结果的分析

在与用户交流阶段,应该确定数据仓库需要访问的有关信息。用户应该清晰地确定所需的信息。例如,数据仓库的用户需要得到有关产品收入的详细统计信息,包括过去5年中的年龄、组别、性别、位置和经济状况等信息。

然后根据用户的信息需求,抽取出信息的度量值和维度信息,例如对于需要观察的产品收入,可以确定其度量指标和维度如下。

(1) 度量指标:包括产品销售的实际收入、产品销售的预算收入及产品销售的估计收入。

(2) 维度:包括已经销售的产品信息、销售地点(位置信息)和顾客信息(如年龄组别、性别、位置和经济状况)等。

假定 Adventure Works 的销售和营销团队以及高级管理人员对数据分析有如下需求。

(1) 目前的报表是静态的。用户无法通过交互方式探测报表中的数据以获取更详细的信息,例如,他们可以处理 Microsoft Office Excel 透视表。虽然现有的一组预定义报表足以供许多用户使用,但更高级的用户却需要对数据库进行直接查询访问,以进行交互式查询和访问专用报表。

(2) 查询性能差异很大。例如,有些查询只需几秒钟便可返回结果,而另一些查询需要几分钟才能返回结果。

(3) 用户所在的业务部门不同,其感兴趣的数据视图也不同。每个组都很难理解与其不相关的数据元素。

(4) 业务用户很难构造一些专用查询,以组合两个相关的信息集(如销售额和销售配额)。此类查询会占用大量的数据库空间,因此,公司要求用户向数据仓库团队请求跨主题区域的数据集。

(5) 希望通过一个通用的元数据层提供统一的数据访问以进行分析和报告。

(6) 简化用户的数据视图,从而加速交互式查询、预定义查询以及预定义报表的开发。

总之,通过对历史数据和需求的分析,可以明确用户正在使用的数据现状、他们如何使用这些数据及他们将利用数据仓库干什么。充分的交流为数据仓库的总体设计打下基础。

3.2.3 采用信息包图法设计数据仓库的概念模型

在收集分析需求并做了详细的需求调研之后，我们对企业需求有了一个比较清晰的了解，这时可以对数据仓库的概念模型作设计，通常采用面向主题的自顶而下的设计方法，数据仓库的概念模型将面向主题，也就是面向对象，示例数据库中的对象如客户、产品和供应商等多维信息。终端用户通过各种维度来获取业务数据，其中时间是最基本、最关键的维度。对于面向主题的数据仓库同传统的数据库设计一样需要经历概念模型设计、逻辑模型设计和物理模型设计三个阶段(如表 3.4 所示)。与之相对应，数据仓库的设计方法分别是针对数据仓库的信息包图设计、星型图模型设计和物理数据模型设计，要求如下。

表 3.4 数据仓库与 OLTP 数据库的设计方法比较

设计阶段	数据仓库	OLTP 数据库
概念模型	信息包图	数据流程图
逻辑模型	星型图模型	实体关系图
物理模型	物理数据模型	物理数据模型

(1) 数据仓库的概念模型通常采用信息包图法来进行设计，要求将信息包图的 5 个组成部分(名称、维度、类别、层次和度量)全面地描述出来。

(2) 数据仓库的逻辑模型通常采用星型图法来进行设计，要求将星型图的 5 类逻辑实体(度量逻辑实体、维度逻辑实体、层次逻辑实体、详细信息逻辑实体和类别逻辑实体)完整地描述出来。

(3) 数据仓库的物理模型通常采用物理数据模型法来进行设计，要求将物理数据模型的 5 类表(事实表、维表、层次表、详细信息表和类别表)详细地描述出来。

在与用户交流的过程中，前两节确定了数据仓库所需要访问的信息，这些信息包括当前的、将来的以及与历史相关的数据。本节将确认操作数据、数据源以及一些附加数据需求，建立信息包图，进而确定数据仓库中的主题和元数据，有效地完成查询和数据之间的映射，完成概念数据模型的设计。

1. 信息包图法简介

由于数据仓库的多维性，利用传统的数据流图进行需求分析已不能满足需要。因此，数据仓库的建模包括超立方体(hypercube)法及信息包图法。

超立方体法也是采用自上而下的方法设计，其步骤如下。

(1) 确定模型中需要抓住的业务过程，例如销售活动或销售过程。

(2) 确定需要捕获的度量值，例如销售数量或成本。

(3) 确定数据的粒度，即需要捕获的最低一级的详细信息。

由于超立方体法在表现上缺乏直观性，尤其是当维度超出三维后，数据的采集和表示都比较困难，这时可以采用信息包图法在平面上展开超立方体，即用二维表格反映多维特征。信息包图提供了一个多维空间来建立信息模型，并且提供了超立方体的可视化表示。

信息包图定义主题内容和主要性能指标之间的关系，其目标就是在概念层满足用户需求。信息包图拥有三个重要对象：(度量)指标、维度和类别。利用信息包图设计概念模型就是要确定这三个方面的内容。

(1) 确定指标。(度量)指标表明在维度空间衡量业务信息的一种方法,是访问数据仓库的关键所在,是用户最关心的信息。成功的信息包可以保证用户从信息包中获取需要的各个性能指标参数。

(2) 确定维度。维度提供了用户访问数据仓库信息的途径,对应超立方体的每一面,位于信息包图第一行的每一个栏目中。

(3) 确定类别。类别是在一个维度内为了提供详细分类而定义的,其成员是为了辨别和区分特定数据而设,它说明一个维度包含的详细信息,一个维度内最底层的可用分类又称为详细类别。

信息包图法也叫用户信息需求表,就是在一张平面表格上描述元素的多维性,其中的每一个维度用平面表格的一列表示,例如时间、地点、产品和顾客等。而细化本列的对象就是类别,例如时间维度的类别可以细化到年、月、日,甚至小时。平面表格的最后一行(代表超立方体中的单元格)即为指标度量值,例如,某年在某销售点的某类产品的实际销售额。创建信息包图时需要确定最高层和最低层的信息需求,以便最终设计出包含各个层次需要的数据仓库。

对较复杂的业务进行需求分析时,有时一张信息包图不能反映所有情况,需要设计多张不同的信息包图来满足全部需求,此时应保证多个信息包图中出现的维度信息和类别信息完全一致。

总之,信息包图法是一种自上而下的数据建模方法,即从用户的观点开始设计(用户的观点是通过与用户交流得到的),站在管理者的角度把焦点集中在企业的一个或几个主题上,着重分析主题所涉及数据的多维特性,这种自上而下的方法几乎考虑了所有的信息源,以及这些信息源影响业务活动的方式。整个数据仓库数据库的设计过程分为如下 4 个阶段。

(1) 采用自顶向下的方法对业务数据的多维特性进行分析,用信息包图表示维度和类别之间的传递和映射关系,建立概念模型。其中,类别是按一定的标准对一个维度的分类划分,如产品可按颜色、质地、产地和销地等不同标准分类。

(2) 对企业的大量数值指标实体数据进行筛选,提取出可利用的中心度量指标(也称为关键性能指标和关键业务度量值),例如产品收入、产品成本或设备运行时间等。

(3) 在信息包图的基础上构造星型图,对其中的详细类别实体进行分析,进一步扩展为雪花图(可选),建立逻辑模型。

(4) 在星型图或雪花图的基础上,根据所定义的数据标准进一步对实体、键属性、非键属性、数据容量和更新频率等进行定义,完成物理数据模型的设计。

2. 信息包图的建立

利用信息包图可以完成以下工作。

(1) 定义业务中涉及的共同主题范围,例如时间、区域、产品和客户等。

(2) 设计可以跟踪的、确定一个业务事件怎样被运行和完成的关键业务指标。

(3) 决定数据怎样被传递给数据仓库的用户。

(4) 确定用户怎样按层次聚合和移动数据。

(5) 确定在给定的用户分析或查询中实际包含了多少数据。

(6) 定义怎样访问数据、估计数据仓库大小、确定数据仓库里数据的更新频率。

下面以 Adventure Works DW 示例数据仓库中的 Adventure Works Cycles 公司的销售情况为例说明信息包图的制作。通过对 Adventure Works Cycles 公司近年来销售情况的进一步了解和分析，可以得到如下结论。

(1) 获取各个业务部门对业务数据的多维特性分析结果，确定影响销售额的维度，包括时间、区域、产品和客户等维度。

(2) 对每个维度进行分析，确定维度与类别之间的传递和映射关系，如在 Adventure Works 业务数据库中，时间维有年度、季度、月和日等级别，而区域分为国家、省州、城市和具体的销售点。

(3) 确定用户需要的度量指标体系，这里以销售情况作为事实依据确定的销售相关指标包括实际销售额、计划销售额和计划完成率等。

有了以上的分析，就可以画出销售分析的信息包图，如图 3.5 所示。此信息包图以销售分析为主题，归纳事实和指标，归纳维度和层次，确定数据的粒度和类别。

维度→		信息包图：销售分析			
类别↓	时间维	区域维	产品维	客户维	广告维(待用)
	年度(5)	国家(10)	产品类别(500)	年龄分组(7)	广告费分组(5)
	季度(20)	省州(100)	产品名称(9000)	收入分组(8)	
	月(60)	城市(500)		信用组(2)	
	日(1800)	销售点(8000)			
度量指标：实际销售额、计划销售额、计划完成率					

图 3.5　销售分析的信息包示意图

图 3.5 仅为示意图，图中的第一行表示各个维度，每一列表示不同维度的类别，其中括号内的数字表示各类别的数目(这里的数字仅为示意)。通常一个维度的类别种类不能太多，建议一个维度的类别数不超过 7，这将有助于用户检索和理解数据，提高数据的可利用性。在指标栏里，定义了三种度量指标，即实际销售额、计划销售额和计划完成率，并且以这三个指标为中心展开分析。其他业务分析需求的信息包图也可采用类似的方法。

3. 设计基于主题域的概念模型

通过信息包图实际上确定了数据仓库的主题和大部分元数据。

所谓主题(subject)，是指在较高层次上将业务数据进行综合、归类和分析利用的一个抽象概念，每一个主题基本对应业务的一个分析领域。如在前面信息包图示例中，"销售分析"就是一个分析领域，也称为一个应用主题。

面向主题的数据组织方式，就是在较高层次上对分析对象数据的一个完整并且一致的描述，能刻画分析对象所涉及的各项业务数据，以及数据之间的联系。与 OLTP 数据库面向事务处理应用进行数据组织的特点不同，数据仓库中的数据是面向主题组织的。如一个数据仓库系统涉及的主题可能是产品销售分析、货物发运分析等。

主题是根据分析需求确定的。如在生产企业中，对于材料供应，在 OLTP 系统中，我们往往关心的是怎样更方便和更快捷地进行材料供应的业务处理；而在做分析处理时，我们就更关心材料的不同采购渠道和材料供应是否及时、材料质量状况等。典型的主题领域包括顾客、产品、订单和财务或是其他某项活动。

主题域是对某个主题进行分析后确定的主题边界。在大多数数据仓库的设计过程中，都有一个主题域的选择过程。主题域的确定通常由最终用户和数据仓库的设计人员共同完成。例如，对于 Adventure Works Cycle 公司的管理层可能需要分析的主题包括供应商、商品、客户和仓库等。其中商品主题的内容包括记录超市商品的采购情况、商品的销售情况和商品的库存情况等；客户主题包括的内容可能有客户购买商品的情况；仓库主题包括仓库中商品的存储情况和仓库的管理情况等。确定主题边界(主题域)实际上是进一步理解业务关系，因此在确定分析主题后，还需要对这些主题进行细化以获取每一个主题应有的边界。例如，根据分析需求所确定的 Adventure Works Cycle 公司的分析主题及主题域结构如图 3.6 所示。

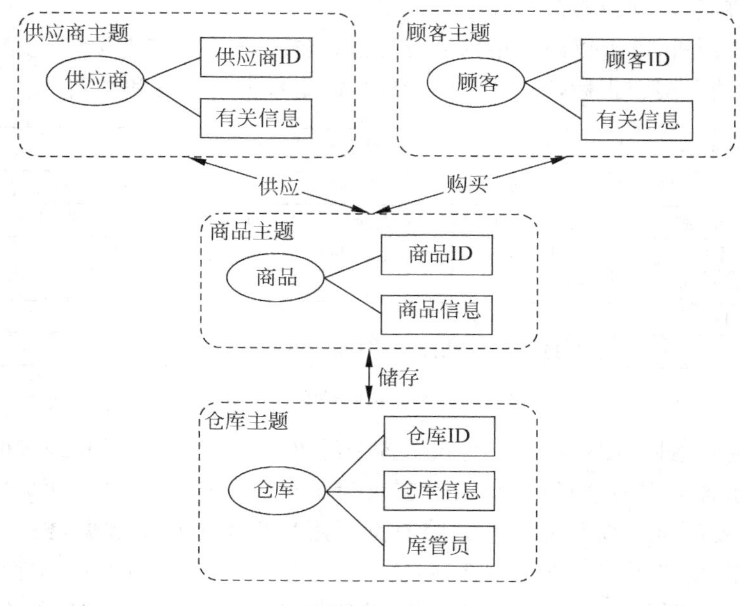

图 3.6　主题及主题域的划分

由于数据仓库的设计是一个不断改进和完善的螺旋式发展过程，在刚开始时选择部分比较重要的主题作为数据仓库设计的起点是很有必要的。例如，在 Adventure Works DW 数据仓库的概念模型设计中，在对需求进行分析后，认识到"商品"主题既是一个销售型企业最基本的业务对象，又是进行决策分析的主要领域，通过"商品"主题的建立，经营者就可以对整个企业的经营状况有较全面的了解。先实施"商品"主题可以尽快地满足企业管理人员建立数据仓库的最初要求。通过将主题边界的划分应用到已经得到的关系模型上，即将主题域的划分和事务处理数据库中的表结合起来，便能形成原始的概念模型，例如在上述主题示例中，商品主题可能涵盖的关系表有商品表、供应关系表、购买关系表和仓储关系表；仓库主题可能涵盖的关系表有仓库关系表、仓库表、仓库管理关系表和管理员表。把这些表的键和字段联系起来，就可以形成图 3.7 所示的原始概念模型(实体关系图)。

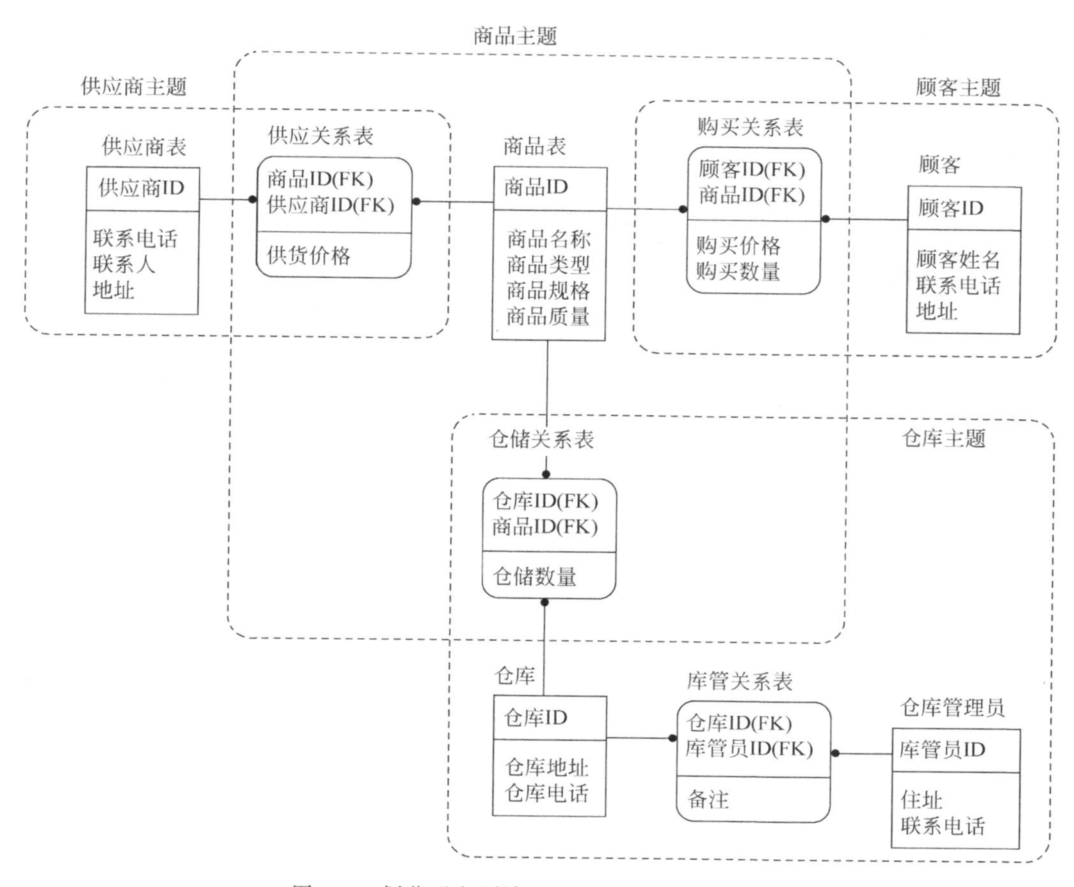

图 3.7　划分了主题域的原始概念模型(ER 图)

3.2.4　利用星型图设计数据仓库的逻辑模型

1. 根据分析需求与信息包图制作星型图或雪花图

在传统的数据库逻辑模型设计中，根据需求分析阶段获得的数据流图，利用实体关系图(ER 模型)将概念模型转换为逻辑模型。数据仓库系统通常是在信息包图的基础上构建星型图，进一步完成逻辑模型设计。

星型图因其外观似五角星而得名，它支持从业务决策者的角度定义数据实体，满足面向主题数据仓库设计的需要，而信息包图又为星型图的设计提供了完备的概念基础。同信息包图中的三个对象相对应，星型图拥有三个逻辑实体，即维度、指标和类别。

位于星型图中心的实体是(度量)指标实体，对应信息包图中的指标对象，是用户最关心的基本实体和查询活动的中心，为用户的业务活动提供定量数据。每个指标实体代表一系列相关事实，完成一项指定的功能，在一般情况下代表一个现实事务的综合水平，仅仅与每个相关维度的一个点对应。位于星型图星角上的实体是维度实体，对应信息包图中的维度对象，其作用是限制用户的查询结果，将数据过滤使得从指标实体查询返回较少的行，从而缩小访问范围。另一个实体是详细类别实体，它对应信息包图中的类别对象。一个维度内的每个单元就是一个类别,代表该维度内的一个独立层次,它要求更加详细的信息才能满足用户的需要,与相应的事务处理业务数据库结构产生映射。

因此,从信息包图转换成星型图,需要定义如下三个实体。

(1) (度量)指标实体。使用每一个指标,同时确定是否存储经过计算的指标。

(2) 维度实体。一个维度实体对应指标实体中的多个指标。用户利用维度实体来访问指标实体,一个维度实体对应信息包图中的一个列。

(3) 详细类别实体。对应现实世界的某一实体。

在星型图中,用户通过维度实体获得指标实体数据,其中指标实体与维度实体间的联系通过每个维度中的最低一层的详细类别实体连接。

当多个信息包图转换成星型图时,可能出现维度实体的交叉重叠,为了保证实体的一致性需要进行统一处理,确定它们是同一实体在不同层次上的数据反映,还是两个不同的实体。当多个维度实体相关并且存在共性时,可能需要进行合并处理。

在 3.2.3 节的示例信息包图(图 3.5)基础上构造一个星型图,如图 3.8 所示。

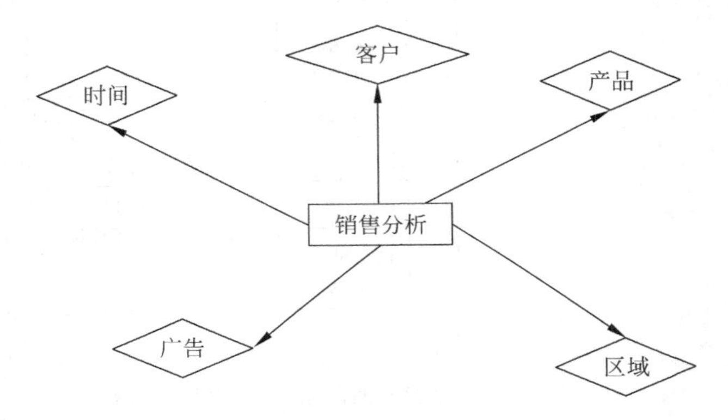

图 3.8 Adventure Works Cycles 公司销售分析星型图

根据实际业务需求,可以把产品类别实体连接到星型图中,就可以进一步得到企业数据仓库的雪花模型。如 Adventure Works 业务示例数据库中,通过表 Product Category、Product Subcategory 和 Product 对产品进行了层次分类,把这三个表对应的实体挂到图 3.8 的星型图中,便形成了如图 3.9 所示的雪花图。

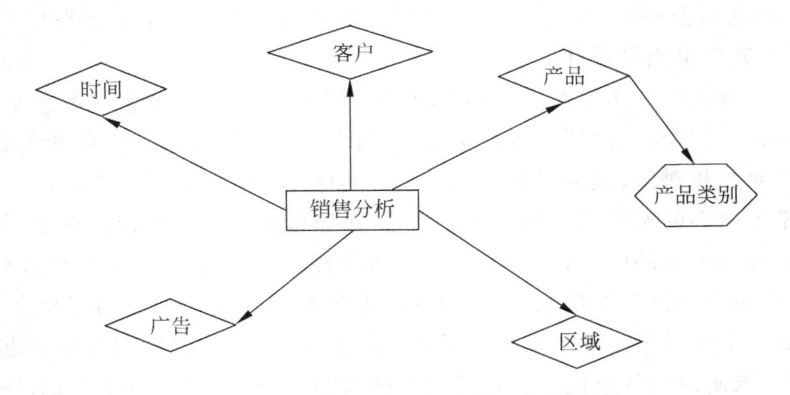

图 3.9 在星型图基础上构建的雪花型模式图

2. 确定主题的属性组

根据概念模型中定义的主题及主题域，可以进一步确定在主题的逻辑关系模式中包含所有的属性及与系统相关的行为。数据仓库中数据存储的逻辑结构也需要在逻辑模型的设计阶段完成定义，需要给主题增加属性组和其他所需信息。以 Adventure Works Cycle 公司数据仓库为例，在"商品""销售"和"客户"主题上增加能进一步说明主题的属性组（如表 3.5 所示）。

表 3.5 主题的详细描述

主 题 名	公 共 键	属 性 组
商品	商品号	基本信息：商品号、商品名、类型和颜色等 采购信息：商品号、应商号、供应价、供应日期和供应量等 库存信息：商品号、库房号、库存量和日期等
销售	销售单号	基本信息：销售单号、销售地址等 销售信息：客户号、商品号、销售价、销售量和销售时间等
客户	客户号	基本信息：客户号、客户名、性别、年龄、文化程度、住址和电话等 经济信息：客户号、年收入和家庭总收入等

3. 事实表及其特征

度量是客户发生事件或动作的事实记录，例如客户打电话，可能选择的度量有通话时长、通话次数和通话费用等；客户购买商品，可能选择的度量有购买的次数、购买商品的金额和购买商品的数量等。度量变量的取值可以是离散的数值，也可以是连续的数值。例如，客户通话次数是离散的数值，而客户购买商品的金额是连续的数值。度量变量也可以在某个元素集合内取值。例如，客户对公司服务质量的评定可以是"优""良""中"和"差"中的一个。业务事实是对某个特定事件的度量，是各个维度的交点。

事实表则是在星型模式或雪花型模式中用来记录业务事实并作相应指标统计的表，同维表相比，事实表具有如下特征。

(1) 记录数量很多，因此事实表应当尽量减小一条记录的长度，避免事实表过大而难以管理。

(2) 事实表中除了度量变量外，其他字段都是维表或者中间表（对于雪花型模式）的关键字（外键）。

(3) 如果事实相关的维度很多，则事实表的字段数也会比较多。

4. 事实表的类型与设计

事实表是星型模式或类似结构的核心，包含了基本业务事务的详细信息。事实表一般包含两个部分：一部分是由主键和外键所组成的键部分；另一部分是用户希望在数据仓库中了解的数值指标，这些指标是为每个派生出来的键而定义和计算的，称为事实或度量指标。由于事实是一种度量，所以事实表中的这种指标往往需要具有数值化和可加性（或可平均等）的特征。但是在事实表中，只有那些具有完全可加性的事实才能根据所有的维度进行累加而具有意义。而事实表中有一些事实表示的是某种强度,这类事实就不具有完全加法性,而是一种半加法性。例如,账目余款反映的是某个时间点的数据,它可以按照地点和商品等大多数维度进行累加,但是对于时间维度则例外,将一年中每个月的账目余款进行累加是毫无意义的,而决策者则可能需要了解所有地区和所有商品账目余款的累加值。在事实表中还有一些事实是非加法性的,即这些事实具有对事实的描述特性,在这种情况下一般要将这些非加法性事实转移到维度表中。

按照事实表中度量的可加性情况,可以把事实表及其包含的事实分为如下 4 种类型。

(1) 事务事实。以组织事件的单一事务为基础,通常只包含事实的次数。例如银行的 ATM 提款机的提款次数,使用某种服务的次数等。

(2) 快照事实。以组织在某一特定时间的特殊状态为基础。也就是只有在某一段时间内才出现的结果。

(3) 线性项目事实。这类事实通常用来储存关于企业组织经营项目的详细信息。包括表现与企业相关的个别线性项目的所有度量条件,如销售数量、销售金额、成本和运费等数值数据,也就是关键性能指标。此类事实运用范围广,如采购、销售和库存等。

(4) 事件事实。通常表示事件发生与否及一些非事实本身具备的细节。它所表现的是一个事件发生后的状态变化。如哪些产品在促销期间内没有卖出(有还是没有)。

在事实表模型的设计中还需要注意到派生事实。派生事实主要有两种,一种是可以用同一事实表中的其他事实计算得到,例如销售行为中的商品销售均价可以用商品的销售总金额和销售数量计算得到,对于这些派生事实一般不保留在事实表中;另一种是非加法性事实,例如各种商品的利润率等各种比率。

在事实表模型的设计中必须要分析和确定事实表中的这些事实特性,可能需要经过多次反复来确定。首先,通过调查确定所有可能的基本事实和派生事实;然后,对所有的事实按照功能或某种方式进行排序,以删除重复的事实;接着,确认那些基于不同准则但是有相同性质的派生事实,例如公司门市销售总额与地区销售总额虽由于维度的不同而被定义为不同的事实,但实际计算方法是一样的;最后,再一次确定事实表模型,在确认中要检查所有的计算派生事实的基本事实是否已经包含在模型中,并且与用户取得一致。

在设计事实表时,一定要注意使事实表尽可能地小,因为过于庞大的事实表在表的处理、备份和恢复及用户的查询等方面需要较长的时间。在实际设计时,可以利用减少列的数量、降低每一列的大小和把历史数据归档到单独的历史事实表中等方法来降低事实表的大小。另外,在事实表中还要解决好数据的精度和粒度的问题,下面将阐释粒度的设计方法。

5. 粒度的选择与设计步骤

第 2 章指出数据仓库中的数据可分为 4 个级别,即早期细节级、当前细节级、轻度综合级和高度综合级。源数据经过 ETL 处理后,首先进入当前细节级,并根据具体需要进一步综合,从而进入轻度综合级甚至高度综合级,老化的数据将进入早期细节级。数据仓库中存在的这种不同综合级别,就是"粒度"的直观表现。

粒度模型也是数据仓库设计中十分重要的问题之一。所谓粒度,是指数据仓库中数据单元的详细程度和级别。数据越详细,粒度就越小,级别也就越低;数据综合度越高,粒度就越大,级别也就越高。

(1) 粒度的不同选择会导致逻辑模型的差异

先看一个粒度设计的例子，如果 Adventure Works Cycles 公司的管理者想按照国家(country)、区域(region)、子区域(subregion)和子区内的销售员这样的层次关系来查看公司的销售情况，其雪花型模式的 ER 图如图 3.10 所示，它是通过将地理概念层次的国家、区域和子区域嵌入到销售员维度得到的。

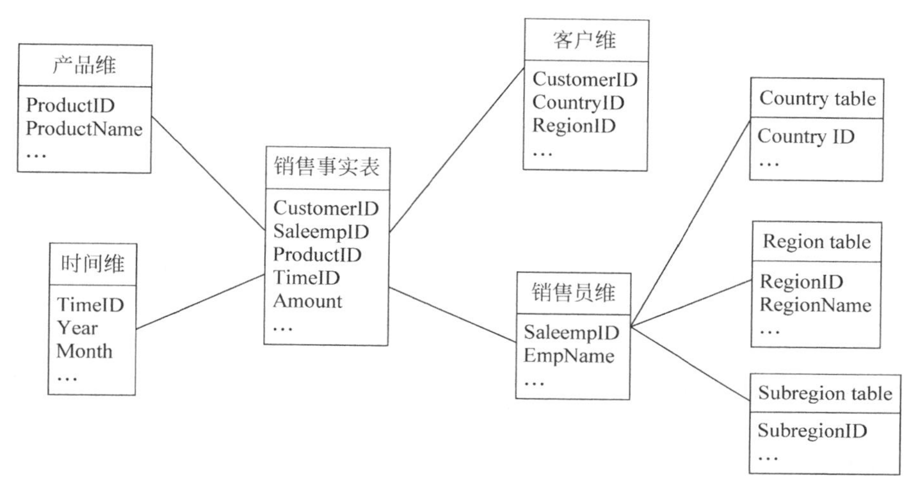

图 3.10 细化到销售员层次的逻辑模型

如果公司的决策者认为不需要了解具体到某个销售人员的情况，而只需要了解各个地理区域的销售情况，则没有必要把销售员维作为一个维度，把地域相关的表综合成为地理维度就可以了，设计结构如图 3.11 所示。

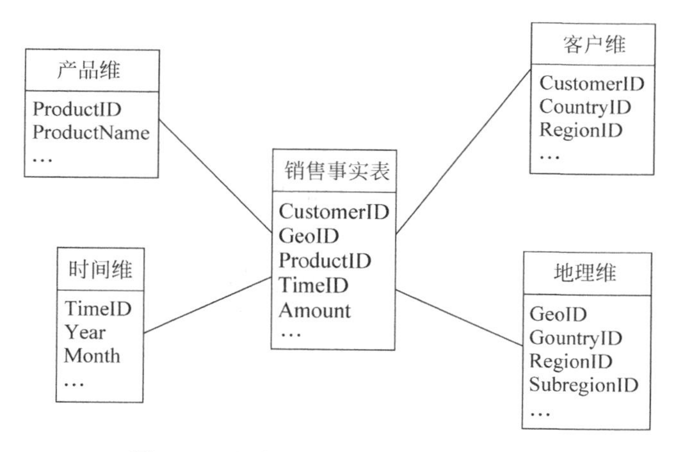

图 3.11 细化到子区域层次的逻辑模型

由以上实例可知，对事实粒度需求的不同，会直接导致数据仓库逻辑设计的差异。

(2) 粒度的不同选择会导致数据存储容量的差异

粒度对数据仓库最直接的影响就是存储容量。例如，按月统计的客户购买数据和按次记录客户购买数据(即记录每笔销售)，两者的数据量相差极大，假定每个字段为 8 字节，每个客户一天有5次消费,则1个客户1个月的消费细节数据的数据量为 8×6×30×5=7200字节,而1个客户1个月的消费汇总数据的数据量为8×4=32字节,如图3.12所示。

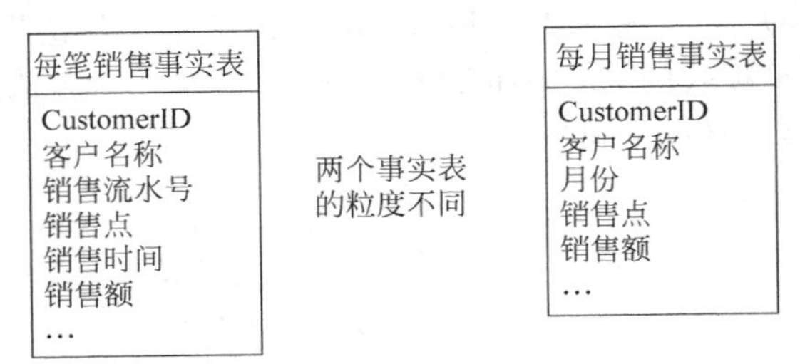

图3.12 不同粒度的事实表示例

(3) 粒度的设计步骤

由以上的分析可知,数据仓库分析功能和存储空间是一对矛盾。如果粒度设计得很小,则事实表将不得不记录所有的细节,储存数据所需要的空间将会急剧膨胀;若设计的粒度很粗,决策者则不能观察细节数据。粒度设计主要完成以下两个步骤。

① 粗略估算数据量,确定合适的粒度级的起点。即粗略估算数据仓库中将来的数据行数和所需的数据存储空间,例如,预估一年及5年内表中的最少行数和最多行数,并对每张表确定键码的长度和原始表中每条数据是否存在键码。

② 确定粒度的级别。在数据仓库中确定粒度的级别时,需要考虑这样一些因素:分析需求类型、数据最低粒度和存储数据量。

分析需求类型直接影响到数据仓库的粒度划分,将粒度的层次定义得越高,就越不能在该数据仓库中进行更细致的分析。例如,将粒度的层次定义为月份时,就不可能利用数据仓库进行按日汇总的信息分析。因此,数据粒度的划分策略一定要保证数据的粒度确实能够满足用户的决策分析需要,这是数据粒度划分策略中最重要的一个准则。

数据仓库通常在同一模式中使用多重粒度,这是以数据仓库中所需的最低粒度级别为基础设置的。例如,当前(当年)数据的数据粒度和历史数据的数据粒度可以不同,形成双重粒度,即用低粒度数据保存近期的财务数据和汇总数据,对时间较远的财务数据只保留粒度较大的汇总数据。这样既可以对财务近况进行细节分析,又可以利用汇总数据对财务作趋势分析。

定义数据仓库粒度的另外一个要素是数据仓库可以使用多种存储介质的空间量。如果存储资源有一定的限制,就只能采用较高粒度的数据粒度划分策略。这种粒度划分策略必须依据用户对数据需求的了解和信息占用数据仓库空间的大小来确定。随着存储硬件的加速发展,这个因素的影响将越来越不重要。

(4) 粒度设计示例

下面以Adventure Works Cycles公司的生产部门数据仓库设计为例,如图3.13所示。这里采用多重粒度设计。左边是操作型业务数据,记录完成若干给定部件的生产线运转情况,每一天都会积累许多记录,是生产业务的详细数据,最近30天的业务详细信息都存储在OLTP环境中。

图3.13的右边是轻度汇总级的数据,轻度汇总级包括两个表,一个汇总某一部件在3个月中的生产情况,另一个汇总部件的组装情况,汇总周期为1年。生产档案表则包括每个

生产活动的详细记录。

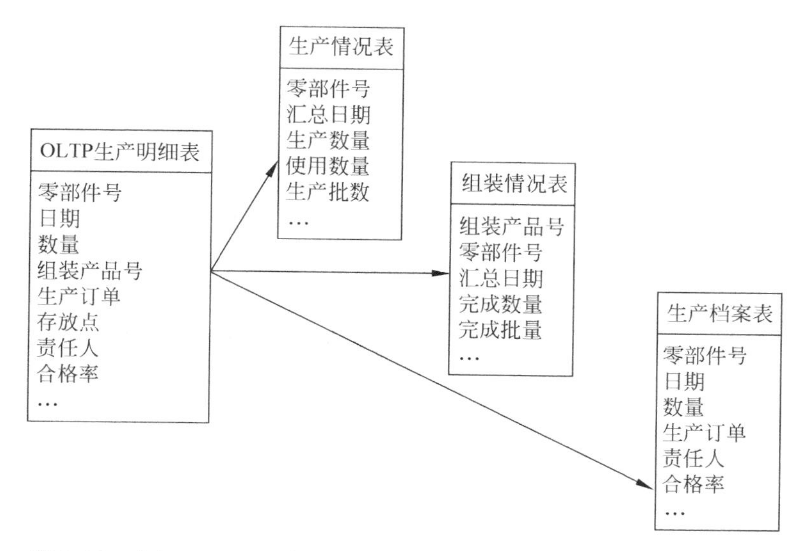

图 3.13　Adventure Works Cycles 公司的生产业务的多重粒度设计示例

6. 关于数据仓库的聚合模型

在事实表中存放的度量变量，根据其实际意义可分成可加性度量变量和非可加性度量变量。可加性度量变量是指将变量相加后得到的结果仍然具有实际意义，可以把此结果计算后放在事实表中，以便在以后的查询中直接使用，这个相加的结果就是聚合。例如每个月的销售金额，通过将 3 个月的销售金额相加，就可以得到 1 个季度的销售金额；通过将 12 个月的销售金额相加，可以得到全年的销售总金额。

确定了数据仓库的粒度模型以后，为提高数据仓库的使用性能，还需要根据用户需求设计聚合。数据仓库中各种各样的聚合数据主要是为了使用户获得更好的查询性能，因此聚合模型的好坏将在很大程度上影响到数据仓库的最终使用性能。

在数据仓库的聚合设计中，应该对每个维进行审查，以确定哪些属性经常用于分组，这些属性的组合有多少。例如，假定某一主题有 4 个维度，每个维度有 3 个可以作为聚合的属性，那么最多可以创建 256 个不同的聚合。在实际工作中没有必要创建这么多聚合，我们要根据用户的分析需求来创建用户经常使用的聚合。

数据仓库的聚合模型设计与数据仓库的粒度模型紧密相关，如果数据仓库的粒度模型只考虑了细节数据，那么就可能需要多设计一些聚合；如果粒度模型为多层数据结构，则在聚合模型设计中可以少考虑一些聚合。

7. 关于数据的分割处理

数据分割是把数据分散到各自的物理单元中去，使它们能独立地处理。分割是数据仓库中继粒度问题之后的又一个主要的设计问题。

为什么分割如此重要呢？因为小的物理单元能为操作者和设计者在管理数据时提供更大的灵活性。数据仓库的本质之一就是灵活地访问数据，因此对所有级别为“当前细节”的数据仓库数据都可考虑使用分割技术。分割的原理如图 3.14 所示,由于全部销售记录过于庞大,可以按照不同的年度把它分割为若干个物理单元。

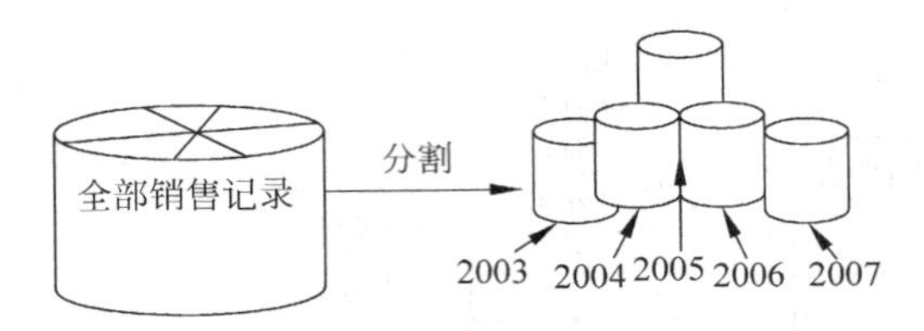

图 3.14 数据分割处理

在项目实施时,根据事实表的特点和用户的查询需求,可以选用时间、业务类型、区域和下属组织等多种数据分割类型。

8. 星型图中的维度表简介

在图 3.10 所示的星型图中,处于星型结构中央的事实表不仅包含度量指标,而且也包含维度表的外键和事实表的主键,而维度表除了代表维的主键之外,还有其他属性字段,例如客户维度表包含一个主键 Customer Key 和有关客户信息的其他字段。维度由主键和维属性构成,维属性即是维度表里的列。维元素定义维度表中的层次关系,属性则以用户熟悉的术语描述维元素。

在设计过程中,来自数据源的数值数据字段到底是一个度量事实还是一个维度的属性?一般情况下,如果数值数据字段的度量经常改变,那么它就是事实;如果它是离散值性质的描述属性,且几乎保持为常数,那么它就是维属性。

(1) 维度表应有的数据特征

① 维度通常使用解析过的时间、名字或地址元素,这样可以使分析查询更灵活。例如时间可分为年、季、月、周和日等;个人名字可以分为姓氏和称谓等;地址则可以用地理区域来区分,如国家、省、市和县等。

② 维度表通常不使用业务数据库的键值作为主键,而是对每个维度表另外增加一个额外的键值字段作为主键来识别维表实体,最常使用的字段类型是 Identity 类型。在维表中新设定的键也叫代理键。

③ 维度表应该包含随时间变化的数据记录字段,当数据集市或数据仓库的数据随时间变化而有额外增加或改变时,维表的数据行应有标识此变化的字段。

(2) 维度表中维度的分类

维度的类型包括结构维、信息维、分区维、分类维、退化维和一致维等多种类型。

① 结构维。结构维表示在层次结构组成中的信息度量。如年、月和日可以组成一个结构维。又如将销售量用作一个度量,与这个度量相关的维度表是包含产品属性的产品信息表。产品信息表的维包括产品名(product_name)、品牌(product_brand)、类别(product_category)和产品家族/系列(product_family)等。这些维度也组成一个结构维,在这个示例中,如果再增加一个时间信息表,由年、月和日组成的时间信息对象建立一个时间结构维。通过这两个结构维,可以用 OLAP 模型确定某类特殊产品在某一特定时期的销售总量。

② 信息维。信息维是由计算字段建立的。假如用户想通过销售利润了解所有产品的

销售总额，进而分析是否可以通过增加销售来获得更多的利润。因为销售量大，可能因薄利多销，导致利润并不高；反之，若某产品利润率高，可能销量小却利润高。因此，可以就利润建立一个信息维（包括单品利润、总利润等属性），对销售总量建立一个度量，进而分析利润与销量的关系。

③ 分区维。分区维以同一结构生成两个或多个维时，这些维结构相同，只是数值不同。例如，对于时间维，每一年都有相同的季度、相同的月和相同的天（除了闰年以外）。假定把度量事实表分割为 2007 年的数据和 2008 年的数据，那么在 OLAP 分析中将频繁使用时间分区维来分割数据仓库中的数据。其中一个时间维是针对 2007 年的数据，而另一个时间维针对 2008 年的数据。

④ 分类维。分类维是通过对一个维的属性值分组而创建的。例如，客户表中有家庭收入属性，如果希望查看客户根据收入的购物方式，就可以生成一个含有家庭收入的分类维。

⑤ 退化维。当维表中的主键在事实表中没有与外键关联时，这样的维称为退化维。退化维与事实表并无关系，但有时在查询限制条件（如订单号码、出货单编号等）中需要用到退化维。以销售分析为例，通常是把出货日期作为事实时间，而把订单日期或需求日期等作为查询条件，这里，订单日期或需求日期就是退化维。

⑥ 一致维。当有多个数据集市要合并成一个企业级数据仓库时，可以使用一致维来集成数据集市，以便确保数据仓库可以使用每个数据集市的事实。

（3）维度表中维度的层次与级别

“维”一般包含着层次关系，如在时间维度上，按照“年-季-月”形成了一个层次，其中“年”“季”和“月”成为这个层次的三个级别。同样，在建立产品维度时，可以将“大类-子类-单品”划为一个层次，其中包含“大类”“子类”和“单品”三个级别，维度的层次在数据仓库中通常采用合并维分层结构和雪花分层结构两种实现方式。

① 合并维分层结构。合并维分层结构是将不同分层结构的信息对象完全合并到同一个维中。如产品维表可能就包含产品总类、产品类别、产品详细类别及产品名称等，合并维分层结构是星型模式的标准实现方法。其优点是查询简单，由于所有的分层结构都合并在同一维表中，因此不需要额外的表连接；其缺点是通常不符合第三范式，存在数据重复，需要较多的硬盘存储空间。

② 雪花分层结构。所有类别用规范化的独立表来存储数据。例如，将产品详细类别、产品类别及产品总类这三个分层结构分别独立成一个表，再用主键与外键来维持表间联系。雪花分层结构实际上是将星型模式进行规范化。其优点是因做过规范化，所以没有冗余数据，可能会节省硬盘空间；其缺点是查询需要作表连接，较麻烦。

9. 关于缓慢变化维的处理

维度可以根据其变化快慢分为无变化维度、缓慢变化维度和剧烈变化维度三类。例如，员工或客户的身份证号、姓名和性别等信息数据基本属于不变维范畴；政治面貌和婚姻状态属于缓慢变化维范畴；而工作经历、工作单位和培训经历等在某种程度上属于急剧变化维度。通常情况下，把其中不常变动的部分单独抽出来作为一个维表，按照缓慢变化维方式进行处理。对于维度的缓慢变化，可以根据不同的情况采取不同的方法来处理。

(1) 历史数据需要修改的情况。这种情况主要是发生在业务数据库中的数据出现错误,在分析过程中需要修改。处理办法是用直接覆盖法,即使用 UPDATE 语句来修改维度表中的数据。

(2) 新增数据维度成员改变了属性的情况。若某维度成员新加入了一列,该列在历史数据中无值,而在当前数据和将来数据中有值,且可以查询。解决方法是使用存储过程或程序生成新的维度属性,在后续的数据中可基于新属性进行查询。

(3) 历史数据保留,新增数据也要保留的情况。在这种需求下的解决方法是创建额外字段来记录这些数据之间的关系,例如在该维度打上时间戳,即将历史数据生效的时间段作为它的一个属性,在与原始匹配生成事实表时将按照时间段进行关联。这种方法的最大优点在于数据更改时,不需要创建额外的数据行,也不需要改变维表中的键值结构,因此可以在现有的数据行中查看所有历史记录。而最大的缺点是由时间点来判断更新的数据查询性能会降低,如果数据经常变化,则此方法并不适合。

10. 常用维度的设计模式

在数据仓库的逻辑模型设计中,有一些维度是经常使用的,它们的设计也形成了一定的设计模式和原则。

(1) 时间维度

时间维度是最常见的维度,数据仓库存储的是系统的历史数据,业务分析最基本的维度就是时间维度。时间维度通常包含年、季、月、星期和日 5 个层次,实际应用可能还会在月和星期之间增加旬层次,对日可能还会进一步分类,如节假日和工作日,以及周末和非周末。进行这些分类的目的是为了满足业务分析的需求。因为很多业务在周末节假日与正常工作日会有明显不同,分析业务在这个维度属性的变化会很有意义。

另一类型常见的时间维度是按照财年定义的时间维度,这在财务分析方面是必须使用的。

(2) 地理维度

地理维度如国家、区域和子区域等。地理维度的展示可与地理信息系统结合起来,使得最终用户能够得到更加直观的分析结果。

(3) 机构维度

机构维度是指实施项目的组织单位的内部组织机构的层次属性,机构维度有利于对企业各个部门或者各个分公司之间进行对比分析。

尽管一些企业的组织架构(子公司)是按照省市区域组织的,但机构维度同地理维度在本质上是不同的,地理维描述的是地理信息,而机构维描述的是企业的组织架构。

(4) 客户维度

企业总是要服务客户的,因此客户维度通常是必不可少的。分析客户背景信息对客户消费行为的影响,通过客户背景信息对客户群体进行合理分类都是企业市场策略分析的重要方面。常用的客户背景信息包括客户年龄、性别、婚姻状况、爱好和教育程度等。

3.2.5 数据仓库的物理模型设计

本节将从逻辑模型设计转向物理模型设计,数据仓库的物理模型设计基本遵循传统的数据库设计方法。事实上,数据仓库的物理模型就是数据仓库逻辑模型在物理系统中的实现模式。其中包括了逻辑模型中各种实体表的具体化,例如表的数据结构类型、索引策略、数据存放位置和数据存储分配等。星型图中的指标实体和详细类别实体通常转变为具体的物理数据库表,而维度实体则可能作为查询参考、过滤和聚合数据使用,不一定直接转变为物理数据库表。

1. 物理模型设计的主要工作

在进行物理模型的设计时,需要考虑的因素有 I/O 存取时间、空间利用率及维护成本等。在物理模型设计阶段,需要完成以下工作。

(1) 定义数据标准,规范化数据仓库中的数据。

(2) 选择数据库架构(关系数据库的星型模式、多维数据库的 Cube)及其具体的数据库管理系统软件和版本等。

(3) 根据具体使用的数据库管理系统,将实体和实体特征物理化,具体包括如下内容。

① 字段设计。如字段数据类型选择、数据完整性(字段的物理结构)控制等。

② 物理记录设计(物理存取块与物理记录的处理)。主要解决存储空间的有效利用问题。

③ 反向规范化。根据需要,用来提高数据的查询性能。

④ 分区。

(4) 数据容量和使用频率分析,以定义规模,确定数据容量、响应时间要求和更新频率等。确定外部存储设备等物理环境。

(5) 物理文件的设计。指针、文件组织和簇文件。

(6) 索引的使用与选择。

(7) RAID。

2. 物理存储结构设计的原则

在物理设计时,常常要将数据按其重要性、使用频率及响应时间要求进行分类,将不同类型的数据分别存储在不同的存储设备中。重要性高、经常存取并对响应时间要求高的数据存放在高速存储设备上;存取频率低或对存取响应时间要求低的数据则可以存放在低速存储设备上。另外,在设计时还要考虑数据在特定存储介质上的布局。存储结构设计原则包括如下几点。

(1) 不要把经常需要连接的几张表放在同一存储设备上,这样可以利用存储设备的并行操作功能加快数据查询的速度。

(2) 建议把整个组织共享的细节数据放在一个集中式服务器(或集群)上,以提高这些共享数据的访问性能。

(3) 建议将数据库表和索引分放在不同物理存储设备上,一般可以将索引存放在高速存储设备上,而将表存放在一般存储设备上,以加快数据的查询速度。

(4) 建议在系统中使用廉价冗余磁盘阵列(Redundant Array of Inexpensive Disk,RAID)。

3. 数据仓库索引设计的特殊性

数据仓库的数据量通常较大,且数据一般很少更新,所以可以通过设计和优化索引结构来提高数据存取性能。数据仓库中的表通常要比联机事务处理系统中的表建立更多的索引,表中应用的最大索引数应与表的数据量规模成正比,设计人员甚至可以考虑对部分数据表建立专用索引和复杂索引,以获取较高的存取性能。数据仓库是个只读的环境,建立索引可以取得灵活性,对性能极为有利。但是,表有很多索引,那么数据加载时间就会延长,因此数据仓库索引的建立也需要综合考虑。在建立索引时,可以按照索引使用的频率由高到低逐步添加,直到某一索引加入后,使数据加载或重组表的时间过长时,就结束索引的添加。

最初,一般都是按主键和外键建立索引。如果表数据量过大,则可能需要另外增加索引。如果一个表中所有用到的列都在索引文件中,就不必访问事实表,只要访问索引就可以达到访问数据的目的,以此来减少 I/O 操作。如果表太大,并且经常要对它进行长时间的扫描,那么还可以考虑添加一张概要表以减少数据的扫描任务。

4. 存储优化与存储策略

确定数据的存储结构和表的索引结构后,需要进一步确定数据的存储位置和存储策略,以提高系统的 I/O 效率。下面介绍几种常见的存储优化方法。

(1) 表的归并与簇文件(clustering files)。当多个表的记录分散存放在几个物理块中时,这些表的存取和连接操作的代价会很大。这时可以将需要同时访问的表在物理上顺序存放,或者直接通过公共键将相互关联的记录放在一起。即簇文件设计模式,这种设计模式通常在访问序列经常出现或者表之间具有很强的访问相关性时有较好的性能效果,对于很少出现的访问序列和没有强相关性的表,使用表的归并时没有效果。

(2) 反向规范化,引入冗余。一些表的某些属性可能在对多个其他表的查询时经常用到,则可考虑将这些属性复制到多个主题相关表中,可以减少查询时连接表的个数。另外,根据需要可以存储导出数据属性,即在原始数据的基础上进行总结或计算,生成导出数据(derived data)并作为冗余列存储在表中,以便在应用中直接使用这些导出数据,免去计算或汇总过程。

(3) 表的物理分割(分区)。每个主题中的各个属性或记录的存取频率是不同的。将一张表按各属性或记录的存取频率分成多张表,将具有相似访问频率或访问相关性强的数据组织在一起。

以上完成了数据仓库从概念模型到物理模型的整个设计过程,但事实上,数据仓库系统的设计过程不是这样完全分离的三部曲,而是一个动态、循环和反馈的过程,数据仓库的设计过程实际上是一个螺旋式动态变化的过程。其中,数据仓库的数据内容、结构、粒度、分割与维度等的设计需要在不断与用户沟通、听取用户反馈信息的基础上不断地调整与完善,只有不断启发与理解用户的分析需求,才能挖掘出用户的潜在真实需求,向用户提供更准确和更有用的决策信息。

在完成数据模型的设计之后,就可以在具体的数据库管理系统(如 SQL Server 2005)中根据设计的数据模型建立数据仓库数据库,其表结构及表间关系参见 SQL Server 自带的示例数据库(Adventure Works DW)。

3.3 使用 SQL Server 2005 建立多维数据模型

在完成数据模型设计并据此建立数据仓库数据库之后,就可以导出数据,建立多维数据模型(也叫 Cube),形成针对某主题的数据集市,进行 OLAP 分析了。这一节将通过示例演示建立多维数据模型，一步一步地展示数据的导出过程。

3.3.1 SQL Server 2005示例数据仓库环境的配置与使用

1. 本节的示例操作需要在SQL Server 2005数据库环境中安装下列组件、示例和工具

(1) Microsoft SQL Server 2005 Database Engine。

(2) Microsoft SQL Server 2005 Analysis Services。注意，只有标准版、企业版和开发版有此功能，工作组版及Express免费版没有此功能。

(3) Business Intelligence Development Studio。

(4) Adventure Works DW示例数据库。

(5) Analysis Services教程示例项目。

2. 权限方面

必须是Analysis Services计算机上本地管理员组(Administrators)的成员或Analysis Services实例中的服务器角色的成员。如果需要使用示例数据库，必须拥有对SQL Server 2005 Adventure Works DW数据库的读取权限。

3. 如何安装示例数据库

如果在初始安装SQL Server 2005过程中没有安装示例数据库或示例，可以通过如下步骤安装示例数据库。

(1) 安装并附加示例数据库。

从"添加或删除程序"中选择Microsoft SQL Server 2005，然后单击"更改"按钮。按照Microsoft SQL Server维护向导中的步骤操作。

从"选择组件"中选择"工作站组件"，然后单击"下一步"按钮。

从"更改或删除实例"中单击"更改已安装的组件"。

在"功能选择"对话框中，展开"联机丛书和示例"结点。

选择"示例"，展开"数据库"结点，然后选择要安装的示例数据库。单击"下一步"按钮(如图3.15所示)。

若要安装并附加示例数据库，则从"安装示例数据库"中选择"附加示例数据库"，然后单击"下一步"按钮。数据库文件创建并存储在文件夹n:\Program Files\Microsoft SQL Server\MSSQL.n\MSSQL\Data中。数据库已附加并可以使用。

若要安装示例数据库文件但不附加，则在"安装示例数据库"中选择"安装示例数据库"，然后单击"下一步"按钮。Adventure Works数据库文件创建在文件夹n:\Program Files\Microsoft SQL Server\90\Tools\Samples\Adventure Works OLTP中。Adventure Works DW文件创建在n:\Program Files\Microsoft SQL Server\90\Tools \Samples\Adventure Works Data Warehouse文件夹中。必须先附加数据库，然后才能使用它。有关详细信息，请参阅分离和附加数据库。

(2) 安装示例程序源代码。

在示例数据库安装完成后，再执行以下方法之一来安装示例程序代码。

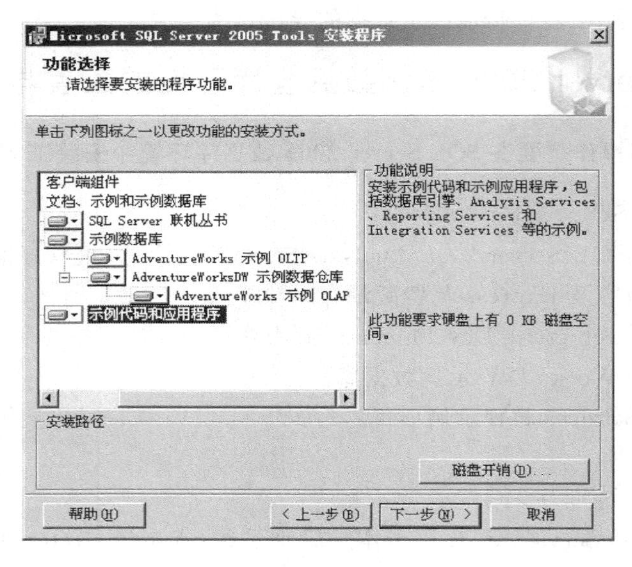

图 3.15　示例数据库安装界面

① 选择“开始”→“所有程序”→Microsoft SQL Server 2005 命令，单击“文档和教程”，然后单击“示例”，再单击“Microsoft SQL Server 2005 示例”。

② 使用 Windows 资源管理器，定位到 n:\Program Files\Microsoft SQL Server\90\Tools\Samples\，然后双击 SqlServerSamples. msi 启动安装程序(如图 3.16 所示)。

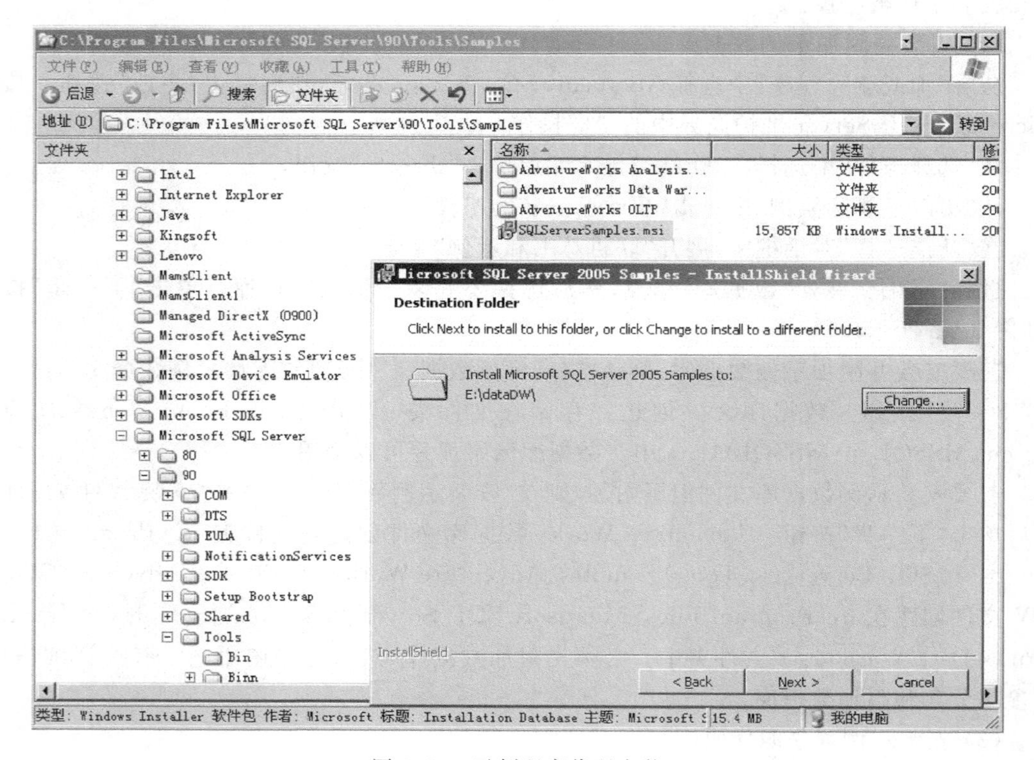

图 3.16　示例程序代码安装

(3) 部署 Adventure Works DW Analysis Services(已经建好的一个示例分析项目),测试数据仓库环境的配置是否正确。

首先确保已经安装了 Adventure Works 和 Adventure Works DW 示例数据库;确保已经安装了 Analysis Services。

在 SQL Server Business Intelligence Development Studio 工具栏中选择"文件"→"打开"命令,然后单击"项目/解决方案"。浏览到 n:\Program Files\Microsoft SQL Server\90\Tools\Samples\Adventure Works Analysis Services Project,选择文件 Adventure Works. sln,然后单击"打开"按钮。

在解决方案资源管理器中右击 Adventure Works DW,在弹出的快捷菜单中选择"部署"命令。部署成功即说明配置正确。

4. 利用示例数据仓库(Adventure Works DW)环境及帮助系统学习

选择"开始"→"所有程序"→ Microsoft SQL Server 2005 命令,单击"文档和教程"项,然后单击"教程"按钮,再单击"SQL Server 教程"项。

进入帮助系统后,单击左边目录树结点"SQL Server 2005 教程"→"SQL Server 2005 Analysis Services 教程",下面共有 10 课,前三课只是定义一个多维数据集,可以根据自己的学习要求选择是否练习。各课学习内容如下。

第 1 课:在 Analysis Services 项目中定义数据源视图。使用 BI Development Studio 在 Analysis Services 项目中定义一个数据源视图。

第 2 课:定义和部署多维数据集。使用多维数据集向导定义一个多维数据集及其维度,然后将该多维数据集部署到 Analysis Services 的本地实例中。

第 3 课:修改度量值、属性和层次结构。改进多维数据集的用户友好特性,并逐渐增加对相关更改的部署,根据需要处理多维数据集及其维度。

第 4 课:定义高级属性和维度属性。使用组合键来定义引用维度关系以及为属性成员排序,并定义自定义错误处理。

第 5 课:定义维度和度量值组之间的关系。为退化维度定义一个事实关系,并定义一个多对多关系。

第 6 课:定义计算。定义计算成员、命名集和脚本。

第 7 课:定义关键性能指标。

第 8 课:定义操作。

第 9 课:定义透视和翻译。定义多维数据集的视图以及元数据的翻译。

第 10 课:定义管理角色。定义管理角色和用户角色。

3.3.2　基于 SQL Server 2005 示例数据库的多维数据模型

本节将针对 Adventure Works Cycle 公司的销售分析需求,从 Adventure Works DW 示例数据库中导出数据,建立并部署"销售分析"多维数据集,进而从多角度对 Adventure Works Cycle 公司的销售状况作分析研究。

1. 创建一个新的数据仓库分析项目

打开 Visual Studio 2005 新建项目，选择 Analysis Services 项目，并将项目名称更改为“销售分析示例”（如图 3.17 所示）。

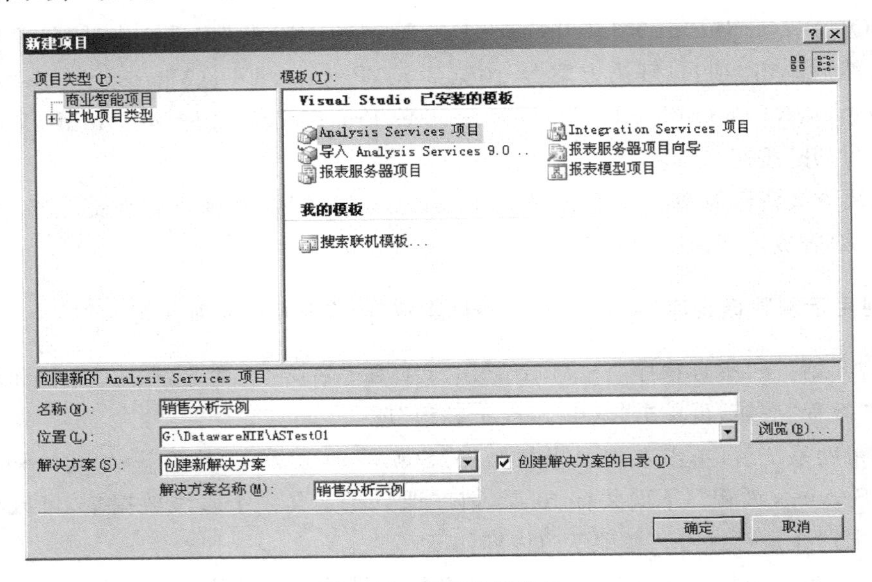

图 3.17　新建分析项目

具体操作路径：选择“开始”→“所有程序”→Microsoft SQL Server 2005 命令，再单击 SQL Server Business Intelligence Development Studio，将打开 Microsoft Visual Studio 2005 开发环境。

2. 定义数据源

在“数据源”文件夹上右击，在弹出的快捷菜单中选择“新建数据源”命令（如图 3.18 所示）。

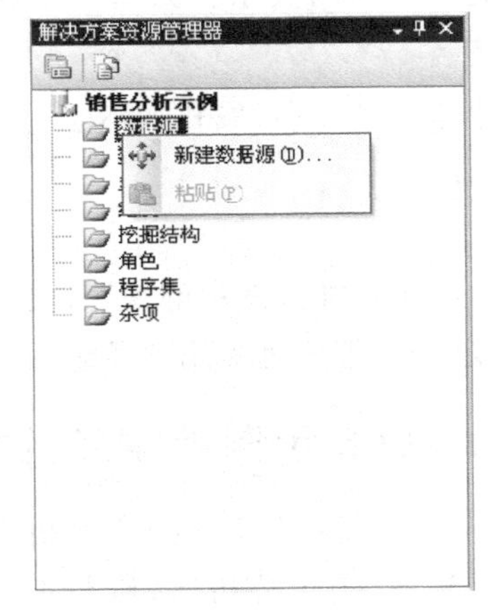

图 3.18　选择“新建数据源”命令

启动新建数据源向导，单击图 3.19 中的“新建”按钮。

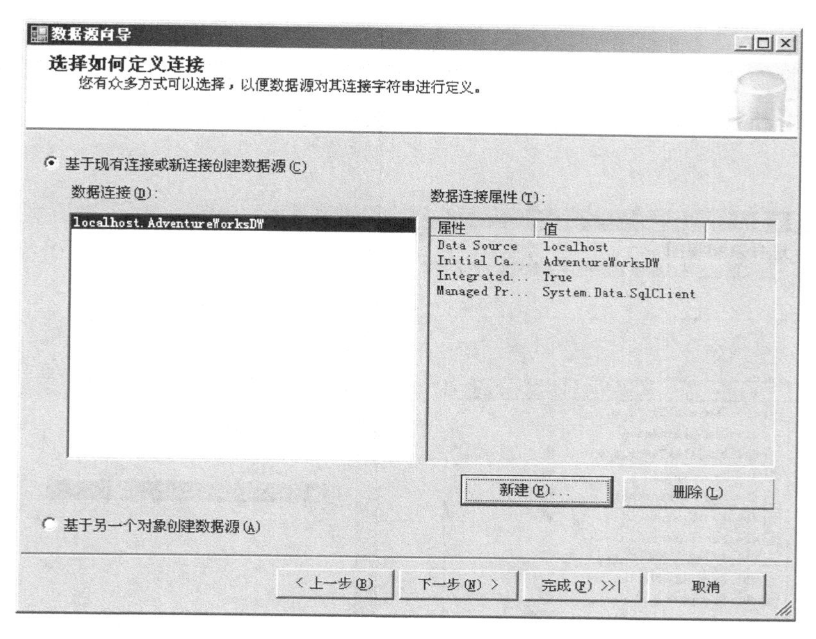

图 3.19 选择如何定义连接

出现“连接管理器”对话框(如图 3.20 所示)，在“提供程序”下拉列表框中确保已选中“本机 OLE DB\ Microsoft OLE DB Provider for SQL Server”选项。选择数据源账号为“使用服务账户”并命名数据源为“销售分析数据源”。

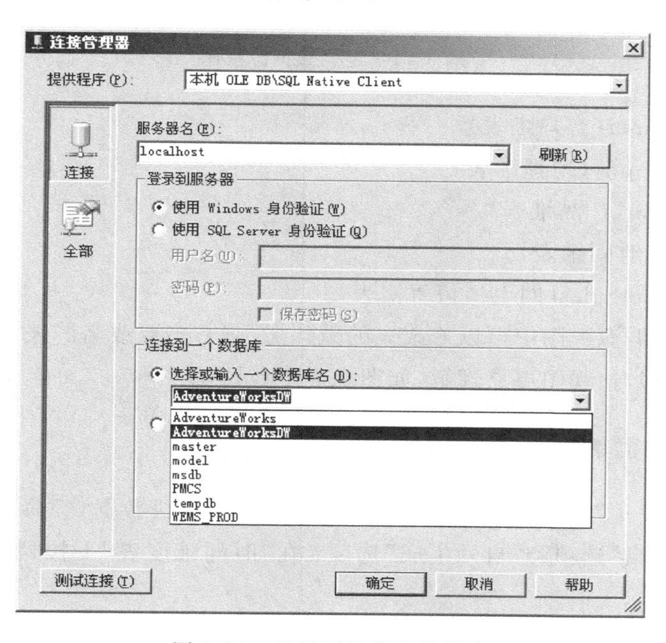

图 3.20 选择要连接的数据库

3. 定义数据源视图

选择“数据源视图”文件夹，新建一个数据源视图(如图 3.21 所示)。数据源选择上一步新建的“销售分析数据源”。在“可用对象”列表框中，选择下列表(同时按住 Ctrl 键可选择多个表)。

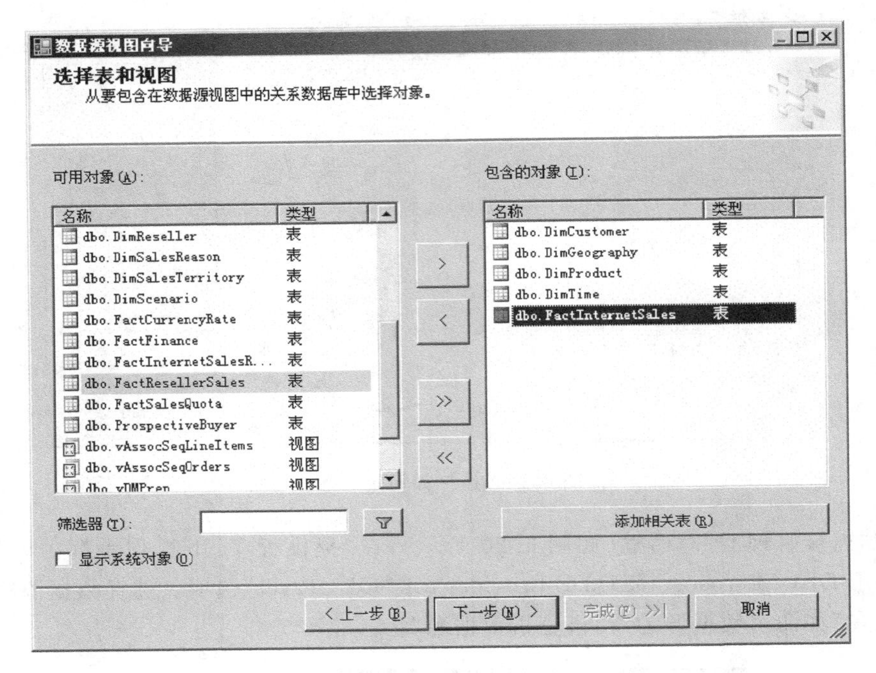

图 3.21　定义数据源视图

(1) DimCustomer(客户维表)。

(2) DimGeography(地理维表)。

(3) DimProduct(产品维表)。

(4) DimTime(时间维表)。

(5) FactInternetSales(网上销售事实表)。

在定义好的数据源视图中可以修改表的默认名称(右击要改名的表，从弹出的快捷菜单中选择“属性”命令)，让视图更易理解，如图 3.22 所示。

4. 定义多维数据集

右击“多维数据集”，从弹出的快捷菜单中选择“新建多维数据集”命令；已选中“使用数据源生成多维数据集”选项和“自动生成”选项；在“时间维度表”下拉列表中选择“时间”别名(如图 3.23 所示)。

下一步设置时间维，将时间属性名称映射到已指定为“时间”维度的维度表中的相应列，如图 3.24 所示。

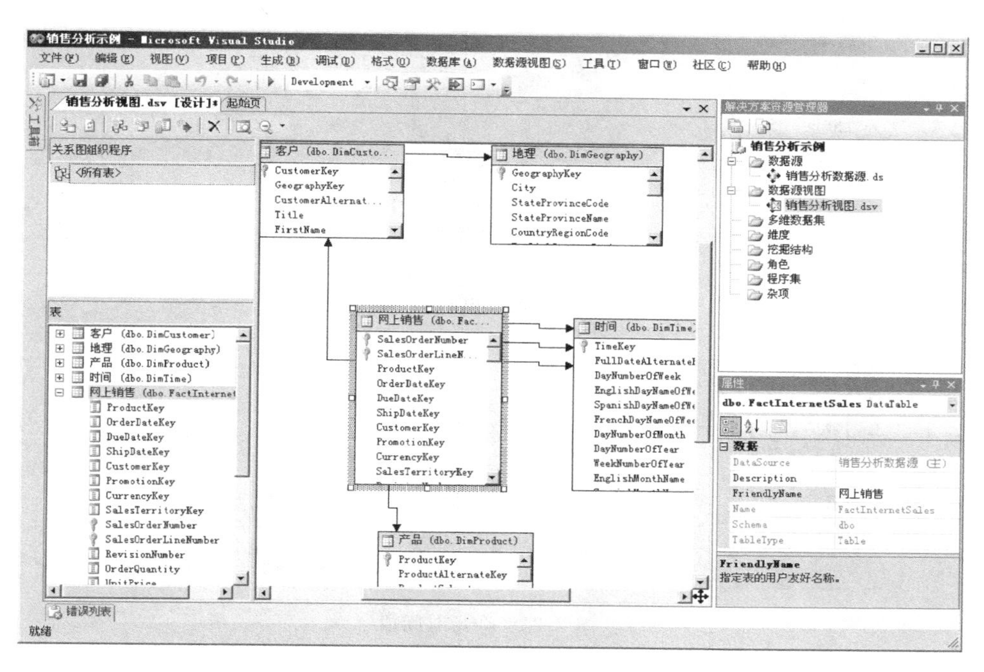

图 3.22　数据源视图(包括星型图)

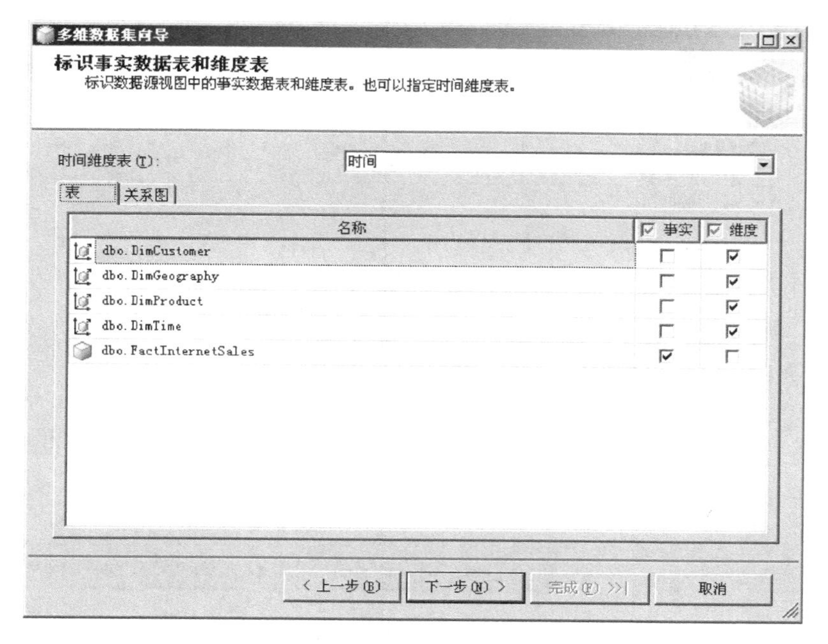

图 3.23　标识事实数据表和维度表界面

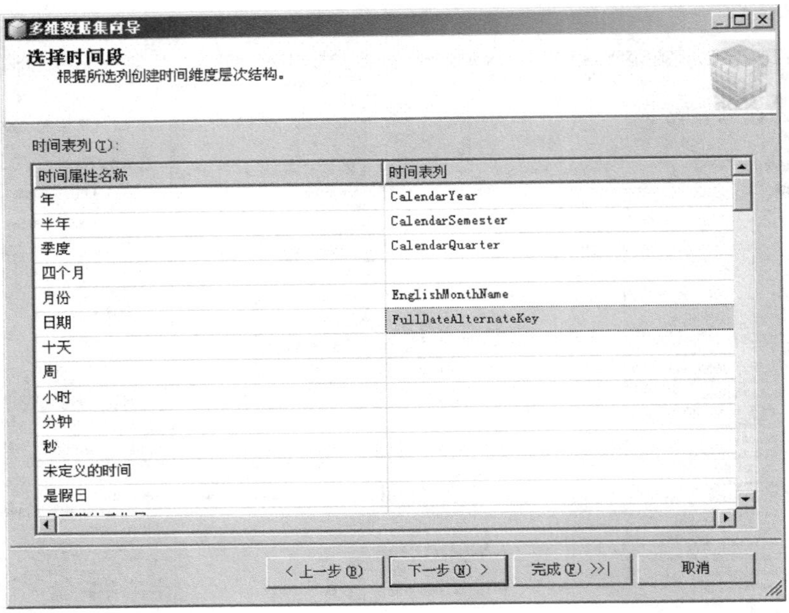

多维数据集向导

选择时间段

根据所选列创建时间维度层次结构。

时间表列(T):

时间属性名称	时间表列
年	CalendarYear
半年	CalendarSemester
季度	CalendarQuarter
四个月	
月份	EnglishMonthName
日期	FullDateAlternateKey
十天	
周	
小时	
分钟	
秒	
未定义的时间	
是假日	

< 上一步(B)　下一步(N) >　完成(F) >>|　取消

图 3.24　选择时间段

选择事实表的度量值(去掉不是度量值的列),可以对度量值重新命名,如图 3.25 所示。

多维数据集向导

选择度量值

选择要包含在多维数据集中的度量值。

可用度量值(A):

度量值组/度量值	源列
☑ 网上销售	
☐ Promotion Key	dbo_FactInternetSales.PromotionKey
☐ Currency Key	dbo_FactInternetSales.CurrencyKey
☐ Sales Territory Key	dbo_FactInternetSales.SalesTerritoryKey
☐ Revision Number	dbo_FactInternetSales.RevisionNumber
☑ 订单数量	dbo_FactInternetSales.OrderQuantity
☑ 单价	dbo_FactInternetSales.UnitPrice
☑ 延期支付金额	dbo_FactInternetSales.ExtendedAmount
☑ 折扣率	dbo_FactInternetSales.UnitPriceDiscountPct
☑ 折扣金额	dbo_FactInternetSales.DiscountAmount
☑ 产品标准成本	dbo_FactInternetSales.ProductStandardCost
☑ 产品总成本	dbo_FactInternetSales.TotalProductCost
☑ 销售金额	dbo_FactInternetSales.SalesAmount
☑ 税额	dbo_FactInternetSales.TaxAmt

< 上一步(B)　下一步(N) >　完成(F) >>|　取消

图 3.25　选择度量值

设置和校验维度的属性及层次结构,在“查看新建维度”页上,通过展开树控件显示该向导检测到的三个维度的层次结构和属性,查看其中每个维度的维度层次结构(可根据需要去掉部分维度属性),如图 3.26 所示。

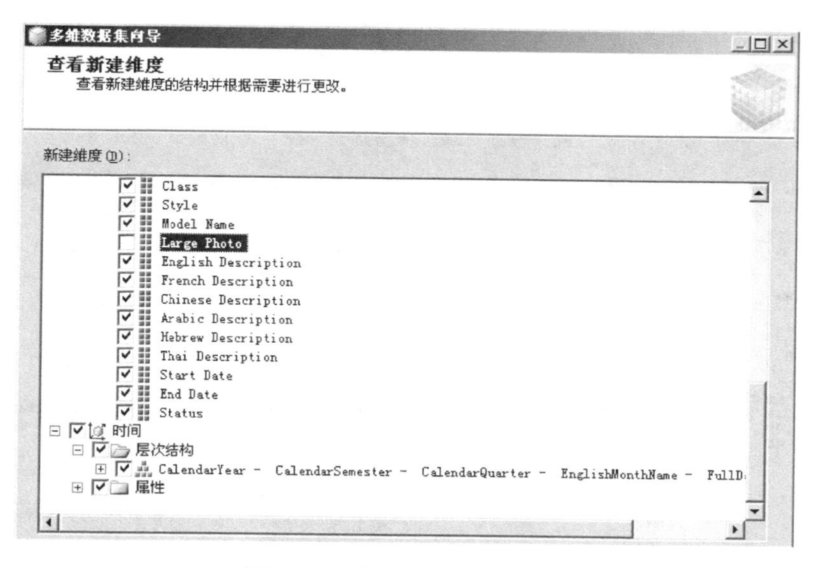

图 3.26　设置和校验维度属性

在"完成向导"页上，将此多维数据集的名称更改为"销售分析多维数据集"，单击"完成"按钮，便完成了多维数据集的定义，此时仍可以对维度或度量等名称做更改，以便最终用户理解与使用。图 3.27 显示了多维数据集中的维度表和事实数据表(事实数据表是黄色的，维度表是蓝色的)。

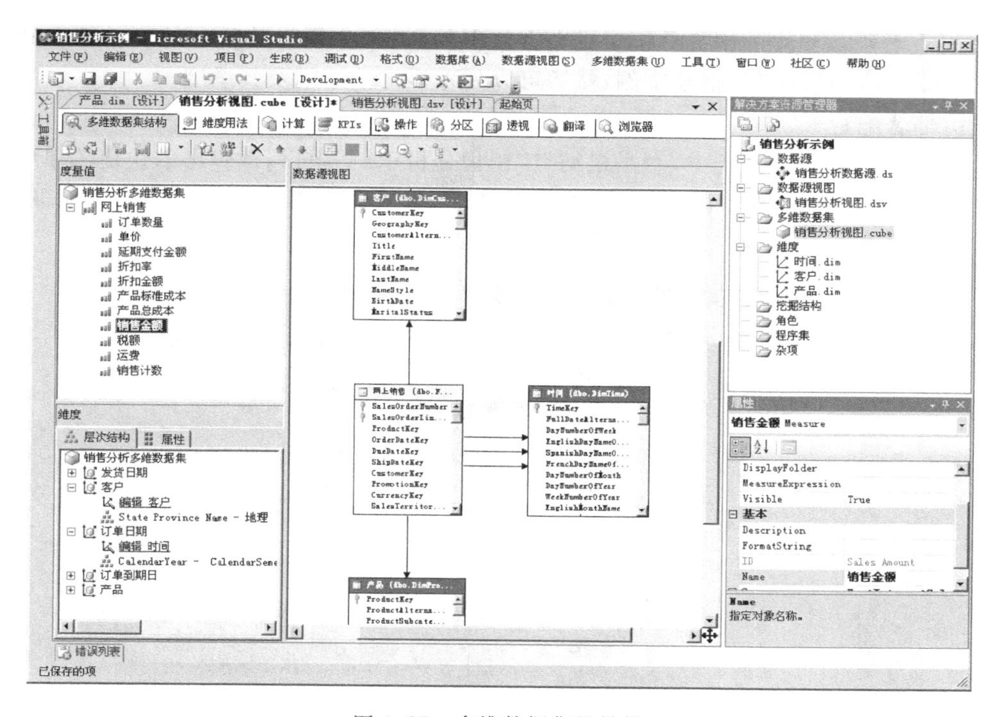

图 3.27　多维数据集的结构

在维度设计器的“维度结构”选项卡上,可以添加、删除和编辑层次结构、级别和属性,如图 3.28 所示。

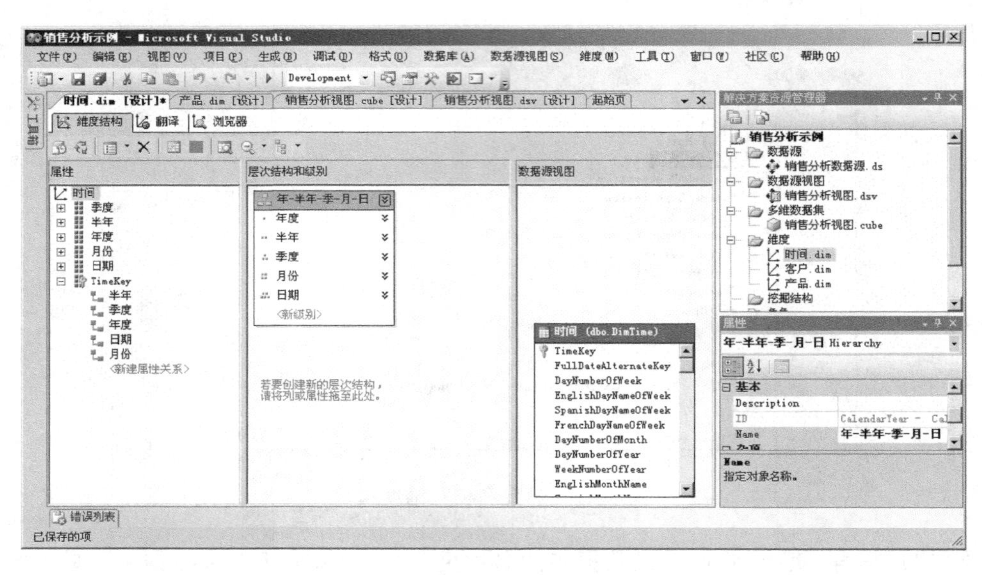

图 3.28 订单日期时间维度的编辑

5. 部署“销售分析示例”项目

若要查看刚才建立的销售分析多维数据集中的数据,必须将其所在的项目部署到分析服务(Analysis Services)的指定实例,然后可以处理多维数据集及其维度。

(1) 部署配置。

在解决方案资源管理器中,右击根结点“销售分析示例”项目,从弹出的快捷菜单中选择“属性”命令。在弹出的对话框中更改“数据库”对应值为 Analysis Services,如图 3.29 所示。

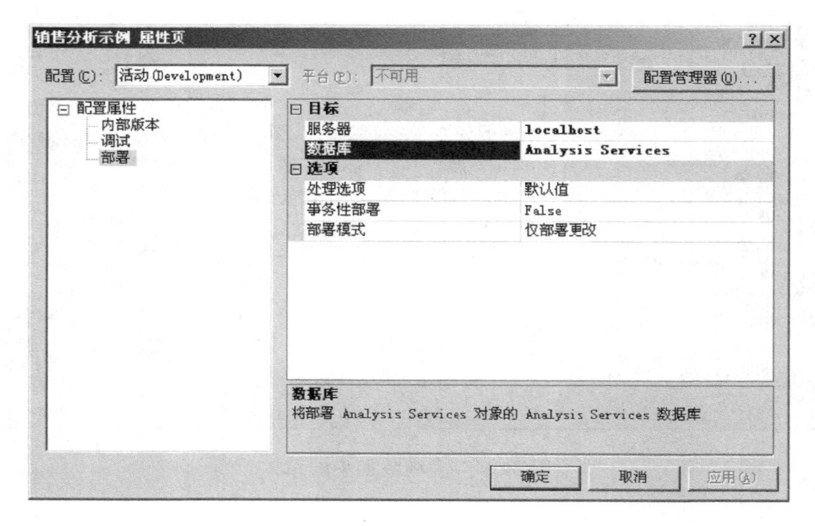

图 3.29 项目部署的配置属性

(2) 部署项目。

在解决方案资源管理器中,右击"销售分析示例"项目,从弹出的快捷菜单中选择"部署"命令,或者在菜单栏上选择"生成"菜单,单击"部署 销售分析示例"。

若服务器没有安装 Analysis Services 或没启动数据库服务器,将报错"无法建立连接",进而部署失败。

查看"输出"窗口和"部署进度 - 销售分析示例"窗口的内容,验证是否已生成、部署完成多维数据集,没有出现错误,且在右下角显示"部署成功完成"即表示部署成功,如图 3.30 所示。

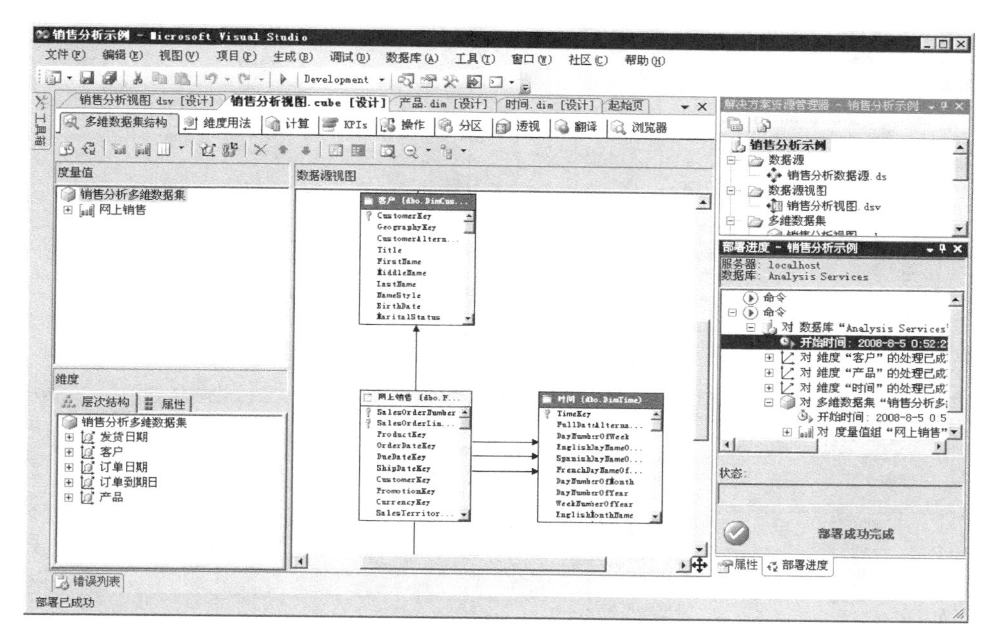

图 3.30　项目部署信息

6. 浏览已部署的多维数据集

部署完成后,就可以浏览多维数据集中的实际数据了。浏览"销售分析示例"多维数据集及其每个维度,以确定为了改进此多维数据集的功能而需要执行的更改。

在解决方案中单击"客户"维度,然后选择"浏览器"选项卡。

在这里,可以从各个角度(如国家、省/州、姓氏甚至电话号码等)浏览客户结构,现在有关"客户"级别的信息只显示客户的电子邮件地址,而不显示客户的姓名,需要通过后面的更改显示客户姓名。按省/州分类浏览客户如图 3.31 所示。

单击在解决方案的"多维数据集"目录下的子项"销售分析图.cube",切换到"浏览器"选项卡,内容区分为三个窗口:左边窗口显示事实表和维度表的元数据信息,右上窗口为维度筛选器,右下窗口为报表数据显示窗口,如图 3.32 所示。

浏览多维数据集的操作方法:从元数据窗口拖动有关内容到右边数据显示区或筛选器中即可形成一个初步的报表,显然还很粗糙,特别是显示格式等有待在后续的操作中改进。

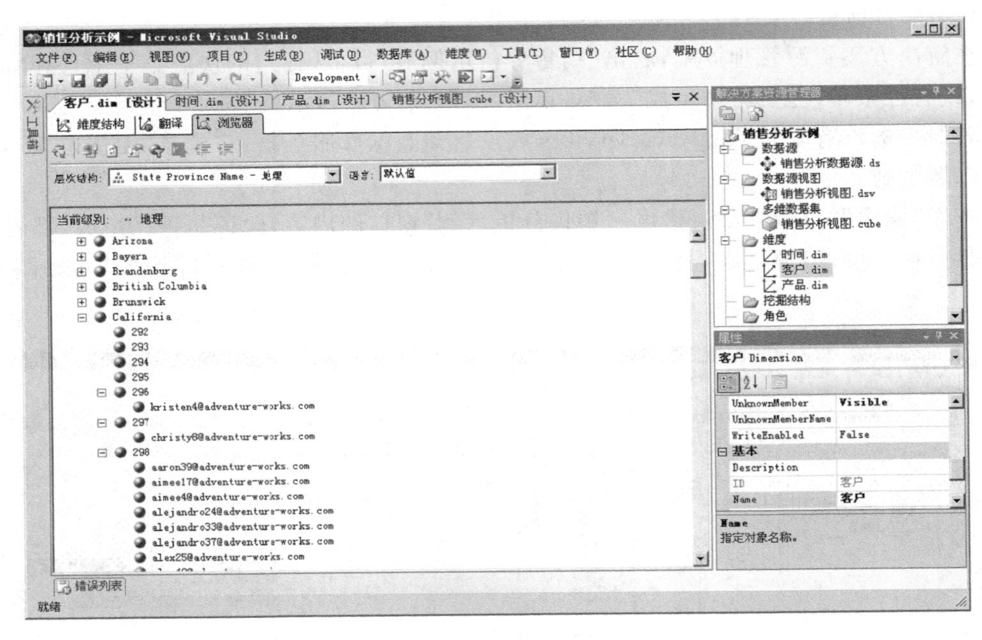

图 3.31　按省/州分类浏览客户

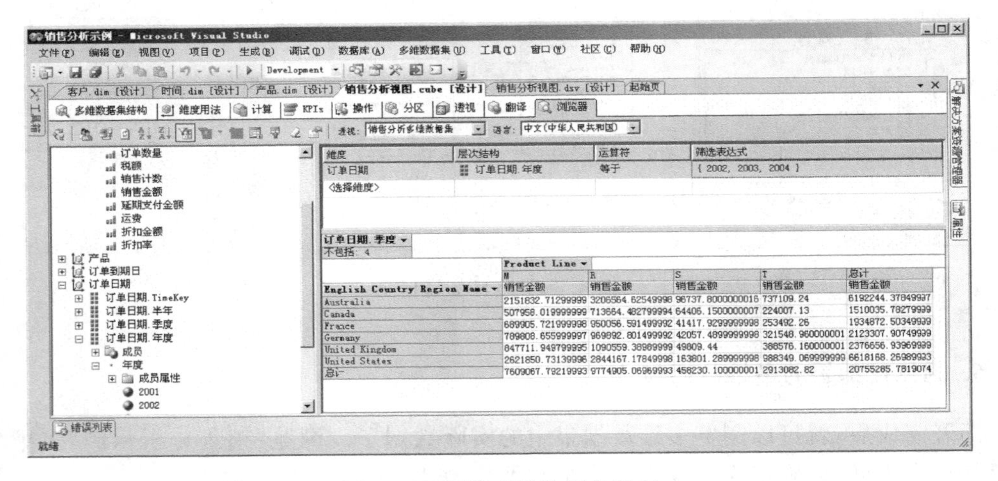

图 3.32　浏览多维数据集界面

图 3.32 所示的展示数据的操作步骤如下。

(1) 将事实表中的"销售额"度量值拖到数据显示区的"将合计或详细信息字段拖至此处"区域。

(2) 将客户维度表的"英语国家/地区区域名"属性层次结构拖到数据显示区的"将行字段拖至此处"区域。

(3) 将产品维度表的"产品系列(Product Line)"拖到数据显示区的"将列字段拖至此处"区域;或者右击"产品系列",从弹出的快捷菜单中选择"添加到列区域"命令。

(4) 将"订单日期"维度的"季度"拖到数据显示区的"将筛选器字段拖至此处"区域,并单击"季度"下拉框,不选第 4 季度(即报表只需要 1～3 季度的数据)。

(5) 右击“订单日期”维度的“年度”属性层次结构中的2002成员，然后单击“添加到子多维数据集区域”。再单击“筛选表达式”下单元格的下拉框，复选2003和2004年度，即将选择2002、2003和2004这三年的数据作报表。

7. 提高多维数据集的可用性和易用性

(1) 修改度量值的有关属性。例如，将多维数据集中的货币和百分比度量值指定格式设置属性。在“多维数据集结构”选项卡中修改度量值属性后，需要在“浏览器”选项卡中单击“重新连接”，才能看到更新后的格式，如图3.33所示。

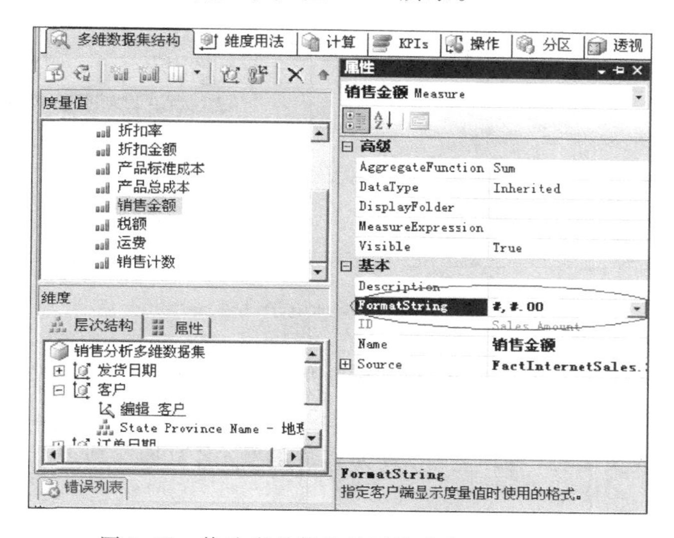

图3.33　修改度量值的显示格式为999999.00

(2) 修改维度的层次结构和有关属性。例如，修改“客户”维度的层次结构、删除没有用的属性等。切换到“客户”维度的维度设计器，并选择“维度结构”选项卡，删除不使用的属性，将剩下的属性改为汉字名，以便于最终用户的理解与使用，如图3.34所示。

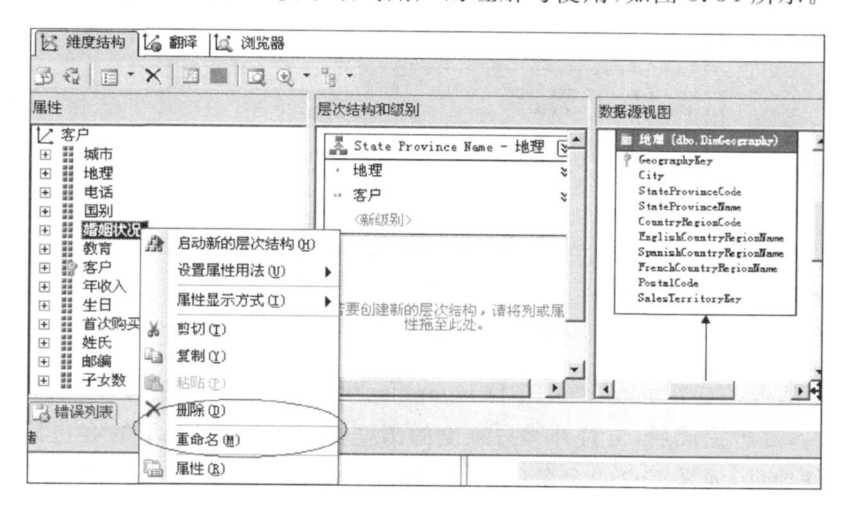

图3.34　修改客户维度的属性(改名或删除等操作)

(3) 增加维度属性并对维度属性分组。例如，在“客户”维度的“维度结构”选项卡上，将 EmailAddress 列从“数据源视图”窗格的 Customer 表拖动到“特性”窗格中(添加电子邮件属性)；通过按住 Ctrl 键选择电子邮件和电话两个属性，然后将其 AttributeHierarchyDisplayFolder 设置为“联系人”(实现维度属性分组)，如图 3.35 所示。

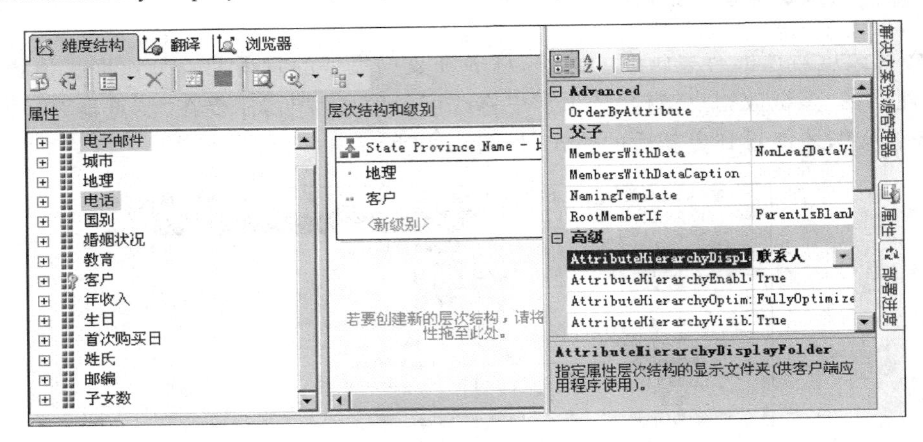

图 3.35　给客户维度增加电子邮件属性并分组

(4) 将命名计算列作为维度的成员名称。编辑数据源视图的客户表，右击 Customer，从弹出的快捷菜单中选择“新建命名计算”命令，增加计算列“全名”，如图 3.36 所示。并将“客户”级别的每个成员名称(客户主键)改为客户的“全名”(原来默认为客户的电子邮件地址)，如图 3.37 所示。

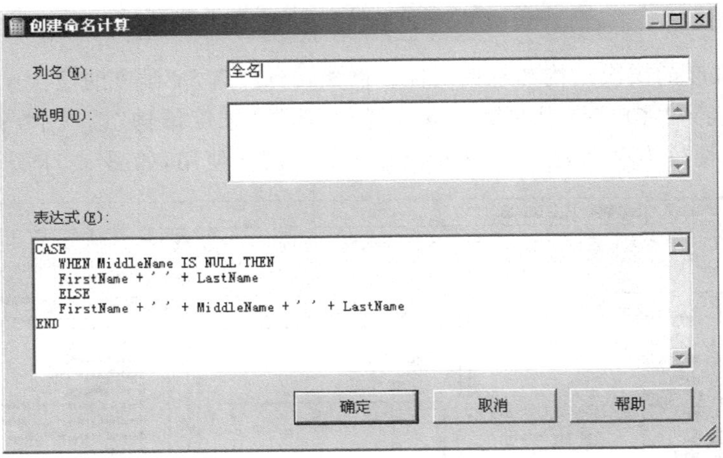

创建命名计算

列名(N): 全名

说明(D):

表达式(E):

```
CASE
   WHEN MiddleName IS NULL THEN
   FirstName + ' ' + LastName
   ELSE
   FirstName + ' ' + MiddleName + ' ' + LastName
END
```

确定　取消　帮助

图 3.36　增加计算列“全名”

(5) 重新部署并查看更改。在 BI Development Studio 的“生成”菜单上，单击“部署 销售分析示例”。部署完成后，再打开客户维度的浏览器，可以发现显示的客户标识内容已不再是电子邮件地址，而是客户的全名(First Name＋Middle Name＋Last Name)，如图 3.38 所示。

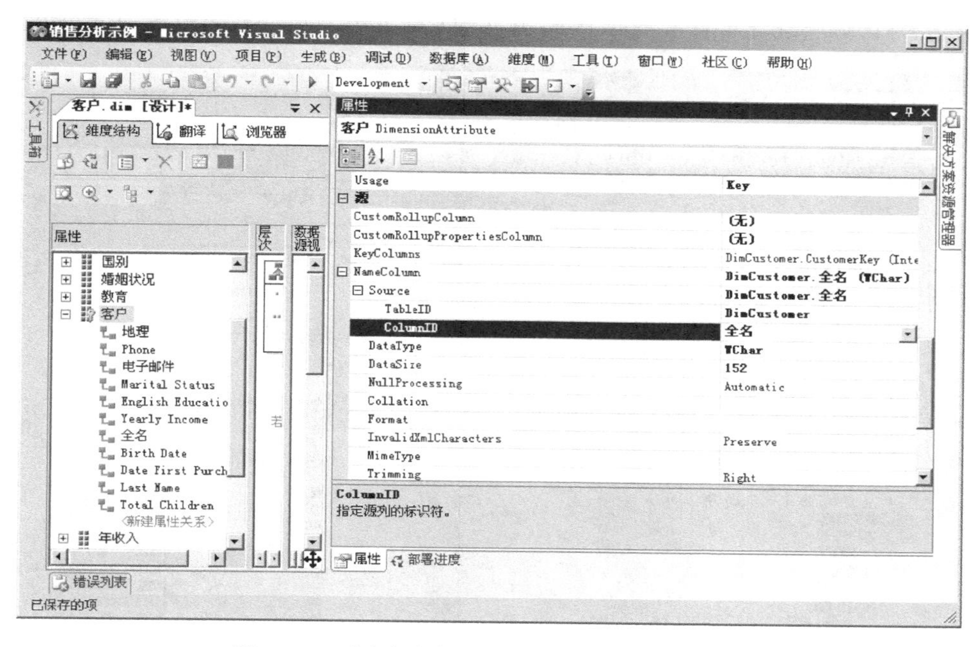

图 3.37 更改客户主键的 Column ID 为“全名”列

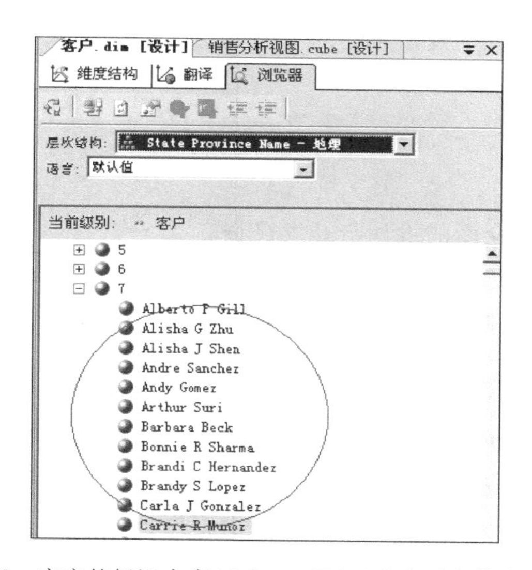

图 3.38 客户的标识内容(Column ID)已由电子邮件改为全名

(6) 灵活快速地导出各类统计报表。在多维数据集建立完成后，就可以快速灵活地导出针对该主题的各类统计报表，通常只需将左边多维数据集窗口中的度量值或维度属性根据需要拖曳到右边的数据显示区或筛选器中，即可设置好度量指标、筛选条件和分组条件，产生满足各种需要的报表。

如图 3.39 所示，将订单数量作为度量指标，将月份作为行字段分组条件，将国别作为列字段分组条件，将家庭子女数作为筛选字段，并在筛选器中添加一个“客户”维度的筛选条件，即要求客户年收入大于等于 10 万元。设置好这些内容后，便可立即得到一个统计报表，即按国别、月份分组统计年收入不低于10万元的独生子女家庭的订单数量的分布情况表。

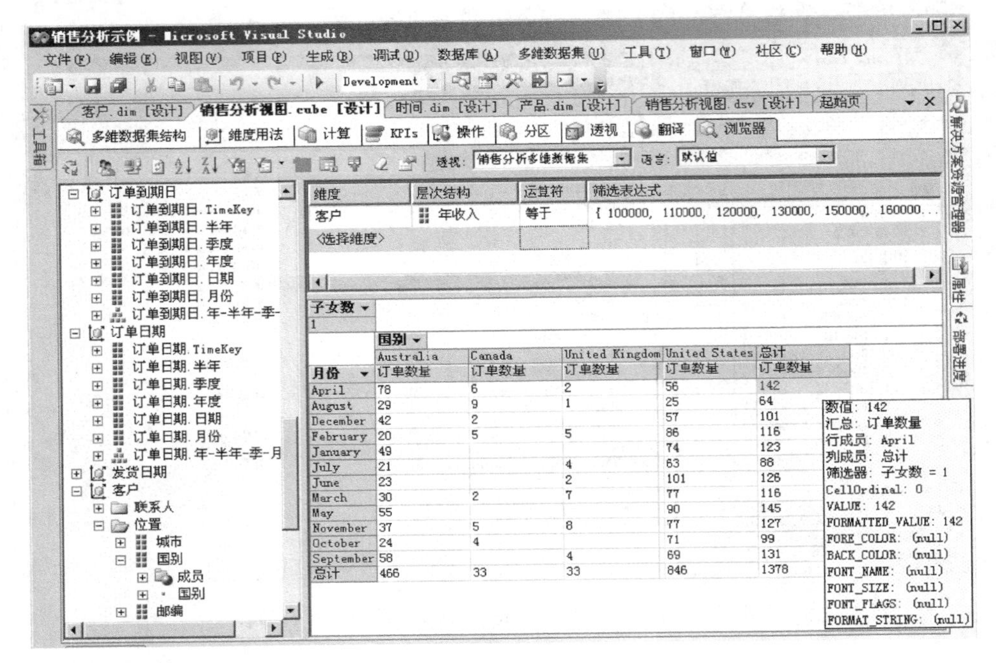

图3.39 按国别、月份分组统计年收入不低于10万元的独生子女家庭的订单数分布情况

3.4 小结

本章主要介绍了数据仓库的设计与开发过程。

建立一个数据仓库系统通常需要经历收集与分析业务需求、建立数据仓库的概念和逻辑模型、对数据仓库作物理设计、定义数据源、选择数据仓库技术与平台、数据的ETL处理、选择数据分析与数据展示软件、数据仓库的更新设计等步骤。

数据仓库应用系统的开发包括两个主要部分,一是数据仓库数据库的开发与设计,用于存储数据仓库的数据;二是数据分析应用系统的开发。可使用信息包图法、运用信息包图法进行概念模型设计;利用星型图进行数据仓库的逻辑模型设计。

最后介绍了使用SQL Server 2005建立数据仓库首先要配置环境,然后建立多维数据模型。

3.5 习题

1. SQL Server SSAS提供了所有业务数据的统一整合视图,可以作为传统报表、________、关键性能指示器记分卡和数据挖掘的基础。

2. 数据仓库的概念模型通常采用________来进行设计,要求将其5个组成部分(包括名称、________、________、层次和________)全面地描述出来。

3. 数据仓库的________通常采用星型图法来进行设计,要求将星型图的各类逻辑实体完整地描述出来。

4. 按照事实表中度量的可加性情况，可以把事实表对应的事实分为4种类型：________、________、________和事件事实。

5. 确定了数据仓库的粒度模型以后，为提高数据仓库的使用性能，还需要根据用户需求设计________。

6. 在项目实施时，根据事实表的特点和用户的查询需求，可以选用________、业务类型、________和下属组织等多种数据分割类型。

7. 当维表中的主键在事实表中没有与外键关联时，这样的维称为________。它与事实表并无关系，但有时在查询限制条件(如订单号码、出货单编号等)中需要用到。

8. 维度可以根据其变化快慢分为________维度、________维度和________维度三类。

9. 数据仓库的数据量通常较大，且数据一般很少更新，可以通过设计和优化________结构来提高数据存取性能。

10. 数据仓库数据库常见的存储优化方法包括表的归并与簇文件、________、表的物理分割(分区)。

11. 什么是信息包图法？它为什么适用于数据仓库的概念模型的设计？

12. 简述数据仓库系统设计过程。

13. 一个数据仓库系统的建立通常需要经过哪些步骤？

14. 运行 SQL Server 的 Adventure Works DW 示例数据库，建立多维数据模型练习。

CHAPTER 4

第4章　关联规则

关联规则挖掘(association rule mining)是数据挖掘中最活跃的研究方法之一,最早是由R. Agrawal等人针对超市购物篮(market basket)分析问题提出的,其目的是为了发现超市交易数据库中不同商品之间的关联关系。

一个典型的关联规则的例子是:70%购买了牛奶的顾客将倾向于同时购买面包。这些规则体现了顾客购物的行为模式,发现这样的关联规则可以为经营决策、市场预测和策划等方面提供依据。

经典的关联规则挖掘算法包括Apriori算法和FP-growth算法。Apriori算法多次扫描交易数据库,每次利用候选频繁集产生频繁集;而FP-growth则利用树形结构,无须产生候选频繁集而是直接得到频繁集,大大减少扫描交易数据库的次数,从而提高了算法效率。但是,Apriori算法扩展性较好,可以用于并行计算等领域。

目前对关联规则的研究集中于关联规则的挖掘理论的探索、原有算法的改进和新算法的设计,从而不断提高关联规则挖掘算法的效率、适应性和可用性。并且数量关联规则挖掘、并行关联规则挖掘和关联规则更新等问题也是研究热点。关联规则挖掘系统已成功被应用于市场营销、银行业、零售业、保险业、电信业和公司经营管理等各个方面。

4.1　概述

随着计算机技术在超市中的应用,超市可以利用商品的条形码存储每一笔交易记录。这些记录详细地存储了每个顾客每次交易的时间、商品、数量和价格等信息。商家希望通过交易记录发现用户的购买行为模式或是消费倾向,例如购买了某一商品后对购买其他商品的影响等,从而商家可以利用关联规则提供的信息对商品摆放、库存管理和促销活动等方面提供决策依据。例如,把用户经常购买的商品摆放在一起,方便用户购买;或者将用户分类,在商品销售方面做各种促销活动和广告宣传时更有针对性。

关联规则挖掘最初由R. Agrawal等人提出,用来发现超级市场中用户购买的商品之间的隐含关联关系，并用规则的形式表示出来，称为关联规则(association rule)。

关联规则挖掘的一个经典案例是关于“尿布与啤酒”的故事。美国的沃尔玛超市拥有世界上最大的数据仓库系统，它利用关联规则挖掘工具对数据仓库中一年多的原始交易数据进行了详细地分析，得到一个意外发现：与尿布一起被购买最多的商品竟然是啤酒。借助于数据仓库和关联规则，商家发现了这个隐藏在背后的事实：美国的妇女们经常会嘱咐她们的丈夫下班以后要为孩子买尿布，而 30%～40%的丈夫在买完尿布之后又要顺便购买自己爱喝的啤酒。有了这个发现后，超市调整了货架的设置，把尿布和啤酒摆放在一起销售，从而大大增加了销售额。

关联规则除了可以发现超市购物中隐含的关联关系之外，还可以应用于其他很多领域。关联规则的应用还包括文本挖掘、商品广告邮寄分析和网络故障分析等。

4.2　引例

首先以超市交易数据库为例，引入关联规则的相关概念。假定某超市销售的商品包括 bread、beer、cake、cream、milk 和 tea，超市的每笔交易数据如表 4.1 所示。

表 4.1　超市交易数据库 D

交易号 TID	顾客购买商品 Items	交易号 TID	顾客购买商品 Items
$T1$	bread cream milk tea	$T6$	bread tea
$T2$	bread cream milk	$T7$	beer milk tea
$T3$	cake milk	$T8$	bread tea
$T4$	milk tea	$T9$	bread cream milk tea
$T5$	bread cake milk	$T10$	bread milk tea

【定义 4.1】　项目与项集。

设 $I=\{i_1,i_2,\cdots,i_m\}$ 是 m 个不同项目的集合，每个 $i_k(k=1,2,\cdots,m)$ 称为一个项目(item)。项目的集合 I 称为项目集合(itemset)，简称为项集。其元素个数称为项集的长度，长度为 k 的项集称为 k-项集(k-itemset)。

对应于表 4.1 所示的超市交易数据库，则每个销售商品就是一个项目，超市中出售的所有商品的项集为

$$I=\{\text{bread},\text{beer},\text{cake},\text{cream},\text{milk},\text{tea}\}$$

该超市出售 6 种商品，即项集 I 中包含 6 个项目，即 I 的长度为 6。对于项集{cake，milk}，由于包含了 2 个项目，则称为 2-项集。

【定义 4.2】　交易。

每笔交易 T(transaction)是项集 I 上的一个子集，即 $T\subseteq I$，但通常 $T\subset I$。对应每一个交易有一个唯一的标识——交易号，记作 TID。交易的全体构成了交易数据库 D，或称交易记录集 D，简称交易集 D。交易集 D 中包含交易的个数记为 $|D|$。

表 4.1 所示的交易记录集 D 中包含 10 笔交易：$T1$～$T10$，则 $|D|=10$。D 是每笔交易 T 的集合，T 是项目的集合。顾客在商场里一次购买多种商品，这些购物信息在数据库中有一个唯一的标识 TID，用于表示这些商品是某一顾客同一次购买的，则称该顾客的本次购物

活动对应一笔交易。每笔交易中,顾客购买的商品集合(即项集),是所有商品集合的子集。

如第三笔交易,交易号为 $T3$,是一个 2-项集{milk,cake},是所有商品的项集 I={bread,beer,cake,cream,milk,tea}的一个子集。

【定义 4.3】 项集的支持度。

对于项集 X,$X\subset I$,设定 count($X\subseteq T$)为交易集 D 中包含 X 的交易的数量,$|D|$为交易集 D 中包含的所有交易的数量,则项集 X 的支持度(support)定义为

$$\text{support}(X)=\frac{\text{count}(X\subseteq T)}{|D|} \tag{4-1}$$

项集 X 的支持度 support(X)就是项集 X 出现的概率,从而描述了 X 的重要性。

例如,对于 2-项集 X={bread,milk},出现在 $T1$,$T2$,$T5$,$T9$ 和 $T10$ 中,则

$$\text{count}(X)=\text{count}(T1,T2,T5,T9,T10)=5$$

总交易个数$|D|=10$,则

$$\text{support}(X)=\frac{\text{count}(X)}{|D|}=\frac{5}{10}=\frac{1}{2}$$

同理,对于 1-项集 X={bread},support(X)$=\frac{7}{10}$,对于 2-项集 X={cake,milk},support(X)$=\frac{2}{10}$。

【定义 4.4】 项集的最小支持度与频繁集。

发现关联规则要求项集必须满足的最小支持阈值,称为项集的最小支持度(minimum support),记为 sup_{min}。从统计意义上讲,它表示用户关心的关联规则必须满足的最低重要性。只有满足最小支持度的项集才能产生关联规则。

支持度大于或等于 sup_{min} 的项集称为频繁项集,简称频繁集,反之则称为非频繁集。通常 k-项集如果满足 sup_{min},称为 k-频繁集,记作 L_k。

例如,若用户只对支持度在 0.5 及以上的项集产生的关联规则感兴趣,则会将 sup_{min} 设定为 0.5。这样根据在定义 4.3 中的计算,对于 2-项集 X_1={bread,milk},则可以称为 2-频繁集,即 $X_1\subset L_2$;而对于 2-项集 X_2={cake,milk},则不算是 2-频繁集,即 $X_2\not\subset L_2$。

但如果用户将最小支持度 sup_{min} 设定为 0.1,则{bread,milk}和{cake,milk}都算作 2-频繁集。

【定义 4.5】 关联规则。

关联规则可以表示为一个蕴涵式

$$R:X\Rightarrow Y \tag{4-2}$$

其中,$X\subset I$,$Y\subset I$,并且 $X\cap Y=\varnothing$。它表示如果项集 X 在某一交易中出现,则会导致项集 Y 按照某一概率也会在同一交易中出现。X 称为规则的条件,Y 称为规则的结果。关联规则反映 X 中的项目出现时,Y 中的项目也跟着出现的规律。

例如,规则 R_1:{bread}⇒{milk},规则 R_2:{cream}⇒{bread,milk},都可能是用户感兴趣的关联规则。至于怎样才算用户感兴趣的关联规则,利用两个标准来衡量:关联规则的支持度和可信度。

【定义 4.6】 关联规则的支持度。

对于关联规则 R:$X\Rightarrow Y$,其中 $X\subset I$,$Y\subset I$,并且 $X\cap Y=\varnothing$,规则 R 的支持度(support)

是交易集中同时包含 X 和 Y 的交易数与所有交易数之比。记为 support($X \Rightarrow Y$)，即

$$\text{support}(X \Rightarrow Y) = \frac{\text{count}(X \cup Y)}{|D|} \tag{4-3}$$

支持度反映了 X 和 Y 中所含的项在交易集中同时出现的频率。由于关联规则必须由频繁集产生，所以规则的支持度其实就是频繁集的支持度，即

$$\text{support}(X \Rightarrow Y) = \text{support}(X \cup Y) = \frac{\text{count}(X \cup Y)}{|D|}$$

例如，若 $sup_{min}=0.5$，对于规则 R_1：{bread}⇒{milk}，则

$$\text{support}(R_1) = \text{support}(\{\text{bread}, \text{milk}\}) = \frac{1}{2}$$

而对于规则 R_2：{milk}⇒{bread}，则

$$\text{support}(R_2) = \text{support}(R_1) = \text{support}(\{\text{bread}, \text{milk}\}) = \frac{1}{2}$$

【定义 4.7】 关联规则的可信度。

对于关联规则 R：$X \Rightarrow Y$，其中 $X \subset I, Y \subset I$，并且 $X \cap Y = \varnothing$，规则 R 的可信度(confidence)是指包含 X 和 Y 的交易数与包含 X 的交易数之比。记为 confidence($X \Rightarrow Y$)，即

$$\text{confidence}(X \Rightarrow Y) = \frac{\text{support}(X \cup Y)}{\text{support}(X)} \tag{4-4}$$

可信度反映了如果交易中包含 X，则交易中同时出现 Y 的概率。

例如，规则 R_1：{bread}⇒{milk}的可信度是

$$\text{confidence}(R_1) = \frac{\text{support}(\{\text{bread}, \text{milk}\})}{\text{support}(\{\text{bread}\})} = \frac{1/2}{7/10} = \frac{5}{7}$$

而规则 R_2：{milk}⇒{bread}的可信度是

$$\text{confidence}(R_2) = \frac{\text{support}(\{\text{bread}, \text{milk}\})}{\text{support}(\{\text{milk}\})} = \frac{1/2}{8/10} = \frac{5}{8}$$

关联规则的支持度和可信度分别反映了所发现规则在整个数据库中的统计重要性和可靠程度。一般来说，只有支持度和可信度均较高的关联规则才是用户感兴趣的、有用的关联规则。

【定义 4.8】 关联规则的最小支持度和最小可信度。

关联规则的最小支持度也就是衡量频繁集的最小支持度(minimum support)，记为 sup_{min}，它用于衡量规则需要满足的最低重要性。规则的最小可信度(minimum confidence)记为 $conf_{min}$，它表示关联规则需要满足的最低可靠性。

【定义 4.9】 强关联规则。

如果规则 $X \Rightarrow Y$ 满足 support($X \Rightarrow Y$)$\geqslant sup_{min}$且 confidence($X \Rightarrow Y$)$\geqslant conf_{min}$，称关联规则 $X \Rightarrow Y$ 为强关联规则，否则称关联规则 $X \Rightarrow Y$ 为弱关联规则。在挖掘关联规则时，产生的关联规则要经过 sup_{min}和 $conf_{min}$的衡量，筛选出来的强关联规则才能用于指导商家的决策。

例如，用户设定 $sup_{min}=0.5$，$conf_{min}=0.7$，则根据定义 4.7 中的计算，规则 R_1：{bread}⇒{milk}是用户感兴趣的强关联规则，而规则 R_2：{milk}⇒{bread}是弱关联规则。从而商家可以确定，是面包和牛奶常常一起被购买，而且是面包的销售决定了牛奶的销售。

4.3 经典算法

关联规则用于解决商家关心的两个问题：哪些商品常常被一起销售，以及一起销售的商品中，存在着怎样的决定与被决定关系。

首先，利用关联规则可以找到哪些商品可能存在相互关系，也就是常常被一起购买的商品。如果假定超过30%的交易中同时卖出某些商品，就认为它们相互有关系，则可以发现以下商品常常一起销售：bread，milk，cream。因为10条交易记录中有3条它们同时出现。这说明这几种商品可能存在相关关系，用户倾向于同时购买这3种商品。

其次，顾客买这3种商品，动机是先买了哪个然后再买了哪个呢？利用关联规则，可以找到它们间的决定关系。交易 $T1$，$T2$ 和 $T9$ 同时买了{bread，milk，cream}，交易 $T1$，$T2$，$T5$，$T9$ 和 $T10$ 买了{bread，milk}，说明只有3/5的交易中，顾客买了{bread，milk}后又买了cream。而买了cream的顾客，全都买了{bread，milk}。由此可以得出结论，cream的销售决定{bread，milk}的销售。可以用一个关联规则表示这种关联和决定关系：cream⇒{bread，milk}。

从分析中也可以看出，两个问题中的第一个，即发现哪些商品常常一起出现比第二个问题更重要，也是关联规则研究所集中的地方。

总之，给定一个交易集 D，挖掘关联规则问题就是产生支持度和可信度分别大于用户给定的最小支持度和最小可信度的关联规则。关联规则挖掘问题可以分为如下两个子问题。

(1) 找出交易数据库中所有大于或等于用户指定的最小支持度的频繁项集。

(2) 利用频繁项集生成所需要的关联规则，根据用户设定的最小可信度进行取舍，产生强关联规则。

对于第(2)个子问题，即由给定的频繁项集及其置信度产生关联规则相对较为容易和直观，因此目前大量的研究工作都集中在第(1)个子问题上，即如何快速有效地找出数据库中的频繁项集，它是关联规则挖掘算法最复杂的问题之一。因此，第(1)个子问题是关联规则挖掘算法的核心。

R. Agrawal等人于1993年首先提出挖掘顾客交易数据库中项集间的关联规则问题，并设计了一个基本算法——Apriori算法。这个方法要求多次扫描可能很大的交易数据库，即如果频繁集最多包含10个项，那么就需要扫描交易数据库10遍，这需要很大的I/O负载。

针对Apriori算法的弱点，J. Han等提出了不产生候选集来挖掘频繁集的方法——FP-growth算法。这种算法在经过第一遍扫描之后，利用一棵频繁模式树(FP-tree)表示频繁集，从而产生条件模式库，再生成规则。实验表明，FP-growth在效率上比Apriori算法有所提高。

4.3.1 Apriori 算法

Apriori算法多次扫描交易记录集，目的是产生长度不同的频繁集。首先产生1-频繁集 L_1，在此基础上经过连接、修剪产生2-频繁集 L_2，直到无法产生新的频繁集则算法终止。这里在第 k 次循环中，也就是在产生 k-频繁集 L_k 的过程中，首先产生 k-候选频繁集的集合 C_k，简称候选集。C_k 中的每一个项集是对两个只有一个项不同的属于 L_{k-1} 的频繁集连接产生。C_k 进行修剪，产生对应的 L_k。算法说明和过程如图4.1所示。

```
输入：交易数据库 D，最小支持度阈值 sup_min。
输出：可以产生规则的所有频繁集 L_i。
C_k：k-候选频繁集。
L_k：k-频繁集。
(1) L1 = find_frequent_1_itemset(D);                //发现 1-频繁集
(2) for(k=2; L_{k-1} ≠ ∅; k++){
(3)       C_k = apriori_gen(L_{k-1}, sup_min);      //根据 k-1-频繁集产生 k-候选集
(4)       for  each t∈D {                           //扫描记录集，以确定每个候选集的支持度
(5)            Ct = subset(Ck, t);                  //获得 t 所包含的候选集
(6)       for each c∈C_t    c.count++;
(7) }
(8) L_k = {c∈C_k | c.count > sup_min};
(9) return L = ∪_k L_k;
```

图 4.1　Apriori 算法

图 4.1 中第(3)步 apriori_gen(L_{k-1}, sup_{min})的流程如图 4.2 所示。

```
输入：上一次循环扫描的结果 L_{k-1}，最小支持度阈值 sup_min。
输出：候选频繁集 C_k。
(3.1) for each l1 ∈ L_{k-1}
(3.2)      for each l2 ∈ L_{k-1}
(3.3)      if((l1[1]=l2[1]) ∧ … ∧ (l1[k-2]=l2[k-2]) ∧ (l1[k-1]<l2[k-1])){
(3.4)           c = l1 ⊕ l2;          //将只差一项的两个项集连接到一起
(3.5)           if has_infrequent_subset(c, L_{k-1})
(3.6)                delete c;       //删去不可产生频繁项集的候选
(3.7)           else C_k = C_k ∪ {c};
(3.8)      }
(3.9) return C_k;
```

图 4.2　apriori_gen(L_{k-1}, sup_{min})算法

图 4.2 中第(3.5)步 has_infrequent_subset(c, L_{k-1})的流程如图 4.3 所示。

```
输入：本次扫描产生的 C_k 的每个子集 c，上次扫描产生的 L_{k-1}。
输出：c 是否将被从 C_k 中删除。
(3.5.1) for each (k-1)-subset s of c
            //根据算法性质：候选集的子集一定是频繁的
(3.5.2)      if s ∉ L_{k-1} return TRUE;        //删除掉子集是不频繁的候选集
             else return FALSE;
```

图 4.3　has_infrequent_subset(c, L_{k-1})算法

例如，对于表 4.1 所示的交易记录集，设定 $sup_{min}=3/10$。利用 Apriori 算法产生频繁集过程如下。

(1) 由 $I=\{bread, beer, cake, cream, milk, tea\}$ 的所有项目直接产生 1-候选集 C_1，计算其支持度。去除支持度小于 sup_{min} 的项集，形成 1-频繁集 L_1，如表 4.2 所示。

表 4.2　1-候选集 C_1 和 1-频繁集 L_1

项集 C_1	支持度	项集 L_1	支持度
{bread}	7/10	{bread}	7/10
{beer}	1/10	{cream}	3/10
{cake}	2/10	{milk}	8/10
{cream}	3/10	{tea}	7/10
{milk}	8/10		
{tea}	7/10		

(2) 为发现频繁 2-项集 L_2，首先利用 L_1 中的各项目组合连接，来产生 2-候选集 C_2；然后扫描记录集，以获得 C_2 中各项集的支持度。去除支持度小于 sup_{min} 的项集，形成 2-频繁集 L_2，如表 4.3 所示。

表 4.3　2-候选集 C_2 和 2-频繁集 L_2

项集 C_2	支持度	项集 L_2	支持度
{bread, cream}	3/10	{bread, cream}	3/10
{bread, milk}	5/10	{bread, milk}	5/10
{bread, tea}	5/10	{bread, tea}	5/10
{cream, milk}	3/10	{cream, milk}	3/10
{cream, tea}	2/10	{milk, tea}	5/10
{milk, tea}	5/10		

(3) 为发现频繁 3-项集 L_3，首先利用 L_2 中的各项目组合连接，来产生 3-候选集 C_3。连接时只能将只差最后一个项目不同的项集进行连接。例如，L_2 中的{bread, cream}与{bread, milk}只有最后一个项目不同，可以连接，连接结果为{bread, cream, milk}。显然，L_2 中的{bread, cream}与{milk, tea}无法进行连接。

连接后，还要根据 Apriori 的性质，即频繁集的子集一定是频繁的，来修剪{bread, cream, milk}。即依次判断{bread, cream, milk}的 3 个子集{bread, cream}，{bread, milk}和{cream, milk}是否都出现在 L_2 中，如果是，则在 C_3 中保留{bread, cream, milk}。

又如，L_2 中的{bread, cream}与{bread, tea}只有最后一个项目不同，也可以连接，连接结果为{bread, cream, tea}。但由于{cream, tea}没有出现在 L_2 中，则从 C_3 中删除{bread, cream, tea}。

最后扫描记录集，以获得 C_3 中各项集的支持度。去除支持度小于 sup_{min} 的项集，形成 3-频繁集 L_3，如表 4.4 所示。

表 4.4　3-候选集 C_3 和 3-频繁集 L_3

项集 C_3	支持度	项集 L_3	支持度
{bread, cream, milk}	3/10	{bread, cream, milk}	3/10
{bread, milk, tea}	3/10	{bread, milk, tea}	3/10

（4）为发现频繁 4-项集 L_4，重复上述步骤，则 C_4 为空，所有频繁集都被找到，算法到此结束。

此后，用户可以根据需要设定规则的最小可信度 $conf_{min}$，利用 Apriori 算法产生的频繁集 L_2 和 L_3，产生强关联规则。这里要注意的是，根据不同需要，用户可以只关心由最长的频繁集即 L_3 产生的规则，或者可以挖掘出所有由 L_2 和 L_3 产生的规则。请读者自行根据定义 4.7 找到所有的关联规则，并根据定义 4.9 挖掘出强规则。

4.3.2　FP-growth 算法

Han 等人提出了频繁模式增长 FP-growth 算法，把记录集 D 中的信息压缩到一个树结构当中，在寻找频繁集的过程中可以不产生候选集，大大提高了运算效率。

【定义 4.10】　FP-tree。

频繁模式树 FP-tree 是一个树形结构。包括一个频繁项组成的头表，一个标记为 null 的根结点，它的子结点为一个项前缀子树的集合。

【定义 4.11】　频繁项。

单个项目的支持度超过最小支持度则称其为频繁项(frequent item)。

【定义 4.12】　频繁项头表。

频繁项头表(head table)的每个表项由两个域组成：项目名称 item-name 和指针 node_link。node_link 指向 FP-tree 中具有与该表项相同 item-name 的第一个结点。

【定义 4.13】　项前缀子树。

每个项前缀子树(item prefix subtree)的结点有 3 个域：item-name、count 和 node_link。item-name 记录了该结点所代表的项的名字。count 记录了所在路径代表的交易中包含此结点项目的交易个数。node_link 指向下一个具有同样 item-name 域的结点，要是没有这样一个结点，就为 null。

FP-growth 算法分为两大部分，描述如下。

（1）第一部分：根据一个输入交易记录集建立一棵 FP-tree，其操作步骤如图 4.4 所示。

输入：交易记录集 D，最小支持度 sup_{min}。

输出：FP-tree。

① 扫描数据库 D 一遍，得到频繁项的集合 F 和每个频繁项的支持度。把 F 按支持度递降排序，结果记为 L。

② 创建 FP-tree 的根结点，记为 T，并且标记为 null。然后对 DB 中的每个交易做如下操作。

根据 L 中的顺序，选出并排序 Trans 中的频繁项。把 Trans 中排好序的频繁项列表记为 $[p|P]$，其中 p 是第一个元素，P 是列表的剩余部分。调用 insert_tree([p|P],T)。

函数 insert_tree([p|P],T)的运行如下。

如果 T 有一个子结点 N，其中 N. item-name＝p. item-name，则将 N 的 count 域值加 1，否则，创建一个新结点 N，使它的 count 为 1，使它的父结点为 T，并且使它的 node_link 和那些具有相同 item_name 的域串起来。如果 P 非空，则递归调用 insert_tree(P,N)。

图 4.4　FP-growth 算法

例如，对于表 4.1 所示的交易记录集，假定 $sup_{min}=3/10$，为了方便表示，由于有 10 条记录，在筛选时按照 count$\geqslant$3 的方法表示满足最小支持度 sup_{min}，则 FP-tree 的建立过程如下。

① 首先扫描一遍 D,计算每个项目的计数值并保存在频繁项的集合 F 中,选出 F 中支持度大于 3 的项,并按计数递降排列,将结果放入列表 L 中,如表 4.5 所示。

表 4.5 列表 L

项　目	计　数	项　目	计　数
milk	8	tea	7
bread	7	cream	3

可将 L 表示成集合形式,即 $L=\{(\text{milk}:8),(\text{bread}:7),(\text{tea}:7),(\text{cream}:3)\}$。为了便于表示,将表 4.1 所示 D 中每笔交易的项目按照 L 中的顺序表示出来,如表 4.6 所示。

表 4.6 超市交易记录集 D

交易号 TID	顾客购买商品 Items	交易号 TID	顾客购买商品 Items
T_1	milk bread tea cream	T_6	bread tea
T_2	milk bread cream	T_7	milk tea
T_3	milk	T_8	bread tea
T_4	milk tea	T_9	milk bread tea cream
T_5	milk bread	T_{10}	milk bread tea

② 创建一个标记为 null 的根结点。开始对 D 的第二遍扫描。对第一个交易 T_1 的扫描将建立这棵树的第一个路径:<milk:1,bread:1,tea:1,cream:1>。对于 T_2 来说,它同已经存在的路径<milk:1,bread:1,tea:1,cream:1>有共同的前缀<milk,bread>,所以把这个前缀中的所有结点的 count 增加 1。然后新结点(cream:1)被创建并且被作为结点(bread:2)的子结点。对 T_3,因为它的频繁项列表只与以 milk 为前缀的子树有一个共同结点(milk),所以把这个结点的 count 增加 1。以此类推,扫描完整个数据库。

为了方便对树的遍历,建立一个频繁项头表,头表表项的 node_link 指向树里面具有相同 item_name 的结点。具有相同 item_name 的结点通过 node_link 被连接在一起,如图 4.5 所示。

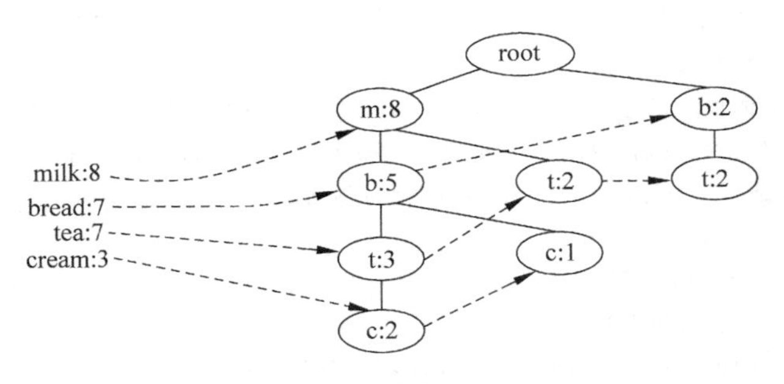

图 4.5 头表和 FP-tree

由此可见,FP-tree 是一个压缩的数据结构,它用较少的空间存储了后面频繁集挖掘所需要的全部信息。

(2) 利用所产生的 FP-tree 产生频繁集，其过程如图 4.6 所示。

```
输入：FP-tree。
输出：所有的频繁集。
FP-growth(Tree,α)
{
if      Tree 只有一条路径 P
then 对 P 中的结点的每一个组合(记为 β)做(1)
① 产生频繁集 β∪α,并且把它的支持度指定为 β 中结点的最小支持度,else 对
   Tree 的头表从表尾到表头的每一个表项(记为 a)做(2)～(5)
② 产生频繁集 β=a∪α,支持度为 a 的支持度
③ 建立关于 β 的 FP-tree
④ if 关于 β 的 FP-tree! =∅
⑤ then 调用 FP-growth(Tree,β)
}
```

图 4.6　产生频繁集算法

例如，对应于图 4.5 中已经得到的 FP-tree 和相应的头表作为第二部分的输入，按照从表尾到表头的顺序考查表中的每一个表项，建立每个表项的模式树，得到关于每个表项的频繁集。

① 建立关于图 4.5 中的头表最后一项(cream:3)的 FP-tree，找到所有包含项目 cream 的频繁集。

根据算法，从表项(cream:3)出发，先可以得到一个频繁集(cream:3)。然后，顺着 cream 表项的 node_link 域，找到所有包含 cream 的路径 <milk:8,bread:5,tea:3,cream:2>和<milk:8,bread:5,cream:1>。根据 cream 的计数，将上述路径简化为关于 cream 的如下信息：<milk,bread,tea:2>和<milk,bread:1>。然后利用 FP-tree 的建立方法建立一个新的关于 cream 的 FP-tree，如图 4.7 所示。

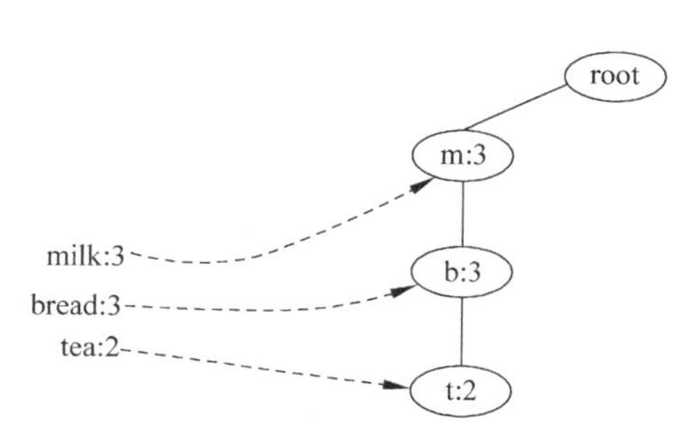

图 4.7　关于 cream 的 FP-tree

由此搜索路径，可以产生包含项目 cream 的所有频繁集 L_{cream}，如表 4.7 所示。

表 4.7　包含项目 cream 的所有频繁集 L_{cream}

频繁集 L_{cream}	计　数
{cream,bread}	3
{cream,milk}	3
{cream,bread,milk}	3

② 依次建立关于图 4.5 中的头表项目(tea:7)，(bread:7)以及(milk:8)的 FP-tree，找到所有包含项目 tea 的频繁集{tea,bread:5}，{tea,milk:5}，{tea,bread,milk:3}；包含项目 bread 的频繁集{bread,milk:5}。

所有项目求解完后,算法结束。可以对比一下,由 Apriori 算法和 FP-growth 算法得到频繁集相同,但 Apriori 算法扫描 *D* 次数远远超过 FP-growth,所以 FP-growth 效率更高。

4.4 相关研究与应用

关联规则不仅可以应用于交易记录集项目之间关联关系的发现,还可以用于关系数据库、数据仓库或者文本中的数据挖掘。对于不同数据源和挖掘深度,关联规则分为不同的种类。现在的应用研究集中在提出各类不同的规则挖掘算法,提高已有算法的效率以及将算法用于新的领域。

在 SQL Server 2005 中,用户可以创建数据源,利用 Analysis Services 提供的挖掘结构进行关联规则的挖掘。

4.4.1 分类

关联规则可以按不同角度进行分类。

(1) 基于规则中涉及的数据的维数,关联规则可以分为单维的和多维的。

在单维的关联规则中,只涉及数据的一个维,如用户购买的物品;而在多维的关联规则中,要处理的数据将会涉及多个维。也就是说,单维关联规则是处理单个属性中的一些关系;多维关联规则是处理多个属性之间的某些关系。

例如,R_1:面包=>牛奶规则只涉及用户购买的物品;R_2:性别="女"=>职业="教师"规则就涉及两个字段的信息,是两维的关联规则。

(2) 基于规则中数据的抽象层次,可以分为单层关联规则和多层关联规则。

在单层的关联规则中,所有的变量都没有考虑到现实的数据是具有多个不同的层次的;而在多层的关联规则中,对数据的多层性已经进行了充分的考虑。

例如,面包=>牛奶是一个单层关联规则;面包=>光明牌牛奶是一个较高层次和细节层次之间的多层关联规则。

(3) 基于规则中处理的变量的类型不同,关联规则可以分为布尔型和数值型。

布尔型关联规则处理的值都是离散的,而数值型关联规则处理的数据可以是连续的。

例如,性别="女"=>职业="教师"是布尔型关联规则;工龄="5"=>平均工资=3000 是数值型关联规则。

目前的研究多数集中在对各类关联规则处理的算法创新上。

4.4.2 SQL Server 2005 中的关联规则应用

在 SQL Server 2005 中,可以利用 Analysis Services 进行关联规则的挖掘。下面以系统提供的 Adventure Works DW 数据库为例,说明如何发现关联规则。Adventure Works DW 数据库是一个支持 SQL Server Analysis Services 的关系数据库。Adventure Works Cycle 公司正在重新设计其网站的功能。重新设计的目的是提高产品的零售量。由于该公司在交易数据库中记录了每个销售,因此它们可以使用 Microsoft 关联算法来标识倾向于集中购买的产品集。然后,它们可以根据顾客购物篮中已有的项预测顾客可能感兴趣的其他项。

Adventure Works DW 数据库关联规则发现的详细步骤如下。

1. 创建 Analysis Services 项目

打开 Business Intelligence Development Studio，选择“文件”→“新建”命令，新建一个 Analysis Services 项目。在“名称”文本框中将新项目命名为 Adventure Works，单击“确定”按钮。

2. 创建数据源

在右侧解决方案资源管理器中，右击“数据源”项，从弹出的快捷菜单中选择“新建数据源”命令。系统将打开数据源向导。单击“新建”按钮，向 Adventure Works 数据库添加连接。系统将打开“连接管理器”对话框，如图 4.8 所示。

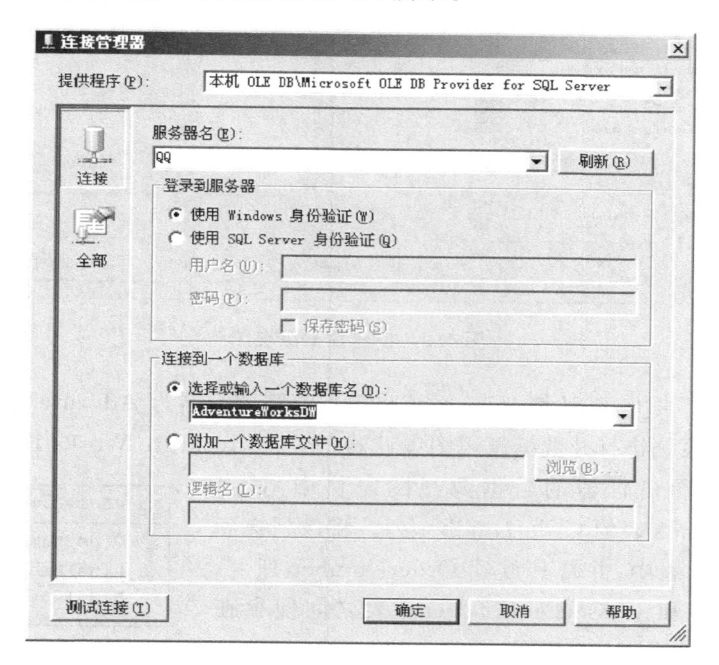

图 4.8　“连接管理器”对话框

在“连接管理器”对话框的“提供程序”下拉列表中选择“本机 OLE DB\Microsoft OLE DB Provider for SQL Server”选项，在“服务器名”下拉列表中选择承载 Adventure Works DW 的服务器，在“选择或输入一个数据库名”下拉列表中选择 Adventure Works DW 选项，再单击“确定”按钮。

单击“下一步”按钮进入“模拟信息”页，选择“默认值”。此后都采取默认值，新的数据源 Adventure Works DW 将显示在解决方案资源管理器的“数据源”文件夹中。

3. 创建数据源视图

在解决方案资源管理器中，右击“数据源视图”，从弹出的快捷菜单中选择“新建数据源视图”命令。系统将打开数据源视图向导。在“选择数据源”页的“关系数据源”下，默认选中在上一步中创建的 Adventure Works DW 数据源。单击“下一步”按钮,在“选择表和视图”页上选择下列各表,然后单击右箭头键,将图 4.9 所示的这些表包括在新数据源视图中,单击“下一步”按钮。

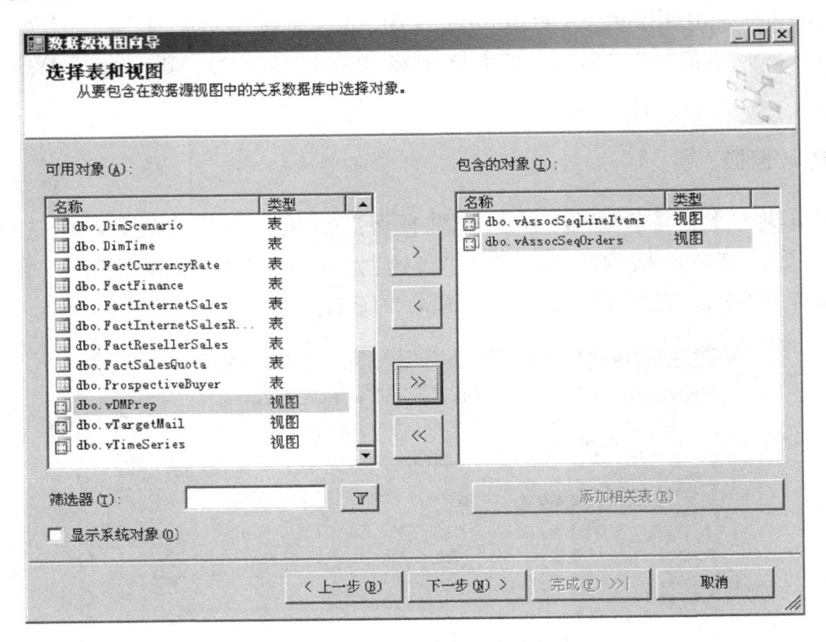

图 4.9　创建数据源视图

在“完成向导”页上,默认情况下,系统将数据源视图命名为 Adventure Works DW。单击“完成”按钮。系统将打开数据源视图设计器,显示 Adventure Works DW 数据源视图。

在数据源视图设计器的数据源视图窗格中,选择 vAssocSeqLineItems 表的 OrderNumber 列。将该列拖到 vAssocSeqOrders 表中,并将其放到 OrderNumber 列上。vAssocSeqOrders 和 vAssocSeqLineItems 表之间便存在新的多对一关系,如图 4.10 所示。

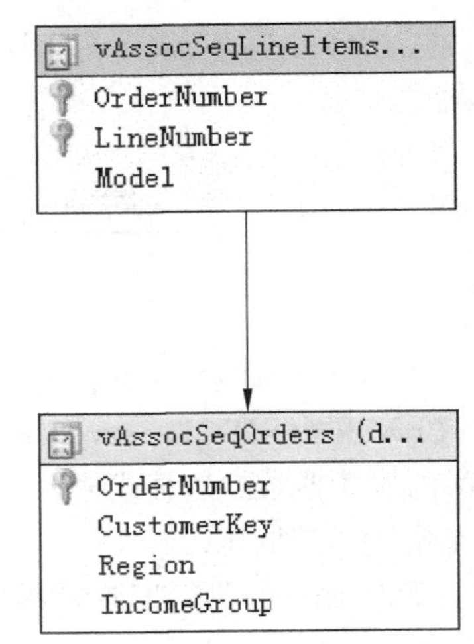

图 4.10　建立关系

4. 创建关联挖掘结构

在解决方案资源管理器中,右击“挖掘结构”,从弹出的快捷菜单中选择“新建挖掘结构”命令。在“选择定义方法”页上,确保已选中“从现有关系数据库或数据仓库”选项,再单击“下一步”按钮。

在“选择数据挖掘技术”页的“您要使用何种数据挖掘技术?”列表框中选中“Microsoft 关联规则”选项,如图 4.11 所示,再单击“下一步”按钮。

“选择数据源视图”页随即显示。默认情况下,“可用数据源视图”下的 Adventure Works DW 为选中状态。

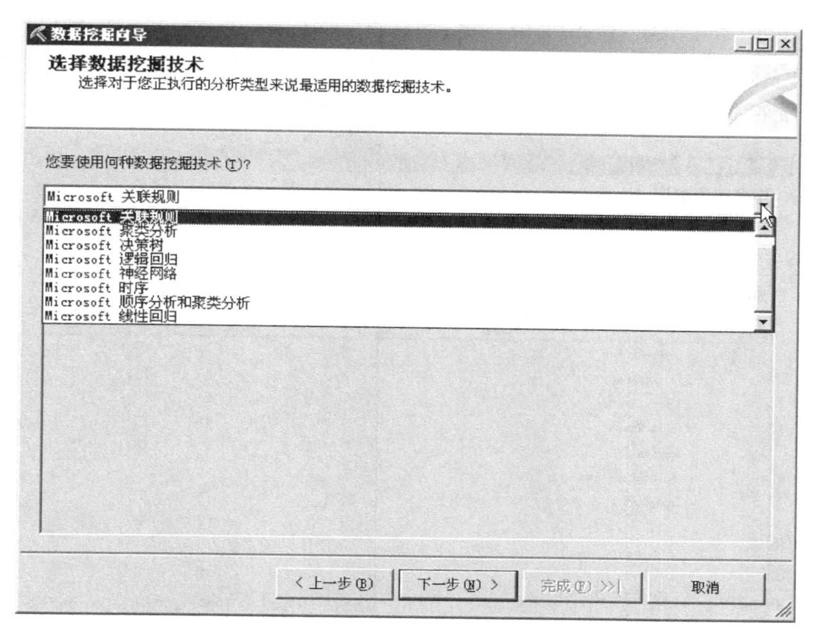

图 4.11　选择 Microsoft 关联规则作为挖掘技术

单击“下一步”按钮，在“指定表类型”页上选中 vAssocSeqOrders 表右边的“事例”复选框，选中 vAssocSeqLineItems 表右边的“嵌套”复选框，如图 4.12 所示。关联模型必须包含一个键列、多个输入列以及一个可预测列。输入列必须为离散列。关联模型的输入数据通常包含在两个表中。例如，一个表可能包含顾客信息，而另一个表可能包含顾客购物情况。可以使用嵌套表将该数据输入到模型中。

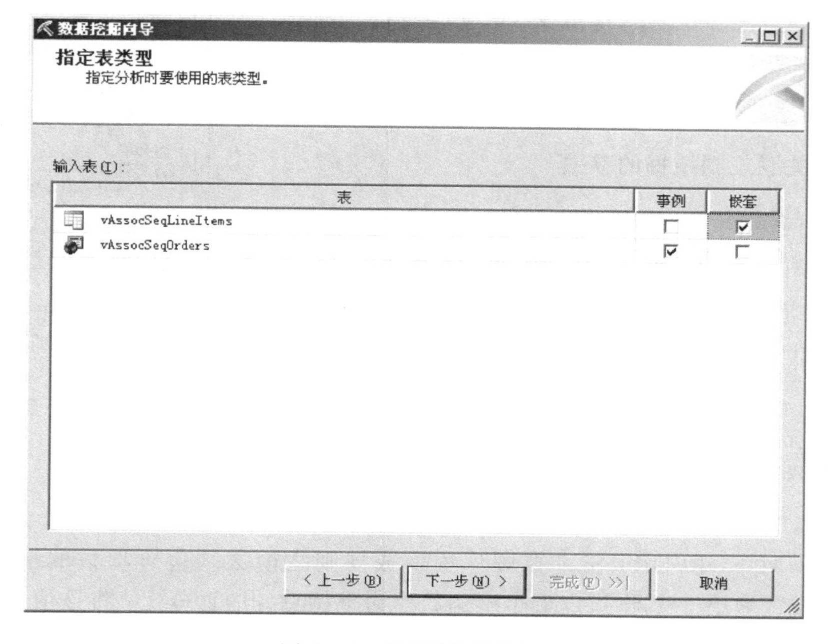

图 4.12　事例表和嵌套表

单击“下一步”按钮,在“指定定型数据”页上依次清除CustomerKey右边的“键”复选框和LineNumber右边的“键”和“输入”复选框。选中Model列右边的“键”和“可预测”复选框。然后,系统也将自动选中“输入”复选框,如图4.13所示。

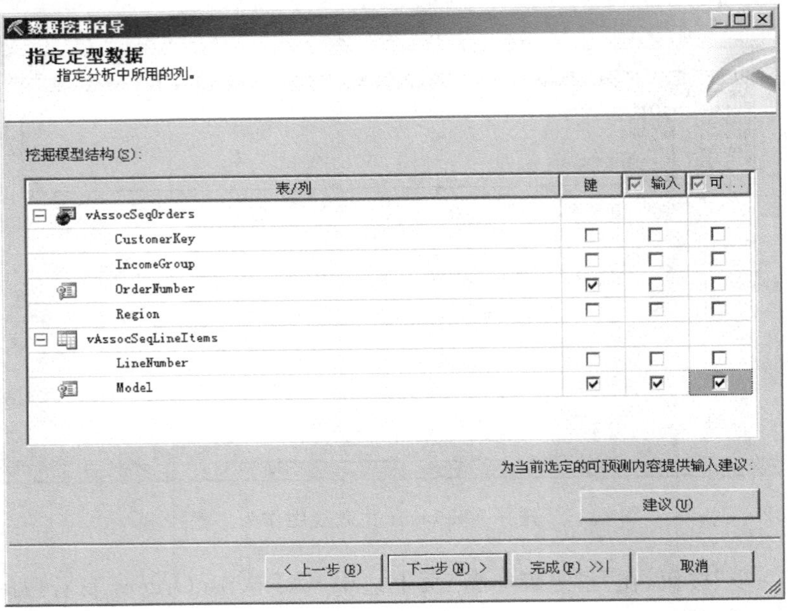

图4.13　指定关联分析中所用的属性

单击“下一步”按钮,在“指定列的内容和数据类型”页上单击“下一步”按钮。在“完成向导”页的“挖掘结构名称”中输入Association。在“挖掘模型名称”中输入Association,再单击“完成”按钮。系统将打开数据挖掘设计器,显示刚刚创建的Association挖掘结构,如图4.14所示。

图4.14　Adventure Works DW关联规则挖掘结构视图

5. 设置关联规则挖掘的参数

首先打开数据挖掘设计器的“挖掘模型”选项卡,右击设计器网格中的“关联”列,从弹出的快捷菜单中选择“设置算法参数”命令,如图4.15所示。系统将打开“算法参数”对话框,在“算法参数”对话框的“值”列中设置以下参数。

```
MINIMUM_SUPPORT = 0.01
MINIMUM_PROBABILITY = 0.1
```

然后单击“确定”按钮。

MINIMUM_SUPPORT指定在该算法生成规则之前必须包含项集的事例的最小数目。将该值设置为小于1,将指定最小事例数作为事例总计的百分比;将该值设置为大于1的整数,将指定最小事例数作为必须包含项集的事例的绝对数。默认值为0.03。

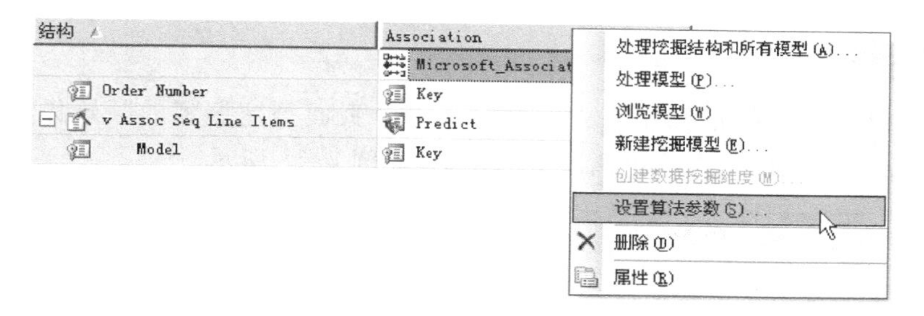

图 4.15　设置关联规则算法参数

MINIMUM_PROBABILITY 指定规则为 True 的最小概率。例如，将该值设置为 0.5 将指定不生成概率小于 50%的规则。默认值为 0.4。

6. 建立关联规则挖掘模型

由于已经定义了“关联”挖掘模型的结构和参数，可以对该模型进行处理。选择“挖掘模型”菜单的“处理挖掘结构和所有模型”选项，系统将打开“处理挖掘结构-Association”对话框，如图 4.16 所示。单击“运行”按钮，系统将打开“处理进度”对话框，以显示有关模型处理的信息。模型处理可能需要一些时间。

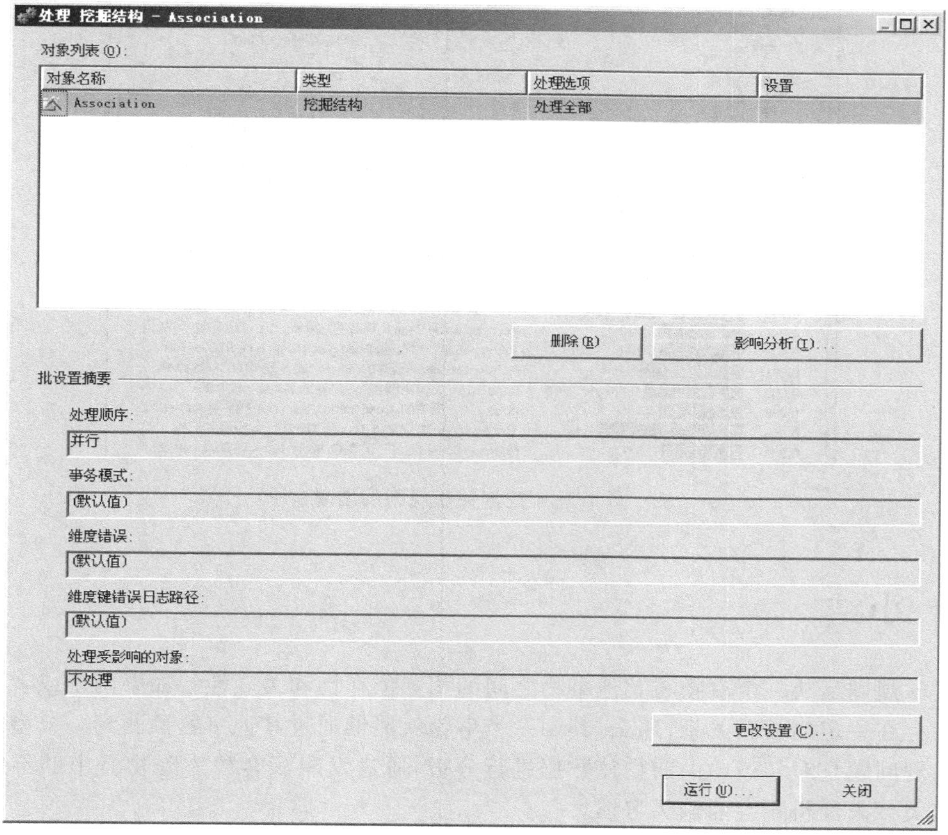

处理 挖掘结构 - Association

对象列表(O):

对象名称	类型	处理选项	设置
Association	挖掘结构	处理全部	

删除(R)　影响分析(I)...

批设置摘要

处理顺序: 并行

事务模式: (默认值)

维度错误: (默认值)

维度键错误日志路径: (默认值)

处理受影响的对象: 不处理

更改设置(C)...

运行(U)...　关闭

图 4.16　处理挖掘结构

7. 查看挖掘结果

处理完成之后,选择"挖掘模型查看器",第一个页面是挖掘到的频繁集,如图 4.17 所示。或者打开第二个页面,查看挖掘出来的规则,如图 4.18 所示。

项集 | 规则 | 依赖关系网络

最低支持: 213　筛选项集:
最小项集大小: 0　显示: 显示属性名称和值
显示长名称　最大行数: 2000

支持	大小	项集
6171	1	Sport-100 = 现有的
4076	1	Water Bottle = 现有的
3010	1	Patch kit = 现有的
2908	1	Mountain Tire Tube = 现有的
2477	1	Mountain-200 = 现有的
2216	1	Road Tire Tube = 现有的
2095	1	Cycling Cap = 现有的
2014	1	Fender Set - Mountain = 现有的
1941	1	Mountain Bottle Cage = 现有的
1702	1	Road Bottle Cage = 现有的

图 4.17　挖掘项集的结果

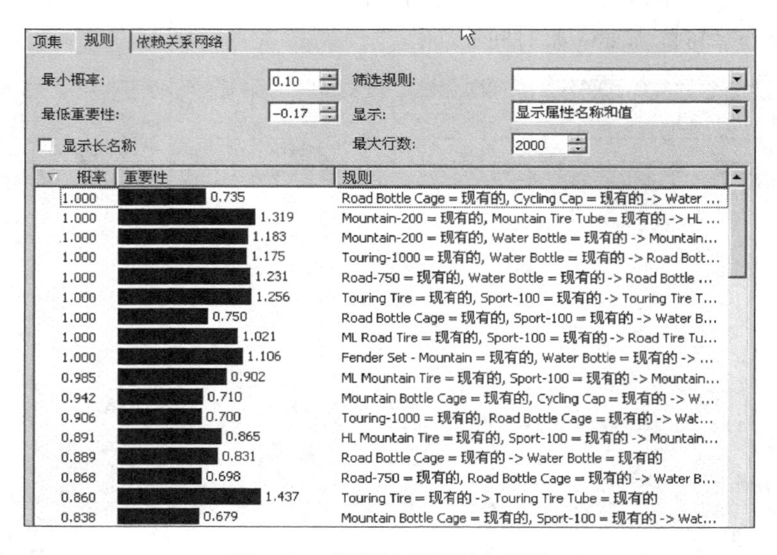

项集 | 规则 | 依赖关系网络

最小概率: 0.10　筛选规则:
最低重要性: -0.17　显示: 显示属性名称和值
显示长名称　最大行数: 2000

概率	重要性	规则
1.000	0.735	Road Bottle Cage = 现有的, Cycling Cap = 现有的 -> Water ...
1.000	1.319	Mountain-200 = 现有的, Mountain Tire Tube = 现有的 -> HL ...
1.000	1.183	Mountain-200 = 现有的, Water Bottle = 现有的 -> Mountain...
1.000	1.175	Touring-1000 = 现有的, Water Bottle = 现有的 -> Road Bott...
1.000	1.231	Road-750 = 现有的, Water Bottle = 现有的 -> Road Bottle ...
1.000	1.256	Touring Tire = 现有的, Sport-100 = 现有的 -> Touring Tire T...
1.000	0.750	Road Bottle Cage = 现有的, Sport-100 = 现有的 -> Water B...
1.000	1.021	ML Road Tire = 现有的, Sport-100 = 现有的 -> Road Tire Tu...
1.000	1.106	Fender Set - Mountain = 现有的, Water Bottle = 现有的 -> ...
0.985	0.902	ML Mountain Tire = 现有的, Sport-100 = 现有的 -> Mountain...
0.942	0.710	Mountain Bottle Cage = 现有的, Cycling Cap = 现有的 -> W...
0.906	0.700	Touring-1000 = 现有的, Road Bottle Cage = 现有的 -> Wat...
0.891	0.865	HL Mountain Tire = 现有的, Sport-100 = 现有的 -> Mountain...
0.889	0.831	Road Bottle Cage = 现有的 -> Water Bottle = 现有的
0.868	0.698	Road-750 = 现有的, Road Bottle Cage = 现有的 -> Water B...
0.860	1.437	Touring Tire = 现有的 -> Touring Tire Tube = 现有的
0.838	0.679	Mountain Bottle Cage = 现有的, Sport-100 = 现有的 -> Wat...

图 4.18　挖掘关联规则的结果

4.5 小结

关联规则反映一个事物与其他事物之间的相互依存性和关联性。如果两个或者多个事物之间存在一定的关联关系,那么,其中一个事物就能够通过其他事物预测到。典型的关联规则发现问题是对超市中的购物篮数据进行分析,通过发现顾客放入购物篮中的不同商品之间的关系来分析顾客的购买习惯。

关联规则挖掘分为产生频繁集和产生规则两个步骤。经典的关联规则挖掘算法包括由候选集产生频繁集的算法 Apriori 和不产生候选集的算法 FP-growth。关联规则可以分为一维和多维关联规则、单层和多层关联规则,以及布尔型和数值型的关联规则。

在 SQL Server 中,可以使用 Analysis Services 服务进行关联规则模型的建立和处理,以可视化的方式查看模型结果。

4.6 习题

1. 关联规则的经典算法包括________和________,其中________的效率更高。

2. 如果 $L_2=\{\{a,b\},\{a,c\},\{a,d\},\{b,c\},\{b,d\}\}$,则

连接产生的 $C_3=$________。

再经过修剪,$C_3=$________。

3. 设定 $sup_{min}=50\%$,交易集如表 4.8 所示。

则 $L_1=$________。

$L_2=$________。

表 4.8 交易记录集 *D*

交易号 TID	顾客购买商品 Items
T_1	A B C
T_2	A C
T_3	A D
T_4	B E F

4. 什么是关联规则?关联规则的应用有哪些?

5. 关联规则的分类有哪些?关联规则挖掘的步骤包括什么?

6. 设定 $sup_{min}=50\%$,$conf_{min}=50\%$,使用 Apriori 算法完成表 4.8 所示的数据集关联规则的挖掘。

7. 设定 $sup_{min}=50\%$,$conf_{min}=50\%$,使用 FP-tree 算法完成表 4.9 所示的数据集关联规则的挖掘。

表 4.9 交易记录集 *D*

交易号 TID	顾客购买商品 Items
T_1	f,a,c,d,g,i,m,p
T_2	a,b,c,f,l,m,o
T_3	b,f,h,j,o
T_4	b,c,k,s,p
T_5	a,f,c,e,l,p,m,n

CHAPTER 5

第5章　数据分类

随着计算机和信息时代的到来，人类收集、存储和访问数据的能力大大增强，快速增长的海量数据集被存储在大型数据库中，随时充斥着我们的计算机、网络和生活，理解如此丰富的数据已经远远超出人类的能力，原有的数据分析工具也显得力不从心。为了不被数据淹没，而是从中及时发现有价值的信息，从而制定正确的决策，数据挖掘技术应运而生，并且显示出强大的生命力。数据挖掘的方法多种多样，包括关联规则挖掘、分类、聚类和统计分析等，其中分类问题是数据挖掘领域中研究和应用最为广泛的技术之一，如何更精确、更有效地分类一直是人们追求的目标。

5.1　引例

分类是指把数据样本映射到一个事先定义的类中的学习过程，即给定一组输入的属性向量及其对应的类，用基于归纳的学习算法得出分类。

分类问题是数据挖掘领域中研究和应用最为广泛的技术之一，许多分类算法被包含在统计分析工具的软件包中，作为专门的分类工具来使用。分类问题在商业、银行业、医疗诊断、生物学、文本挖掘和因特网筛选等领域都有广泛应用。例如，在银行业中，分类方法可以辅助工作人员将正常信用卡用户和欺诈信用卡用户进行分类，从而采取有效措施减小银行的损失；在医疗诊断中，分类方法可以帮助医疗人员将正常细胞和癌变细胞进行分类，从而及时制定救治方案，挽救病人的生命；在因特网筛选中，分类方法可以协助网络工作人员将正常邮件和垃圾邮件进行分类，从而制定有效的垃圾邮件过滤机制，防止垃圾邮件干扰人们的正常生活。

分类问题中使用的数据集是用什么形式来表示的呢？如表5.1所示，数据集通过描述属性和类别属性来表示。其中，第一行中的Age，Salary称为数据样本的描述属性，Class称为数据样本的类别属性。从第二行开始的内容分别对应描述属性和类别属性的具体取值。

表 5.1　分类问题的示例数据集

Age	Salary	Class
30	high	c_1
25	high	c_2
21	low	c_2
43	high	c_1
18	low	c_2
33	low	c_1
⋮	⋮	⋮

在分类问题中，描述属性可以是连续型属性(continuous attribute)，也可以是离散型属性(discrete attribute)；而类别属性必须是离散型属性。所谓连续型属性，是指在某一个区间或者无穷区间内该属性的取值是连续的，表 5.1 中的属性 Age 就是连续型属性；离散型属性是指该属性的取值是不连续的，表 5.1 中的属性 Salary 和 Class 就是离散型属性。Salary 的具体取值是 high 和 low，表示工资的高和低，Class 的具体取值是 c_1 和 c_2，表示该数据集分为两个类别。在具体的应用中，针对不同的算法，有时需要将连续属性转化为离散属性。

通过上述介绍，可以将分类问题中使用的数据集表示为 $X=\{(x_i,y_i)|i=1,2,\cdots,\text{total}\}$，其中数据样本 $x_i(i=1,2,\cdots,\text{total})$用 d 维特征向量 $x_i=(x_{i1},x_{i2},\cdots,x_{id})$来表示，$x_{i1},x_{i2},\cdots,x_{id}$ 分别对应 d 个描述属性 $A_1,A_2,\cdots,A_d$ 的具体取值；y_i 表示数据样本 x_i 的类标号。假设给定数据集包含 m 个类别，则 $y_i\in\{c_1,c_2,\cdots,c_m\}$，其中 $c_1,c_2,\cdots,c_m$ 是类别属性 C 的具体取值，也称为类标号。对于未知类标号的数据样本 x，用 d 维特征向量 $x=(x_1,x_2,\cdots,x_d)$来表示。

5.2　分类问题概述

5.2.1　分类的过程

用于分类的数据集是由一条条的记录组成的，例如表 5.1 中的第一条记录 30，high，c_1 是一个训练样本，其中 30，high 是描述属性 Age 和 Salary 的具体取值，类标号 c_1 是类别属性 Class 的具体取值。对于包含类别属性的数据集，可以用于分类器的设计，之后用分类器对未知类标号的数据样本进行分类。

分类的过程如图 5.1 所示。下面对图 5.1 中的几个部分做简要说明。

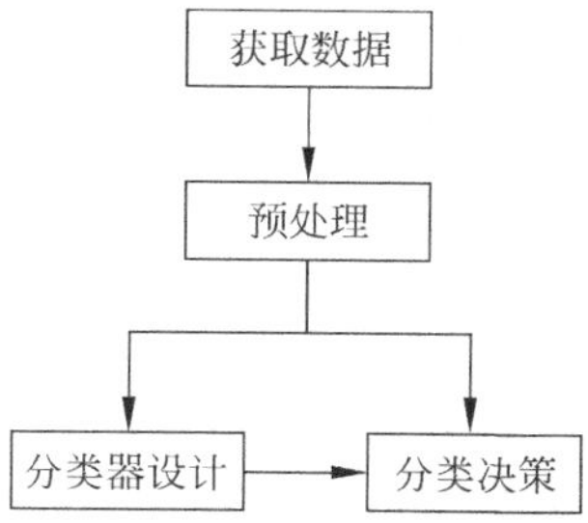

获取数据
预处理
分类器设计
分类决策

图 5.1　分类的过程

1. 获取数据

分类问题所需要的数据可以是图像，例如文字、指纹以及其他需要分类的物体的照片等；可以是波形，例如脑电图、心电图和机械震动波等；也可以是各种物理和逻辑数据。所谓物理数据，是指数据中既包含数值型数据，也包含描述型数据，例如病人的病历中的各种化验数据、各单位人事部门的档案资料、商业部门的产品生产和销售数据等；所谓逻辑数据，是指某些描述型的数据，例如对性别的判断(男性和女性)或者病症的描述(有病和正常)，逻辑数据可以用逻辑值来表示，如 0 代表男性，1 代表女性。此外，对于图像和波形，为了方便计算机的处理，可以通过采样或者量化方法将它们转化为向量形式的逻辑数据。

2. 预处理

为了提高分类的准确性和有效性，需要对分类所用的数据进行预处理。对数据的预处理通常包括：

(1) 去除噪声数据，对空缺值进行处理。

(2) 数据集成或者变换。某些应用领域的数据集包含的属性个数很多(即维数很高)，而且有些属性是冗余的。如果直接使用这些数据，会大大增加分类器设计的工作量，因此，需要对原始数据进行集成或者变换，将维数较高的样本空间转换为维数较低的特征空间，从而得到最能反映分类本质的那些特征或者属性。

关于数据预处理的工作，请参阅相关文献，这里就不再赘述了。

3. 分类器设计

分类器设计阶段包含如下 3 个过程。

(1) 划分数据集。给定带有类标号的数据集，并且将数据集划分为两个部分：训练集和测试集。通常使用两种方式来划分数据集。第一种方式是从数据集中随机地抽取出 2/3 的数据样本作为训练集，其余 1/3 的数据样本作为测试集；第二种方式是采用十交叉验证方法(10-fold validation)，具体做法是将数据集随机地划分为 10 组，之后执行 10 次循环，在第 i 次($1\leqslant i\leqslant 10$)循环中，将第 i 组数据样本作为测试集，其余的 9 组数据样本作为训练集。

(2) 分类器构造。利用训练集构造分类器(分类模型)。通过分析由属性描述的每类样本的数据信息，从中总结出分类的规律性，建立判别公式或者判别规则。在分类器构造过程中，由于提供了每个训练样本的类标号，这一步也称作有指导的学习方法(或者称作监督学习方法)。

(3) 分类器测试。利用测试集对分类器的分类性能进行评估，具体方式是：首先，利用分类器对测试集中的每一个数据样本进行分类；其次，将分类得到的类标号和测试集中数据样本的原始类标号进行对比，从而得到分类器的分类性能。需要特别说明的是，采用十交叉验证方法时，需要等到循环结束之后再对分类性能进行评估。

4. 分类决策

如果在分类器设计阶段所构造的分类器的分类性能被认为是可以接受的，就可以利用该分类器对未知类标号的数据样本进行实际的分类决策。

5.2.2 分类的评价准则

给定测试集 $X_{\text{test}}=\{(x_i,y_i)\mid i=1,2,\cdots,N\}$，其中，$N$ 表示测试集中的样本个数；$x_i(1\leqslant i\leqslant N)$ 表示测试集中的数据样本；$y_i(1\leqslant i\leqslant N)$ 表示数据样本 x_i 的类标号，假设要研究的分类问题含有 m 个类别，则 $y_i\in\{c_1,c_2,\cdots,c_m\}$。在分类问题中，对于测试集的第 $j(1\leqslant j\leqslant m)$

个类别，假设被正确分类的样本数量为 TP_j，被错误分类的样本数量为 FN_j，其他类别被错误分类为该类的样本数据量为 FP_j。

在分类问题中，通常使用评价准则来评估所构造分类器的分类性能。通过上一段给出的假设，下面介绍几种分类问题中常用的评价准则。

1. 精确度

精确度(Accuracy)是分类问题中最常用的评价准则，它的值代表测试集中被正确分类的数据样本所占的比例。精确度反映了分类器对于数据集的整体分类性能。精确度的定义如式(5-1)所示。

$$\text{Accuracy} = \frac{\sum_{j=1}^{m} TP_j}{N} \tag{5-1}$$

2. 查全率和查准率

第 j 个($1 \leqslant j \leqslant m$)类别的查全率($\text{Recall}_j$)表示在本类样本中，被正确分类的样本所占的比例；而查准率(Precision_j)表示被分类为该类的样本中，真正属于该类的样本所占的比例。查全率和查准率分别表示某个单一类别的分类精度和纯度，它们的定义如式(5-2)和式(5-3)所示。

$$\text{Recall}_j = \frac{TP_j}{TP_j + FN_j} \quad 1 \leqslant j \leqslant m \tag{5-2}$$

$$\text{Precision}_j = \frac{TP_j}{TP_j + FP_j} \quad 1 \leqslant j \leqslant m \tag{5-3}$$

3. *F*-measure

F-measure 可以比较合理地评价分类器对每一类样本的分类性能。第 j 个($1 \leqslant j \leqslant m$)类别的 $F\text{-measure}_j$ 的定义如式(5-4)所示，它是查全率和查准率的组合表达式，其中 β 是可以调节的，通常取值为 1。

$$F\text{-measure}_j = \frac{(1+\beta^2) \times \text{Recall}_j \times \text{Precision}_j}{\beta^2 \times \text{Recall}_j + \text{Precision}_j} \tag{5-4}$$

4. 几何均值

几何均值(*G*-mean)也是一种非常有效的评价准则，它能够合理地评价数据集的整体分类性能。*G*-mean 是各个类别的查全率的乘积的平方根。当各个类别的查全率的值都大时，*G*-mean 才相应增大，它同时兼顾了各个类别的分类精度。*G*-mean 的定义如式(5-5)所示。

$$G\text{-mean} = \sqrt{\prod_{j=1}^{m} \text{Recall}_j} \tag{5-5}$$

在上述评价准则中，精确度是分类问题中最常用的评价准则。需要说明的是，对于各个类别分布相对均衡的数据集，精确度是比较合理的评价准则。但是，当各个类别分布不均衡,特别是所关注的类别包含的样本数量比较小时,精确度不能正确反映每个具体类别的分类性能。在这种情况下,使用查全率、查准率、*F*-measure 或者几何均值更为合理。因此,在评价分类器的分类性能时,要根据数据集的特点和所关注的侧重点的不同,选择最合适的评价准则。

5.3 决策树

最早的决策树算法是由 Hunt 等人于 1966 年提出的 CLS。当前最有影响的决策树算法是 Quinlan 于 1986 年提出的 ID3 和 1993 年提出的 C4.5。ID3 只能处理离散型描述属性,它选择信息增益最大的属性划分训练样本,其目的是使得进行分支时系统的熵最小,从而提高算法的运算速度和精确度。ID3 算法的主要缺陷是,用信息增益作为选择分支属性的标准时,偏向于取值较多的属性,而在某些情况下,这类属性可能不会提供太多有价值的信息。C4.5 是 ID3 的改进算法,不仅可以处理离散型描述属性,还能处理连续型描述属性。C4.5 采用了信息增益比作为选择分支属性的标准,弥补了 ID3 的不足。

决策树分类方法的优点如下。

(1) 进行分类器设计时,决策树分类方法所需时间相对较少。

(2) 决策树的分类模型是树状结构,简单直观,比较符合人类的理解方式。

(3) 可以将决策树中到达每个叶结点的路径转换为 IF-THEN 形式的分类规则,这种形式更有利于理解。

5.3.1 决策树的基本概念

决策树学习方法是以给定数据样本为基础的归纳学习方法。在给定已知类标号的数据集的情况下,决策树学习方法采用自顶向下的递归方式来产生一个类似于流程图的树结构。树的最顶层结点称为根结点;最底层结点称为叶结点,每个叶结点代表样本的类别或者类分布;根结点和叶结点之间的结点称为内部结点。决策树学习方法在根结点和各内部结点上根据给定的度量标准来选择最适合的描述属性作为分支属性,并且根据该属性的不同取值向下建立分支。对未知类标号的数据样本进行分类时,从根结点开始逐层向下判断,直到叶结点,这样就可以得到该数据样本的类标号。

下面通过一个例子来形象地说明决策树的结构。表 5.2 中给出了一个关于是否购买保险的数据集,包含 4 个描述属性。其中,描述属性 A_1 的名称为"公司职员",描述属性 A_2 的名称为"年龄",描述属性 A_3 的名称为"收入",描述属性 A_4 的名称为"信誉度"。此外,数据集的类别属性 C 的名称为"买保险"。从表 5.2 中可以看出,本例中的描述属性和类别属性都是离散型属性,A_1(公司职员)和 A_4(信誉度)包括两种取值,A_2(年龄)和 A_3(收入)包括 3 种取值;类别属性 C(买保险)包括两种取值,表示该数据集被划分为两个类别,其中 c_1 表示买保险,c_2 表示不买保险。

将表 5.2 中的数据集作为训练集时,会得到怎样的一棵决策树呢?图 5.2 展示了这棵决策树的结构。其中,最顶层的结点"年龄"称为根结点,此外,还有两个内部结点:"公司职员"和"信誉度"。图 5.2 中用椭圆边框表示的结点称为叶结点,它们的值是类别属性的具体取值,表示类标号。

表 5.2 决策树举例数据集

公司职员	年龄	收入	信誉度	买保险
否	≤40	高	良	c_2
否	≤40	高	优	c_2
否	41～50	高	良	c_1
否	>50	中	良	c_1
是	>50	低	良	c_1
是	>50	低	优	c_2
是	41～50	低	优	c_1
否	≤40	中	良	c_2
是	≤40	低	良	c_1
是	>50	中	良	c_1
是	≤40	中	优	c_1
否	41～50	中	优	c_1
是	41～50	高	良	c_1
否	>50	中	优	c_2

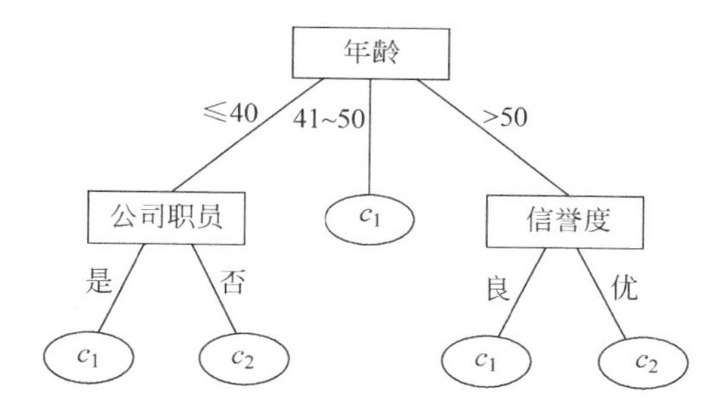

图 5.2 由表 5.2 的数据集生成的决策树

此外，可以将决策树中从根结点到达每个叶结点的路径转换为 IF-THEN 形式的分类规则。当决策树很大时，IF-THEN 形式的分类规则更易于理解。图 5.2 所示的决策树可以转换为如下所示的 IF-THEN 分类规则。

(1) IF "年龄≤40" AND "是公司职员",THEN "买保险"。

(2) IF "年龄≤40" AND "不是公司职员",THEN "不买保险"。

(3) IF "年龄 41～50",THEN "买保险"。

(4) IF "年龄>50" AND "信誉度为良",THEN "买保险"。

(5) IF "年龄>50" AND "信誉度为优",THEN "不买保险"。

5.3.2 决策树算法 ID3

决策树算法 ID3 只能处理离散型描述属性，在选择根结点和各个内部结点上的分支属性时，采用信息增益(information gain)作为度量标准。下面介绍 ID3 算法的原理。

假设给定的数据集为 $X=\{(x_i,y_i)|i=1,2,\cdots,\text{total}\}$，其中样本 $x_i(i=1,2,\cdots,\text{total})$ 用 d 维特征向量 $x_i=(x_{i1},x_{i2},\cdots,x_{id})$ 来表示，$x_{i1},x_{i2},\cdots,x_{id}$ 分别对应 d 个描述属性 $A_1,A_2,\cdots,A_d$ 的具体取值；$y_i(i=1,2,\cdots,\text{total})$ 表示样本 x_i 的类标号，假设要研究的分类问题含有 m

个类别,则 $y_i \in \{c_1, c_2, \cdots, c_m\}$。需要说明的是,在创建根结点时,数据集 X 是最初给定的所有数据,在创建内部结点时,数据集 X 是上层结点的某个分支对应的数据集。

假设 n_j 是数据集 X 中属于类别 c_j 的样本数量,则各类别的先验概率为 $P(c_j) = n_j / \text{total}, j=1,2,\cdots,m$。对给定数据集 X 分类所需的期望信息为

$$I(n_1, n_2, \cdots, n_m) = -\sum_{j=1}^{m} P(c_j)\log_2(P(c_j)) \tag{5-6}$$

设描述属性 $A_f(f=1,2,\cdots,d)$ 具有 q 个不同的取值 $\{a_{1f}, a_{2f}, \cdots, a_{qf}\}$,利用描述属性 A_f 可以将数据集 X 划分为 q 个子集 $\{X_1, X_2, \cdots, X_q\}$,其中 $X_s(s=1,2,\cdots,q)$ 中的样本在 A_f 上具有相同的取值 a_{sf}。设 n_s 表示子集 X_s 中的样本数量,n_{js} 表示子集 X_s 中属于类别 c_j 的样本数量,则由描述属性 A_f 划分数据集 X 所得的熵为

$$E(A_f) = \sum_{s=1}^{q} \frac{n_{1s} + \cdots + n_{ms}}{\text{total}} I(n_{1s}, \cdots, n_{ms}) \tag{5-7}$$

其中

$$I(n_{1s}, \cdots, n_{ms}) = -\sum_{j=1}^{m} p_{js}\log_2(p_{js}) \tag{5-8}$$

其中,$p_{js} = n_{js}/n_s$ 表示在子集 X_s 中类别为 c_j 的数据样本所占的比例。式(5-7)中的熵值越小,表示属性对数据集划分的纯度越高。

根据式(5-6)、式(5-7)和式(5-8),可以得到利用描述属性 $A_f(f=1,2,\cdots,d)$ 划分数据集时的信息增益,如式(5-9)所示。

$$\text{Gain}(A_f) = I(n_1, n_2, \cdots, n_m) - E(A_f) \tag{5-9}$$

选择具有最高信息增益的描述属性作为给定数据集 X 的分支属性,从而创建决策树中的一个结点,并且根据该描述属性的不同取值再创建分支,之后对各分支中的样本子集递归调用上述方法建立该结点的各个子结点。当某个分支上的所有数据样本都属于同一个类别时划分停止,形成叶结点;或者某个分支上的样本不属于同一个类别,但是又没有剩余的描述属性可以进一步划分数据集时也形成叶结点,并且用多数样本所属的类别来标记这个叶结点。

基于以上分析,下面给出 ID3 算法的操作步骤,如图 5.3 所示。

输入:给定训练集 X_{train},其中每一个训练样本都是由一组描述属性的具体取值表示的特征向量,并且每个训练样本都有类标号;给定描述属性组成的集合,作为决策树中根结点和各内部结点上的分支属性的候选集。

输出:决策树。

(1) 如果训练集 X_{train} 中的样本都属于同一个类别,则将根结点标记为叶结点,否则进行第(2)步。

(2) 如果描述属性集为空集,则将根结点标记为叶结点,类标号为 X_{train} 中包含样本数量最多的类标号,否则进行第(3)步。

(3) 根据信息增益评价标准,从给定的描述属性集中选择一个信息增益的值最大的描述属性作为根结点的分支属性,之后进行第(4)步。

(4) 按照根结点中分支属性的具体取值从根结点进行分支,假设测试属性有 l 种取值,则 X_{train} 被划分为 l 个样本子集,每个具体的样本子集对应一个分支,而且其中的样本具有相同的属性值,之后进行第(5)步。

(5) 对于根结点下面的各个内部结点,采用递归调用的方法重复步骤(1)~(4),继续选择最佳的分支属性作为内部结点,直到所有的样本都被归类于某个叶结点为止。

说明:对于每个内部结点,在进行上述操作时使用的数据不再是 X_{train},而是该结点上所包含的样本子集。此外,选择下层结点的分支属性时,上层结点中用到的描述属性不再作为候选属性。

图 5.3 ID3 算法的操作步骤

由以上分析可以看出,数据划分是决策树分类方法的重要思想。也就是说,决策树分类方法采用自顶向下的递归方式,将原始的样本空间划分成若干更小的样本空间,再对它们单独进行处理。

5.3.3　ID3 算法应用举例

本节通过一个应用实例来说明 ID3 算法在生成决策树时是怎样选择根结点和各个内部结点的。

【例 5.1】 根据表 5.2 中给出的训练集,利用 ID3 算法生成决策树,即选择根结点和各内部结点上的分支属性。

【解】 问题的求解过程分为以下几个部分。

(1) 计算对训练集分类所需的期望信息。

因为给定训练集中的样本数量为 total=14,类标号为 c_1(表示买保险)的样本数量为 $n_1=9$,类标号为 c_2(表示不买保险)的样本数量为 $n_2=5$,所以训练集中两个类别的先验概率分别为

$$P(c_1)=\frac{n_1}{\text{total}}=\frac{9}{14},\quad P(c_2)=\frac{n_2}{\text{total}}=\frac{5}{14}$$

根据式(5-6),对训练集分类所需的期望信息为

$$\begin{aligned}I(n_1,n_2)&=-\sum_{j=1}^{2}P(c_j)\log_2(P(c_j))\\&=-\frac{9}{14}\log_2\left(\frac{9}{14}\right)-\frac{5}{14}\log_2\left(\frac{5}{14}\right)\\&\approx 0.94\end{aligned}$$

(2) 计算各个描述属性划分训练集时的信息增益。

首先,计算第一个描述属性 A_1(公司职员)的熵。A_1 包含两种具体取值,第一种取值为"是",表示数据样本是公司职员;第二种取值为"否",表示数据样本不是公司职员。利用该描述属性可以将训练集划分为两个样本子集:X_1 和 X_2。样本子集 X_1 中的数据样本都是公司职员,而样本子集 X_2 中的数据样本都不是公司职员。

样本子集 X_1 中的样本数量为 $n_1=7$,其中类标号为 c_1 的样本数量 $n_{11}=6$,类标号为 c_2 的样本数量为 $n_{21}=1$,则样本子集 X_1 中两个类别的数据样本所占的比例分别为

$$p_{11}=\frac{n_{11}}{n_1}=\frac{6}{7},\quad p_{21}=\frac{n_{21}}{n_1}=\frac{1}{7}$$

根据式(5-8),可以得到

$$\begin{aligned}I(n_{11},n_{21})&=-\sum_{j=1}^{2}p_{j1}\log_2(p_{j1})\\&=-p_{11}\log_2(p_{11})-p_{21}\log_2(p_{21})\\&=-\frac{6}{7}\log_2\left(\frac{6}{7}\right)-\frac{1}{7}\log_2\left(\frac{1}{7}\right)\\&\approx 0.592\end{aligned}$$

样本子集 X_2 中的样本数量为 $n_2=7$,其中类标号为 c_1 的样本数量 $n_{12}=3$,类标号为 c_2

的样本数量为 $n_{22}=4$,则样本子集 X_2 中两个类别的数据样本所占的比例分别为

$$p_{12}=\frac{n_{12}}{n_2}=\frac{3}{7},\quad p_{22}=\frac{n_{22}}{n_2}=\frac{4}{7}$$

根据式(5-8),可以得到

$$\begin{aligned}I(n_{12},n_{22})&=-\sum_{j=1}^{2}p_{j2}\log_2(p_{j2})\\&=-p_{12}\log_2(p_{12})-p_{22}\log_2(p_{22})\\&=-\frac{3}{7}\log_2\left(\frac{3}{7}\right)-\frac{4}{7}\log_2\left(\frac{4}{7}\right)\\&\approx 0.985\end{aligned}$$

根据式(5-7),计算出由描述属性 A_1(公司职员)划分训练集时所得的熵为

$$\begin{aligned}E(A_1)&=\sum_{s=1}^{2}\frac{n_{1s}+n_{2s}}{\text{total}}I(n_{1s},n_{2s})\\&=\frac{n_{11}+n_{21}}{\text{total}}I(n_{11},n_{21})+\frac{n_{12}+n_{22}}{\text{total}}I(n_{12},n_{22})\\&=\frac{7}{14}\times 0.592+\frac{7}{14}\times 0.985\\&\approx 0.789\end{aligned}$$

根据期望信息 $I(n_1,n_2)$ 和熵 $E(A_1)$,并且根据式(5-9),可以得到描述属性 A_1 划分训练集时的信息增益为

$$\begin{aligned}\text{Gain}(A_1)&=I(n_1,n_2)-E(A_1)\\&=0.94-0.789\\&=0.151\end{aligned}$$

同理,可以计算出描述属性 A_2(年龄)、A_3(收入)和 A_4(信誉度)划分训练集时的信息增益,它们的值分别为

$$\text{Gain}(A_2)=0.246,\quad \text{Gain}(A_3)=0.029,\quad \text{Gain}(A_4)=0.048$$

可以看出,描述属性 A_2 划分训练集时得到的信息增益的值最大,所以选择它作为决策树的根结点。由于描述属性 A_2 有 3 种具体取值,所以它包含 3 个分支。也就是说,描述属性 A_2 按照年龄≤40、41~50 和>50 将表 5.2 中的训练集划分为 3 个样本子集,如表 5.3、表 5.4 和表 5.5 所示。

表 5.3　表 5.2 的训练集对应年龄≤40 的样本子集

公司职员	收　入	信 誉 度	买 保 险
否	高	良	c_2
否	高	优	c_2
否	中	良	c_2
是	低	良	c_1
是	中	优	c_1

表 5.4　表 5.2 的训练集对应年龄 41～50 的样本子集

公司职员	收　入	信誉度	买保险
否	高	良	c_1
是	低	优	c_1
否	中	优	c_1
是	高	良	c_1

表 5.5　表 5.2 的训练集对应年龄＞50 的样本子集

公司职员	收　入	信誉度	买保险
否	中	良	c_1
是	低	良	c_1
是	低	优	c_2
是	中	良	c_1
否	中	优	c_2

其中，表 5.4（年龄在 41～50）对应的样本子集都属于同一个类别，即类别属性 C 的取值都为 c_1（买保险），所以这个子集没有必要再继续划分了，可以将它标注为一个叶结点，而且叶结点的类标号为 c_1。对于另外两个样本子集（表 5.3 和表 5.5），由于数据样本的类标号不统一，需要继续划分。

（3）对数据集进行继续划分。

对于表 5.3（年龄≤40）和表 5.5（年龄＞50）对应的样本子集，利用上述方法继续挑选信息增益值最大的描述属性作为内部结点上的分支属性，直到得到叶结点。需要注意的是，在计算信息增益时，不需要再计算属性 A_2（年龄）的信息增益了，也就是说，在选择下层结点的分支属性时，不需要再计算上层结点中分支属性的信息增益了。

经过上述迭代过程，可以得到图 5.2 所示的决策树。

5.3.4　决策树算法 C4.5

ID3 算法存在以下缺点。

（1）ID3 算法在选择根结点和各内部结点中的分支属性时，使用信息增益作为评价标准。信息增益的缺点是倾向于选择取值较多的属性，在有些情况下，这类属性可能不会提供太多有价值的信息。

（2）ID3 算法只能对描述属性为离散型属性的数据集构造决策树。

针对 ID3 算法的不足，决策树算法 C4.5 的改进如下所示。

（1）C4.5 算法使用信息增益比来作为选择根结点和各内部结点中分支属性的评价标准，克服了 ID3 算法使用信息增益选择属性时偏向于取值较多的属性的不足。

在选择决策树中某个结点上的分支属性时，假设该结点上的数据集为 X，其中包含 d 个描述属性，样本总数为 total。设描述属性 $A_f(f=1,2,\cdots,d)$ 具有 q 个不同的取值 $\{a_{1f},a_{2f},\cdots,a_{qf}\}$，利用描述属性 A_f 可以将数据集 X 划分为 q 个子集 $\{X_1,X_2,\cdots,X_q\}$，其中，

$X_s(s=1,2,\cdots,q)$中的样本在A_f上具有相同的取值a_{sf}。设n_s表示子集X_s中的样本数量，则描述属性A_f划分给定数据集X的信息增益比的定义式如式(5-10)所示。

$$\text{Gain\_ratio}(A_f)=\frac{\text{Gain}(A_f)}{\text{split}(A_f)},\quad f=1,2,\cdots,d \tag{5-10}$$

在式(5-10)中，分子 Gain(A_f)的定义式如式(5-9)所示，分母 split(A_f)的定义式如式(5-11)所示。

$$\text{split}(A_f)=-\sum_{s=1}^{q}\frac{n_s}{\text{total}}\times\log_2\left(\frac{n_s}{\text{total}}\right),\quad f=1,2,\cdots,d \tag{5-11}$$

C4.5 选择信息增益比最大的描述属性作为分支属性。

(2) C4.5 既可以处理离散型描述属性，也可以处理连续型描述属性。在选择某结点上的分支属性时，对于离散型描述属性，C4.5 的处理方法与 ID3 相同，按照该属性本身的取值个数进行计算；对于某个连续型描述属性A_c，假设在某个结点上的数据集的样本数量为 total，C4.5 将作以下处理。

① 将该结点上的所有数据样本按照连续型描述属性的具体取值，由小到大进行排序，得到属性值的取值序列$\{A_{1c},A_{2c},\cdots,A_{\text{total}c}\}$。

② 在$\{A_{1c},A_{2c},\cdots,A_{\text{total}c}\}$中生成 total－1 个分割点。第$i(1\leqslant i\leqslant \text{total}-1)$个分割点的取值设置为$v_i=(A_{ic}+A_{(i+1)c})/2$，它可以将该结点上的数据集划分为两个子集，即描述属性A_c的取值在区间$[A_{1c},v_i]$的数据样本和在区间$(v_i,A_{\text{total}c}]$的数据样本。由于描述属性A_c的取值序列包含 total－1 个分割点，所以它对数据集的划分有 total－1 种方式。

③ 从 total－1 个分割点中选择最佳分割点。对于每一个分割点划分数据集的方式，C4.5 计算它的信息增益比，并且从中选择信息增益比最大的分割点来划分数据集。

下面举例说明连续型描述属性的处理方法。将表 5.2 中的离散型描述属性A_2(年龄)改为连续型描述属性，计算根结点上的分支属性时，要用到表 5.2 中的所有数据样本，假设数据样本的年龄序列为{32,25,46,56,60,52,42,36,23,51,38,43,41,65}。在计算A_2划分数据集的信息增益比时，需要进行如下处理。

① 对年龄序列由小到大排序，新的序列为{23,25,32,36,38,41,42,43,46,51,52,56,60,65}。

② 对新的年龄序列生成分割点，由于样本数量为 14，所以可以生成 13 个分割点。第一个分割点为(23＋25)/2＝24，它可以将数据集划分为年龄在区间[23,24]的数据样本和在区间(24,65]的数据样本。其余的分割点和划分方式同理可得。

③ 选择最佳分割点。例如，对于第一个分割点，可以计算得到年龄在区间[23,24]和(24,65]的样本数量以及每个区间的数据样本中属于各个类别的样本数量。由此，根据式(5-6)～式(5-11)，可以计算出第一个分割点的信息增益比。其余分割点的信息增益比同理可得。选择信息增益比最大的分割点作为描述属性A_2(年龄)的最佳分割点。

C4.5 的算法步骤与图 5.3 所示的 ID3 的算法步骤类似，只是将第(3)步中的信息增益改为信息增益比；而且当描述属性为连续型属性时，要将连续属性离散化，并且从中选择信息增益比最大的分割点将数据集划分为两个样本子集。因此，本节不再列出 C4.5 的算法步骤。

5.3.5 SQL Server 2005 中的决策树应用

本节讲述如何使用 SQL Server 2005 中的决策树方法。构造决策树所使用的数据集是 SQL Server 2005 的 Adventure Works DW 数据库中的 vTargetMail 数据集。该数据集中包含 32 个属性,其中 31 个为描述属性,1 个为类别属性。本节选择了其中的 16 个描述属性,在下面的操作步骤中会对这些属性做进一步的解释。数据集的类别属性为 BikeBuyer,包含两种取值,0 代表不购买自行车,1 代表购买自行车。

下面给出利用决策树方法进行数据分析的操作步骤。

(1) 创建 Analysis Services 项目。

(2) 创建数据源。

上述两个步骤与 4.4.2 节中的步骤(1)、(2)相同,这里不再赘述。

(3) 创建数据源视图。在解决方案资源管理器中,右击"数据源视图",从弹出的快捷菜单中选择"新建数据源视图"命令,系统将打开数据源视图向导。在"欢迎使用数据源视图向导"页上,单击"下一步"按钮。在"选择数据源"页中再次单击"下一步"按钮。在"选择表和视图"页上,选择 dbo. vTargetMail 视图,然后右击,将它包括在新数据源视图中,如图 5.4 所示。

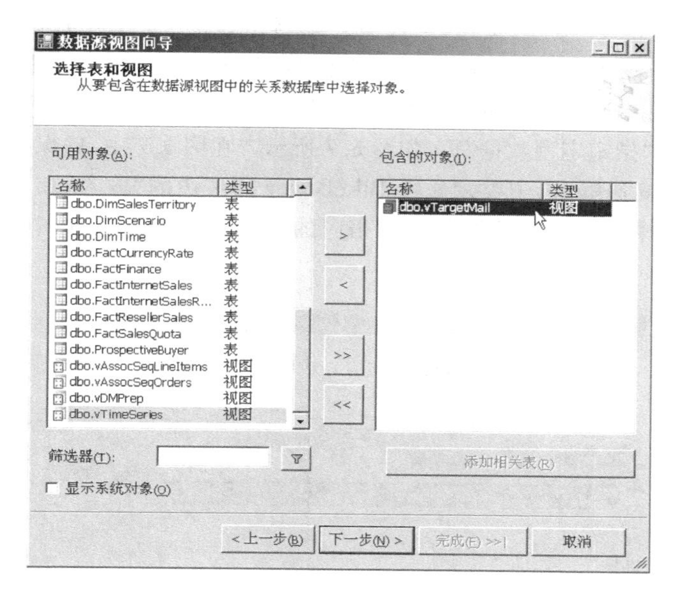

图 5.4 创建数据源视图

在图 5.4 中,单击"下一步"按钮,在随后出现的"完成向导"页上,默认情况下,系统将数据源视图命名为 Adventure Works DW,单击"完成"按钮,数据源视图创建成功。

(4) 创建决策树挖掘结构。在解决方案资源管理器中,右击"挖掘结构",从弹出的快捷菜单中选择"新建挖掘结构"命令,系统将打开数据挖掘向导。在"欢迎使用数据挖掘向导"页上,单击"下一步"按钮。在"选择定义方法"页上,确认已选中"从现有关系数据库或数据仓库",再单击"下一步"按钮。在"选择数据挖掘技术"页的"您要使用何种数据挖掘技术?"下拉列表中选择"Microsoft 决策树"选项,如图 5.5 所示。

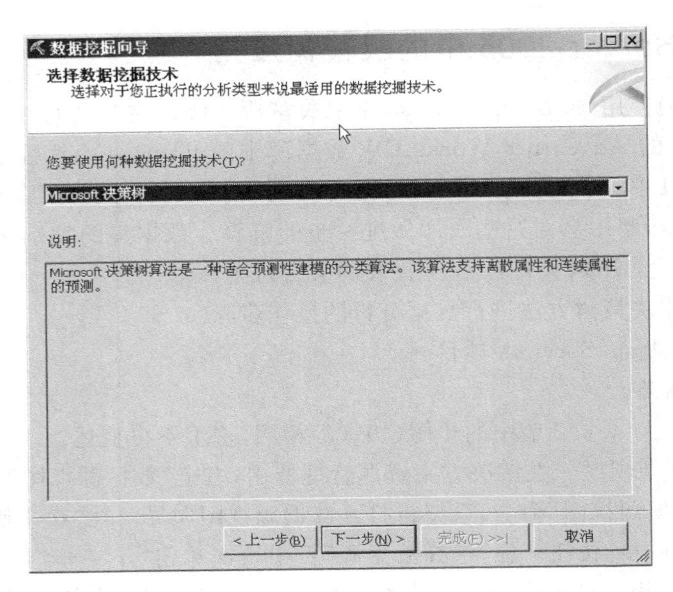

图 5.5　选择 Microsoft 决策树作为挖掘技术

在图 5.5 中,单击“下一步”按钮,请注意在随后出现的“选择数据源视图”页上,已默认选中 Adventure Works DW。单击“选择数据源视图”页上的“下一步”按钮,在“指定表类型”页上,选中 vTargetMail 表右边“事例”列中的复选框,如图 5.6 所示。在图 5.6 中,单击“下一步”按钮,出现“指定定型数据”页,如图 5.7 所示。在图 5.7 中,确保已选中 CustomerKey 列右边“键”列中的复选框,选中类别属性 BikeBuyer 列右边的“输入”和“可预测”复选框,并且从属性列表中选择 16 个描述属性,选中相应的“输入”复选框。16 个描述属性的信息如表 5.6 所示。

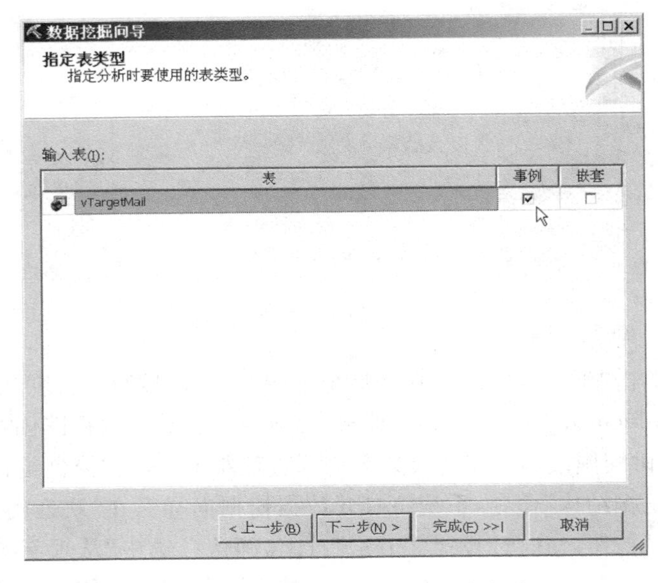

图 5.6　选择 vTargetMail 作为事例表

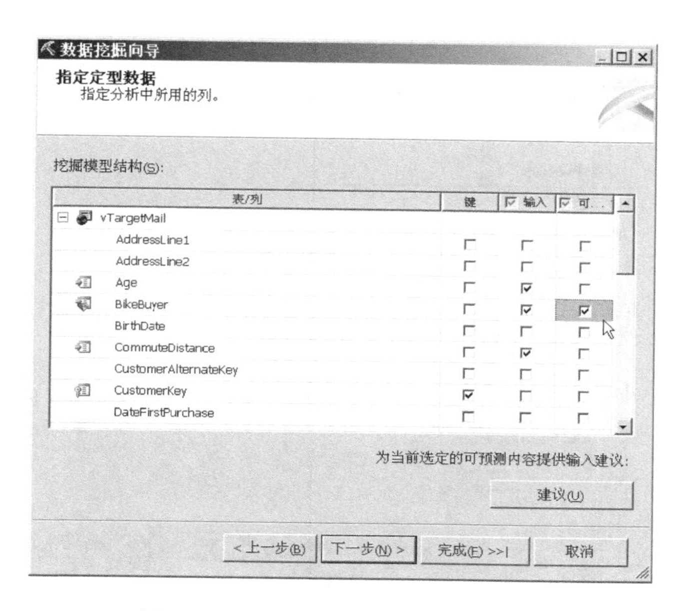

图 5.7 指定决策树分析中所用的属性

表 5.6 决策树使用的描述属性的信息

描述属性名称	描述属性类型
Age	连续属性
CommuteDistance	离散属性
CustomerKey	离散属性
EnglishEduation	离散属性
EnglishOccupation	离散属性
FirstName	离散属性
Gender	离散属性
GeographyKey	离散属性
HouseOwnerFlag	离散属性
LastName	离散属性
MaritalStatus	离散属性
NumberCarsOwned	离散属性
NumberChildrenAtHome	离散属性
Region	离散属性
TotalChildren	离散属性
YealyIncome	连续属性

在图 5.7 中单击“下一步”按钮，在随后的“指定列的内容和数据类型”页上，单击“下一步”按钮，出现“完成向导”页，如图 5.8 所示。在图 5.8 的“挖掘结构名称”文本框中输入 DecisionTree，在“挖掘模型名称”文本框中输入 DecisionTree，之后单击“完成”按钮。至此，决策树挖掘结构创建完成，系统将打开挖掘结构设计器，显示 Adventure Works DW 挖掘结构视图，如图 5.9 所示。

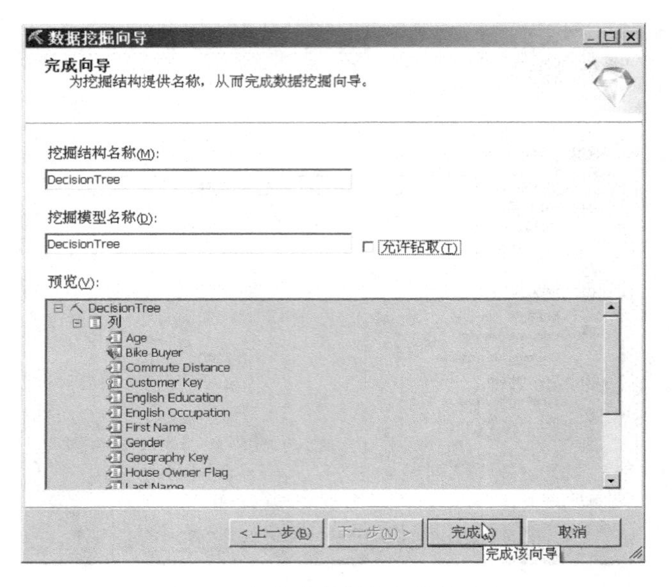

图 5.8 完成决策树挖掘结构向导

图 5.9 Adventure Works DW 决策树挖掘结构视图

(5) 设置决策树挖掘结构的相关参数。在“挖掘模型”选项卡上右击，从弹出的快捷菜单中选择“设置算法参数”命令，系统将打开“算法参数”对话框，如图 5.10 所示。

在图 5.10 的“值”列中，为要更改的算法设置新值，如果未在“值”列中输入值，Analysis Services 将使用默认参数值。决策树挖掘结构包括如下参数。

- COMPLEXITY_PENALTY：决策树成长参数。此值减小会使决策树的分支和层次数目增大，此值增大会导致相反的结果。

图 5.10　设置决策树算法参数

- FORCE_REGRESSOR：该参数强制数据集用作回归公式的输入变量，仅限于使用回归树，与本节的决策树无关。
- MAXIMUM_INPUT_ATTRIBUTES：算法可以处理输入属性的最大数量。
- MAXIMUM_OUTPUT_ATTRIBUTES：算法可以处理分类属性的最大数量。
- MINIMUM_SUPPORT：指定叶结点中必须包含的最小样本数量。此值小于 1 表示最小样本数量为总数量的百分比，此值大于 1 表示最小样本数量为指定的绝对数量。
- SCORE_METHOD：指定选择分支属性的度量标准。本例中将它的取值改为 1，表示使用信息增益作为度量标准。
- SPLIT_METHOD：指定分支模式。可用模式有二元分支、完整分支或根据算法判断。

(6) 建立决策树挖掘模型。选择“挖掘模型查看器”选项卡，程序问是否建立部署项目，选择“是”，在接下来的“处理挖掘模型”页上，单击“运行”按钮，出现“处理进度”窗口，如图 5.11 所示。

在图 5.11 中，处理进度完成之后，单击“关闭”按钮，建模完成。

(7) 查看挖掘结果。再次选择“挖掘模型查看器”选项卡，由 vTargetMail 数据集生成的决策树如图 5.12 所示。

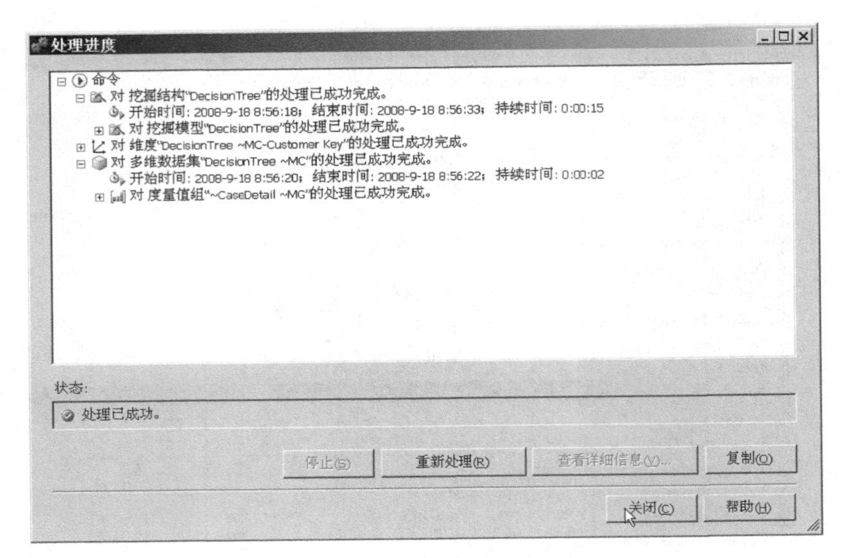

图 5.11　决策树挖掘模型处理进度

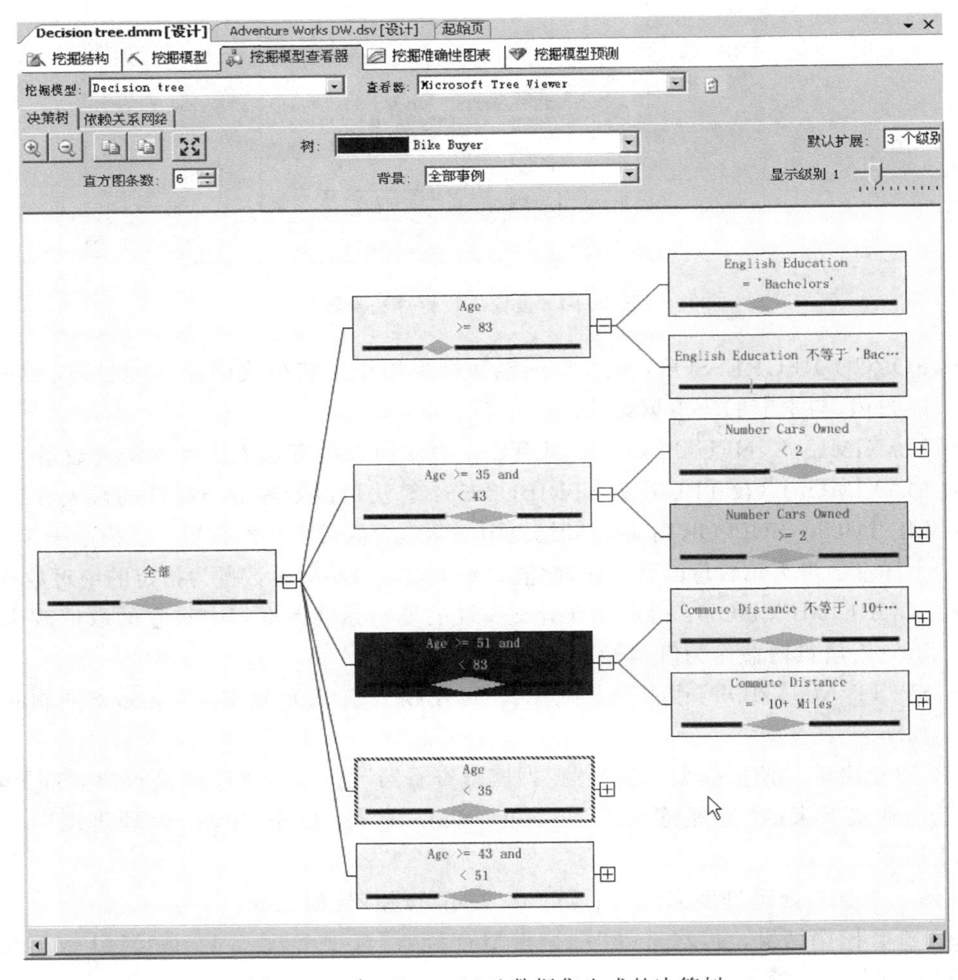

图 5.12　由 vTargetMail 数据集生成的决策树

5.3.6　决策树剪枝

在有些情况下，由训练集生成的决策树不是最简单、最紧凑的决策树，这是因为许多分支反映的是训练集中的噪声或者孤立点。决策树剪枝过程试图检测和去掉这种分支，以提高对未知类标号的数据进行分类时的准确性。决策树剪枝主要有先剪枝方法、后剪枝方法和两者相结合的方法。

先剪枝方法在生成决策树的过程中对树进行剪枝。也就是说，不再将某些内部结点上所包含的样本子集进行划分，从而提前停止分支生成过程。一旦停止分支，这些结点就成为叶结点，其中可能包含不同类别的数据样本，通常用多数样本所属的类别来标记这个叶结点。在先剪枝方法中，通常使用χ^2、信息增益等评价标准来衡量各分支的优劣。如果在某个结点进行分支时，评价标准的值小于给定阈值，则停止分支。在实际应用中，阈值的选择是一个难题，阈值过高，被剪枝的决策树会过于简化；阈值过低，有些多余的分支没有被剪枝。

后剪枝方法在生成决策树之后对树进行剪枝，通过删除某些结点的分支，从而剪掉一些内部结点。决策树最下面的未被剪枝的结点成为叶结点，用该叶结点中多数样本所属的类别来对它进行标记。代价复杂性剪枝算法是后剪枝方法中比较常用的方法。

此外，可以交叉使用先剪枝和后剪枝方法，形成组合式方法。

5.4　支持向量机

支持向量机(Support Vector Machine，SVM)是 Vapnik 等人于 1995 年提出的统计学习算法，具有出色的学习性能，尤其是泛化能力，从而引起了人们对这一方法的极大关注。支持向量机是从两类线性可分情况下的最优分类超平面中提出的。所谓最优分类超平面，是指分类超平面不但能将两类数据样本无错误地分开，而且要使两类数据样本的分类间隔最大。这样可以保证获得的分类器既能很好地区分训练集中的数据样本，也能对未知类标号的数据样本有很好的泛化能力。

设线性可分的训练集为 $X_{\text{train}}=\{(x_i,y_i)\mid i=1,2,\cdots,\text{total}\}$，其中 $x_i\in R^d$ 是 d 维空间中的数据样本，$y_i\in\{+1,-1\}$是类标号。如图 5.13 所示，假设 H 为分类超平面，H_1 和 H_2 分别为通过两类数据样本中离分类超平面最近的点并且平行于分类超平面的平面，则 H_1 和 H_2 之间的距离叫作分类间隔(margin)。此外，w 称为分类超平面 H 的法向量。

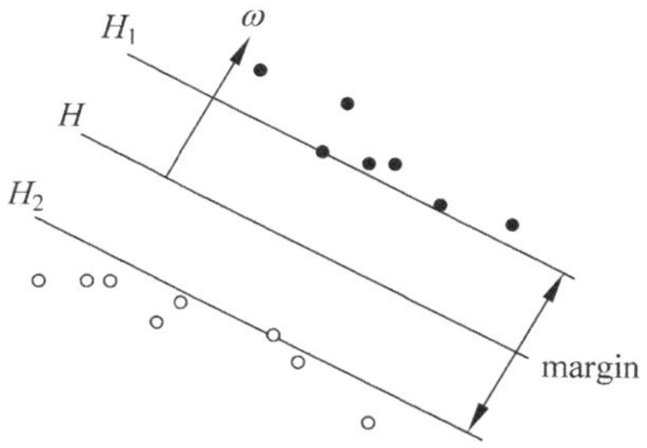

图 5.13　支持向量机的分类示意图

样本空间中的线性判别函数可以表示为 $g(x)=w\cdot x+b$，其中符号“$\cdot$”表示点乘，即两个向量的对应元素乘积的总和；b 是分类阈值。分类超平面 H 的方程为

$$w\cdot x+b=0 \tag{5-12}$$

将线性判别函数进行归一化，使两类数据样本满足$|g(x)|\geqslant 1$，其中满足$|g(x)|=1$的数据样本离分类超平面 H 最近。也就是说，如果要求分类超平面 H 将两类数据样本正确分类，它需要满足如下条件：

$$w \cdot x_i + b \geqslant 1, \quad 如果\ y_i = +1 \tag{5-13}$$

$$w \cdot x_i + b \leqslant -1, \quad 如果\ y_i = -1 \tag{5-14}$$

由于 H_1 和 H_2 分别通过两类数据样本中离分类超平面最近的点,所以对于超平面 H_1 和 H_2,式(5-13)和式(5-14)中的等号成立。也就是说,H_1 和 H_2 的方程分别为

$$w \cdot x_i + b = 1, \quad 如果\ y_i = +1 \tag{5-15}$$

$$w \cdot x_i + b = -1, \quad 如果\ y_i = -1 \tag{5-16}$$

下面求超平面 H_1 和 H_2 之间的距离,即分类间隔。如图 5.14 所示,以两维空间为例,H_1 和 H_2 由超平面变为直线,假设 x_1 是 H_1 上的数据样本,x_2 是 x_1 在 H_2 上的投影样本,则 x_1 和 x_2 之间的关系可以表示为

$$x_1 = x_2 + r\frac{w}{\| w \|} \tag{5-17}$$

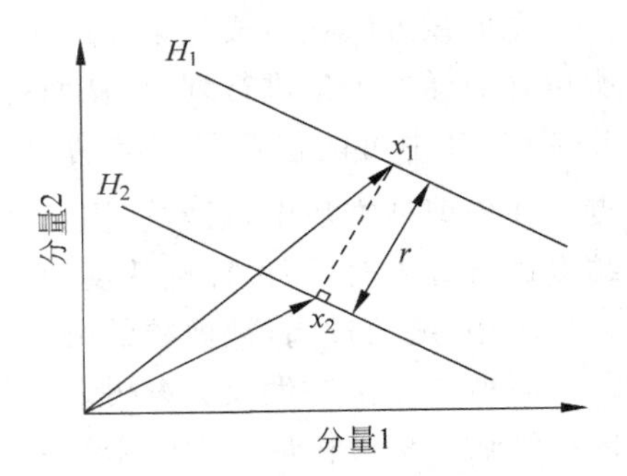

图 5.14　支持向量机的分类间隔

其中 r 是 x_1 到 H_2 的垂直距离,即两类样本之间的分类间隔(margin)。将式(5-17)代入 H_1 的方程式(5-15)中,将 x_2 代入 H_2 的方程式(5-16)中,并且将两式相减,得到两类样本之间的分类间隔为

$$r = \frac{2}{\| w \|} \tag{5-18}$$

因此,使分类间隔 r 最大等价于使 $\| w \|/2$ 或者 $\| w \|^2/2$ 最小。

上面的讨论都是以训练集线性可分为前提的,当训练集线性不可分时,某些数据样本不能满足式(5-13)和式(5-14)的条件,这时可以在条件中加入松弛变量 $\xi_i \geqslant 0(i=1,2,\cdots,\text{total})$,则式(5-13)和式(5-14)变为

$$w \cdot x_i + b \geqslant 1 - \xi_i, \quad 如果\ y_i = +1 \tag{5-19}$$

$$w \cdot x_i + b \leqslant -1 + \xi_i, \quad 如果\ y_i = -1 \tag{5-20}$$

可以看出,上面两式可以合并为

$$y_i[w \cdot x_i + b] - 1 + \xi_i \geqslant 0, \quad i = 1,2,\cdots,\text{total} \tag{5-21}$$

对应线性可分情况下的最优分类超平面,线性不可分情况下的最优分类超平面称作广义最优分类超平面,它可以表示为以式(5-21)为约束条件,使式(5-22)最小化的约束优化问题。

$$\frac{1}{2}\| w \|^2 + C\sum_{i=1}^{\text{total}} \xi_i \tag{5-22}$$

在式(5-22)中,C 称为惩罚参数,它是某个指定的常数,实现控制错分样本的比例与算法复杂度之间的折中。松弛变量 $\xi_i \geqslant 0(i=1,2,\cdots,\text{total})$的作用是在数据集线性不可分时可以使分类超平面更加鲁棒。

对于上述约束优化问题,可以通过构造 Lagrange 函数转化为它的对偶问题,即以式(5-24)为约束条件,使式(5-23)最大化的约束优化问题。

$$\max Q(\alpha) = \sum_{i=1}^{\text{total}} \alpha_i - \frac{1}{2}\sum_{i,j=1}^{\text{total}} \alpha_i \alpha_j y_i y_j (x_i \cdot x_j) \tag{5-23}$$

$$\sum_{i=1}^{\text{total}} \alpha_i y_i = 0, \quad 0 \leqslant \alpha_i \leqslant C \tag{5-24}$$

其中，$\alpha_i(i=1,2,\cdots,\text{total})$称为 Lagrange 系数。求解上述的约束优化问题，可以得到一组最优解 $\alpha_i^*(i=1,2,\cdots,\text{total})$和 b^*。最优分类函数可以表示为

$$f(x)=\operatorname{sgn}\Big(\sum_{i=1}^{\text{total}}\alpha_i^* y_i(x_i\cdot x)+b^*\Big) \tag{5-25}$$

其中，sgn()为符号函数，当括号中的值大于 0 时，sgn()的值为+1，表示被分类的数据样本的类标号为+1；当括号中的值小于 0 时，sgn()的值为−1，表示被分类的数据样本的类标号为−1。此外，多数训练样本的 α_i^* 为 0；α_i^* 不为 0 时对应的训练样本称为支持向量，它们只是训练集中很少的一部分。b^* 是分类阈值，它可以通过两类中任意一对支持向量的值求得。

以式(5-24)为约束条件，使式(5-23)最大化的约束优化问题中，点乘 $x_i\cdot x_j$ 是在训练样本的原始特征空间进行计算的。然而，如果在原始特征空间中的分类问题是非线性的，可以通过某种非线性变换将原始特征空间中的非线性分类问题转换为一个高维空间中的线性分类问题，从而在新的空间中求取最优分类超平面。为了完成上述任务，可以通过定义核函数来实现。假设用核函数 $K(x_i,x_j)=\varphi(x_i)\cdot\varphi(x_j)$来代替点乘 $x_i\cdot x_j$，其中影射函数 φ 将训练样本影射到新的空间。此时，以式(5-24)为约束条件，使式(5-23)最大化的约束优化问题变为

$$\max Q(\alpha)=\sum_{i=1}^{\text{total}}\alpha_i-\frac{1}{2}\sum_{i,j=1}^{\text{total}}\alpha_i\alpha_j y_i y_j K(x_i,x_j) \tag{5-26}$$

$$\sum_{i=1}^{\text{total}}\alpha_i y_i=0,\quad 0\leqslant\alpha_i\leqslant C \tag{5-27}$$

式(5-25)的最优分类函数变为

$$f(x)=\operatorname{sgn}\Big(\sum_{i=1}^{\text{total}}\alpha_i^* y_i K(x_i,x)+b^*\Big) \tag{5-28}$$

这就是支持向量机的分类函数。

在支持向量机中，最常用的核函数有如下 3 类。

(1) 多项式核函数，表达式为

$$K(x_i,x)=(x_i\cdot x+1)^m \tag{5-29}$$

(2) 径向基核函数，表达式为

$$K(x_i,x)=\exp\Big(-\frac{|x_i-x|^2}{\sigma^2}\Big) \tag{5-30}$$

(3) S 型核函数，表达式为

$$K(x_i,x)=\tanh(\upsilon(x_i\cdot x)+c) \tag{5-31}$$

综上所述，支持向量机的任务是利用训练集和选定的核函数来求解以式(5-27)为约束条件，使式(5-26)最大化的约束优化问题，从而求得一组最优解 $\alpha_i^*(i=1,2,\cdots,\text{total})$和 b^*，之后利用式(5-28)所示的最优分类函数对未知类标号的数据样本进行分类。

最常用的支持向量机工具是 libsvm。libsvm 首先使用 svmtrain 命令和训练集文件产生一个中间文件，之后使用 svmpredict 命令、测试集文件和中间文件对支持向量机模型的分类精度进行测试。需要注意的是，libsvm 使用的数据集的属性排列顺序为

类别属性，1：描述属性 1，2：描述属性 2，3：描述属性 3，…

这与分类问题中常用的方式“描述属性 1,描述属性 2,描述属性 3,…,类别属性”(如表 5.1 所示)不同。libsvm 的具体用法请参考网址 http://www.csie.ntu.edu.tw/~cjlin/libsvm/上的描述。

5.5 近邻分类方法

近邻分类方法最初是由 Cover 和 Hart 于 1967 年提出的。近邻分类方法具有优良的分类性能,它容易理解,易于实现,是数据挖掘技术中重要的分类方法之一。近邻分类方法又称为基于实例的分类方法,与其他分类方法不同,该方法不需要事先进行分类器的设计,而是直接使用训练集对未知类标号的数据样本进行分类。本节将介绍最近邻分类方法和 k-近邻分类方法。

5.5.1 最近邻分类方法

给定训练集 $X_{\text{train}}=\{(x_i,y_i)|i=1,2,\cdots,\text{total}\}$,其中,数据样本 $x_i(i=1,2,\cdots,\text{total})$用 d 维特征向量 $x_i=(x_{i1},x_{i2},\cdots,x_{id})$来表示,$x_{i1},x_{i2},\cdots,x_{id}$ 分别对应 d 个描述属性 $A_1,A_2,\cdots,A_d$ 的具体取值;$y_i(i=1,2,\cdots,\text{total})$表示数据样本 x_i 的类标号,假设要研究的分类问题含有 m 个类别,则 $y_i\in\{c_1,c_2,\cdots,c_m\}$。最近邻分类方法的操作步骤如图 5.15 所示。

输入:训练集 X_{train},未知类标号的数据样本 $x=(x_1,x_2,\cdots,x_d)$。

输出:未知类标号的数据样本 x 的类标号。

(1) 对于未知类标号的数据样本 x,按照下式计算它与训练集 X_{train} 中每一个数据样本的欧氏距离

$$d(x,x_i)=\sqrt{\sum_{j=1}^{d}(x_j-x_{ij})^2},\quad i=1,2,\cdots,\text{total}$$

(2) 从第(1)步中计算得到的 total 个欧氏距离中找出最小的距离。假设 $d(x,x_p)(p\in\{1,2,\cdots,\text{total}\})$是 x 与 X_{train} 中各数据样本的最小距离,则训练样本 x_p 是 x 的最近邻。

(3) 如果第(2)步中得到的最近邻 x_p 的类标号 $y_p=c_q\in\{c_1,c_2,\cdots,c_m\}$,则 x 的类标号为 c_q,即 $x\in c_q$。

图 5.15 最近邻分类方法的操作步骤

上述分类决策方法称为最近邻分类方法。其原理是:对于未知类标号的数据样本,按照欧氏距离找出它在训练集中的最近邻,并且决策它与最近邻属于同一个类别。

5.5.2 k-近邻分类方法

在最近邻分类方法中,未知类标号的数据样本在训练集中的最近邻属于哪一个类别,就将它判决为那一个类别。最近邻分类方法容易实现,非常直观。但是,当数据集的各个类别之间含有噪声样本时,使用最近邻分类方法进行分类时,比较容易受到噪声样本的干扰。例如,如果未知类标号的数据样本的最近邻是噪声样本时,分类决策将是错误的。

针对上述分析,下面介绍最近邻分类方法的推广算法——k-近邻分类方法。假设给定与 5.5.1 节相同的训练集 X_{train},k-近邻分类方法的操作步骤如图 5.16 所示。k-近邻分类方法的

原理是：对于未知类标号的样本，按照欧氏距离找出它在训练集中的 k 个最近邻，如果 k 个近邻中多数样本属于某一个类别，就将它判决为那一个类别。在 k-近邻分类方法中，利用 k 个近邻对未知类标号的数据样本的类别进行投票，在一定程度上减小了噪声样本对分类的干扰。

输入：训练集 X_{train}，未知类标号的数据样本 $x=(x_1,x_2,\cdots,x_d)$。
输出：未知类标号的数据样本 x 的类标号。
(1) 对于未知类标号的数据样本 x，按照下式计算它与训练集 X_{train} 中每一个数据样本的欧氏距离

$$d(x,x_i)=\sqrt{\sum_{j=1}^{d}(x_j-x_{ij})^2},\quad i=1,2,\cdots,\text{total}$$

(2) 将第(1)步中的所有欧氏距离按照由小到大的顺序进行排序，并且取前 k 个距离，从而找出 x 在 X_{train} 中的 k 个近邻，假设 $p_1,p_2,\cdots,p_m$ 分别是 k 个近邻中属于类别 $c_1,c_2,\cdots,c_m$ 的样本数量。
(3) 如果

$$p_q=\max_i p_i,i=1,2,\cdots,m$$

则 x 的类标号为 c_q，即 $x\in c_q$。

图 5.16　k-近邻分类方法的操作步骤

5.5.3　近邻分类方法应用举例

【例 5.2】 给定训练集为 $X_{\text{train}}=\{(x_i,y_i)\mid i=1,2,\cdots,7\}$，其中每个训练样本 x_i 是一个二维特征向量；$y_i\in\{+1,-1\}$ 为 x_i 的类标号，即训练集中的数据样本包含两个类别。现有 $x_1=(1,0)^{\text{T}}$，$x_2=(0,0.6)^{\text{T}}$，$x_3=(0,-1)^{\text{T}}$，$x_4=(0,0)^{\text{T}}$，$x_5=(0,2)^{\text{T}}$，$x_6=(0,-2)^{\text{T}}$，$x_7=(-2,0)^{\text{T}}$，其中，$y_1=y_2=y_3=+1$，$y_4=y_5=y_6=y_7=-1$。对于未知类标号的数据样本 $x=(0.4,0)^{\text{T}}$，分别利用最近邻分类方法和 k-近邻分类方法($k=3$)对 x 进行分类。

【解】 下面将利用两种近邻分类方法对 x 进行分类。

(1) 最近邻分类方法。对于未知类标号的数据样本 $x=(0.4,0)^{\text{T}}$，计算它与训练集 X_{train} 中 7 个训练样本的欧式距离，并且找到最小的距离。通过计算可知，数据样本 x 与训练样本 x_4 之间的距离最小，为

$$d(x,x_4)=\sqrt{(0.4-0)^2+(0-0)^2}=0.4$$

也就是说，x_4 是 x 的最近邻。因为 x_4 的类标号为 $y_4=-1$，所以最近邻方法将 x 的类标号也标记为"-1"。

(2) k-近邻分类方法($k=3$)。对于未知类标号的数据样本 $x=(0.4,0)^{\text{T}}$，计算它与训练集 X_{train} 中 7 个训练样本的欧式距离，对这些距离由小到大进行排序，并且取前 3 个。通过计算可知，与 x 距离最近的 3 个训练样本为 x_4、x_1 和 x_2。在 3 个近邻中，x_4 的类标号为 -1，x_1 和 x_2 的类标号为 $+1$，因为多数近邻的类标号为 $+1$，所以 k-近邻分类方法将 x 的类标号标记为 $+1$。

从例 5.2 中可以看出，对于同样的训练集和未知类标号的数据样本，两种近邻分类方法对其分类的类标号不同。在实际应用中，随着训练集的不同或者所取 k 值的变化，两种方法对未知类标号的数据样本的分类结果也会发生相应的改变。

5.6 小结

分类问题是数据挖掘领域中研究和应用最为广泛的技术之一,如何更精确、更有效地分类一直是人们追求的目标。分类问题首先从训练集中得到分类模型,之后对未知类标号的数据样本进行分类。

本章首先通过引例介绍分类问题的基本概念;其次,对分类的过程和评价准则进行概述;再次,从算法的原理、步骤等方面,对决策树学习算法(ID3,C4.5)、支持向量机和近邻分类方法进行了描述与分析。决策树学习算法采用自顶向下的递归方式产生一个类似于流程图的树结构。决策树算法 ID3 选择分支属性的标准是信息增益,并且只能处理描述属性为离散型属性的数据集;C4.5 选择分支属性的标准是信息增益比,既可以处理离散型描述属性,也可以处理连续型描述属性。支持向量机将原始特征空间中的非线性分类问题变换为高维特征空间中的线性分类问题,从而在新的空间中求取最优分类超平面。近邻分类方法分为最近邻分类方法和 k-近邻分类方法,对于未知类标号的数据样本,前者从训练集中找出它的最近邻,决策它与最近邻属于同一个类别;后者从训练集中找出它的 k 个最近邻,如果 k 个近邻中多数样本属于某个类别,就将它判决为那一个类别。

5.7 习题

1. 分类的过程包含________、________、________和________。
2. 分类器设计阶段包含三个过程:________、________和________。
3. 分类问题中常用的评价准则有________、________和________。
4. 支持向量机中常用的核函数有________、________和________。
5. 什么是分类?分类的应用领域有哪些?
6. 对于表 5.7 所示的数据集,利用决策树算法 ID3 构造决策树。

表 5.7 习题 6 数据集

Age	Salary	Class
≤40	high	c_1
≤40	high	c_1
≤40	low	c_2
41～50	high	c_1
≤40	low	c_2
>50	low	c_1
>50	low	c_1
>50	high	c_2
41～50	high	c_1

7. 给定训练集为 $X_{\text{train}}=\{(x_i,y_i)|i=1,2,\cdots,7\}$,其中,每个训练样本 x_i 是一个二维特征向量;$y_i\in\{+1,-1\}$为 x_i 类标号,即训练集中的数据样本包含两个类别。现有 $x_1=(1,0)^T$,$x_2=(0,1)^T$,$x_3=(0,-0.6)^T$,$x_4=(0,0.4)^T$,$x_5=(0,2.4)^T$,$x_6=(0,-1.6)^T$,$x_7=(-2,0.4)^T$,其中,$y_1=y_2=y_3=+1$,$y_4=y_5=y_6=y_7=-1$。对于未知类标号的数据样本 $x=(0.4,0.4)^T$,分别利用最近邻分类方法和 k-近邻分类方法($k=3$)对 x 进行分类。

CHAPTER 6

第6章 数据聚类

数据分类方法是在已知类标号的训练集基础上进行分类器设计工作的，所以分类方法又称为监督学习方法。但是，在许多实际的应用领域中，由于缺少形成类别的先验知识或者由于实际工作中的困难，搜集或者存储的数据集样本没有类标号。对于没有类标号的数据集，人们通常使用聚类分析方法对其进行研究和处理，试图从中挖掘出有价值的信息。由于使用的数据集样本没有类标号，聚类分析方法又称为非监督学习方法。聚类分析方法可以将数据集划分为多个类别，由此可以给每个样本标注类标号。聚类之后的数据集可以直接用来进行科学分析，也可以作为其他方法的训练集。

6.1 引例

表6.1给出了一个聚类分析的示例数据集，其中包含两个描述属性，不包含类别属性。表中共有7个数据样本，每个数据样本是由描述属性的具体取值来表示的。聚类分析的任务是将这7个数据样本划分为多个聚类，即将相似度较高的样本归为一个类别。例如，对于表6.1中的数据集，可以使用样本之间的距离来表示相似度，两个样本之间的距离越近，它们属于一个聚类的可能性就越大。

表6.1 聚类分析示例数据集

样本序号	描述属性1	描述属性2
x_1	1	3
x_2	1	6.5
x_3	1.5	4
x_4	4.5	7.5
x_5	4	8.5
x_6	5.5	9
x_7	4.5	8

下面给出聚类的定义和聚类分析所使用数据集的一般形式。

聚类分析是将物理的或者抽象的数据集合划分为多个类别的过程,聚类之后的每个类别中任意两个数据样本之间具有较高的相似度,而不同类别的数据样本之间具有较低的相似度。相似度可以根据数据样本的描述属性的具体取值来计算,通常采用数据样本间的距离来表示。聚类分析是非监督学习过程,与分类学习不同,聚类所要划分的数据集没有预先定义的类别属性,即数据样本没有类标号。

通过上述介绍,可以将聚类分析中使用的数据集表示为 $X=\{x_i \mid i=1,2,\cdots,\text{total}\}$,其中,数据样本 $x_i(i=1,2,\cdots,\text{total})$用 d 维特征向量 $x_i=(x_{i1},x_{i2},\cdots,x_{id})$来表示,$x_{i1},x_{i2},\cdots,x_{id}$分别对应 d 个描述属性 $A_1,A_2,\cdots,A_d$ 的具体取值。描述属性可以是连续型属性(如表 6.1 所示)、离散型属性或者混合型属性。此外,不同类型描述属性的相似度的计算方法不同。

6.2 聚类分析概述

聚类分析是数据挖掘应用的主要技术之一,它可以作为一个独立的工具来使用,将未知类标号的数据集划分为多个类别之后,观察每个类别中数据样本的特点,并且对某些特定的类别作进一步的分析。此外,聚类分析还可以作为其他数据挖掘技术(例如分类学习、关联规则挖掘等)的预处理工作。聚类分析在科学数据分析、商业、生物学、医疗诊断、文本挖掘和 Web 数据挖掘等领域都有广泛应用。在科学数据分析中,例如对于卫星遥感照片,聚类可以将相似的区域归类,有助于研究人员根据具体情况作进一步分析;在商业领域,聚类可以帮助市场分析人员对客户的基本数据进行分析,发现购买模式不同的客户群,从而协助市场调整销售计划;在生物学方面,聚类可以帮助研究人员按照基因的相似度对动物和植物的种群进行划分,从而获得对种群中固有结构的认识;在医疗诊断中,聚类可以对细胞进行归类,有助于医疗人员发现异常细胞的聚类,从而对病人及时采取措施;在文本挖掘和 Web 数据挖掘领域中,聚类可以将网站数据按照读者的兴趣度进行划分,从而有助于网站内容的改进。

随着数据挖掘技术的不断发展,聚类分析也要面对各行各业的大型数据库或者数据仓库,数据的维数越来越高,内容越来越复杂,因此聚类分析面临着新的挑战。数据挖掘技术对聚类分析的要求有以下几个方面。

(1) 可伸缩性。在以往的应用中,聚类分析方法所处理的数据集都是小数据集,而且比较有效。然而,随着大型数据库和数据仓库的广泛使用,聚类分析方法所面对的数据集包含数以百万计甚至更多的数据样本。面对大数据集,聚类分析方法对数据集的划分结果可能会与理想的划分存在着偏差。因此,对数据集的处理具有良好的可伸缩性是聚类分析的重要研究内容。

(2) 处理不同类型属性的能力。聚类分析中的许多算法都是针对具有连续型描述属性的数据集设计的。但是,许多领域中的数据集还包含其他类型的描述属性。因此,实际应用要求聚类算法可以处理不同类型属性的数据集,例如连续型属性、二值离散型属性、多值(大于 2)离散型属性和混合类型属性等。

(3) 发现任意形状聚类的能力。许多聚类算法是基于欧氏距离和曼哈顿距离度量来计算数据样本之间的相似度的，基于这样的距离度量的算法倾向于将数据集划分为相近大小和密度的球形聚类。然而，在实际应用中数据集可以是任意形状的，基于上述距离度量的聚类算法在处理其他形状的数据集时可能会产生错误的划分结果。因此，提出能够划分任意形状数据集的聚类方法是非常重要的。

（4）减小对先验知识和用户自定义参数的依赖性。许多聚类算法要求用户事先确定一些参数，如希望将数据集划分的类别数、选择数据集的初始划分方式等。上述参数的确定往往依赖于用户对实际应用领域的先验知识，而且聚类的结果对输入参数非常敏感，不同的参数会导致不同的聚类结果。因此，减小对先验知识和用户自定义参数的依赖性，可以减轻用户进行参数设置的负担，也使得对聚类性能的控制相对容易。

（5）处理噪声数据的能力。大多数数据库或者数据仓库中都包含孤立点、缺失值和错误的数据，数据搜集和整理、数据录入时出错，或者数据本身属性不完整都可能导致上述噪声数据的出现。噪声数据会干扰许多聚类算法的聚类性能，导致低质量的数据集划分。因此，提高聚类算法的抗干扰能力是非常必要的。

（6）可解释性和实用性。用户往往希望聚类结果是可解释的、可理解的并且是可用的，从而可以根据聚类结果进行研究和分析。在低维情况下，可以借助于可视化手段来展示聚类结果；在高维情况下，聚类结果很难被可视化，这时对数据降低维度会有所帮助。研究具体的应用领域对选择聚类方法的影响是值得探讨的课题。

聚类分析中包含许多聚类算法，在实际应用中应该根据不同的目标选择相应的聚类算法。通常聚类算法可以分为以下几类。

（1）划分聚类方法。对于给定的数据集，划分聚类方法通过选择适当的初始代表点将数据样本进行初始聚类，之后通过迭代过程对聚类的结果进行不断地调整，直到使评价聚类性能的准则函数的值达到最优为止。

（2）层次聚类方法。层次聚类方法将给定数据集分层进行划分，形成一个以各个聚类为结点的树形结构。层次聚类方法分为自底向上和自顶向下两种方式。自底向上的层次聚类方法称为凝聚型层次聚类，初始时将每个数据样本单独看作一个类别，之后逐步将样本进行合并，直到所有样本都在一个类别或者满足终止条件为止；自顶向下的层次聚类方法称为分解型层次聚类，初始时将所有样本归为一个类别，之后逐步将样本分解为不同的类别，直到每个样本单独构成一个类别或者满足终止条件为止。

（3）基于密度的聚类方法。基本原理：当临近区域的数据密度大于某个阈值时，就不断进行聚类，直到密度小于给定阈值为止。也就是说，每一个类别被看作一个数据区域，对于某个特定类别中的任一数据样本，在给定的范围内必须包含大于给定值的数据样本。基于密度的聚类方法可以用来去除噪声样本，形成的聚类形状也可以是任意的。

（4）基于网格的聚类方法。基于网格的聚类方法将原始的数据空间量化为有限数目的单元，并且由这些单元形成网格结构，所有的聚类操作都要在这个网格结构上进行。基于网格的聚类方法的处理速度较快，其处理时间与数据样本的数量无关，而是与量化空间中每一维上的单元数目有关。

聚类分析已经被广泛地研究了许多年，主要集中在基于距离和相似度的算法方面。其中划分聚类方法 K-means 和层次聚类方法已经被加入到许多统计分析工具的软件包中，作为专门的聚类分析工具来使用。本章主要介绍划分聚类方法 K-means 和层次聚类方法的原理和算法步骤,并进行实例说明。

6.3 聚类分析中相似度的计算方法

聚类分析方法将给定的数据集合划分为多个类别,其中每个类别中任意两个数据样本之间具有较高的相似度,而不同类别的数据样本之间具有较低的相似度。数据样本之间的相似度通常用样本间的距离来表示,而距离是通过数据样本的描述属性的具体取值来计算的。在不同的应用领域中,数据样本描述属性的类型可能不同,因此相似度的计算方法也不同。下面分别介绍当描述属性为连续型属性、二值离散型属性、多值离散型属性以及混合类型属性时,数据样本之间的相似度计算方法。

6.3.1 连续型属性的相似度计算方法

连续型属性是指取值为连续值的属性,例如年龄、收入和距离等都是连续型属性。对于这种类型的属性,相似度的计算方法如下所示。

假设给定的数据集为 $X=\{x_m|m=1,2,\cdots,\text{total}\}$,$X$ 中的样本用 d 个描述属性 $A_1,A_2,\cdots,A_d$ 来表示,并且 d 个描述属性都是连续型属性。数据样本 $x_i=(x_{i1},x_{i2},\cdots,x_{id})$,$x_j=(x_{j1},x_{j2},\cdots,x_{jd})$。其中,$x_{i1},x_{i2},\cdots,x_{id}$ 和 $x_{j1},x_{j2},\cdots,x_{jd}$ 分别是样本 x_i 和 x_j 对应 d 个描述属性 $A_1,A_2,\cdots,A_d$ 的具体取值。样本 x_i 和 x_j 之间的相似度通常用它们之间的距离 $d(x_i,x_j)$ 来表示,距离越小,样本 x_i 和 x_j 越相似,差异度越小;距离越大,样本 x_i 和 x_j 越不相似,差异度越大。

用连续型属性表示的数据样本 x_i 和 x_j 之间的距离 $d(x_i,x_j)$ 的计算方法通常有如下3种方式。

(1) 欧氏距离(Euclidean Distance),如式(6-1)所示。

$$d(x_i,x_j)=\sqrt{\sum_{k=1}^{d}(x_{ik}-x_{jk})^2} \tag{6-1}$$

(2) 曼哈顿距离(Manhattan Distance),如式(6-2)所示。

$$d(x_i,x_j)=\sum_{k=1}^{d}|x_{ik}-x_{jk}| \tag{6-2}$$

(3) 明考斯基距离(Minkowski Distance),是欧氏距离和曼哈顿距离的一个推广。当 q 的值为1时,明考斯基距离变为曼哈顿距离;当 q 的值为2时,明考斯基距离变为欧氏距离。明考斯基距离如式(6-3)所示。

$$d(x_i,x_j)=\left(\sum_{k=1}^{d}|x_{ik}-x_{jk}|^q\right)^{1/q} \tag{6-3}$$

上述三种距离满足如下的数学性质。

(1) $d(x_i,x_j)\geqslant 0$,即数据样本之间的距离是非负值。

(2) $d(x_i,x_i)=0$,即数据样本与自身的距离为0,表示样本与自身之间的相似性最大。

(3) $d(x_i,x_j)=d(x_j,x_i)$,即数据样本之间的距离是对称的,计算 x_i 和 x_j 之间的距离等价于计算 x_j 和 x_i 之间的距离。

(4) $d(x_i,x_j)\leqslant d(x_i,x_k)+d(x_k,x_j)$,即数据样本之间的距离满足三角不等式的性质。

连续型属性可以用多种度量单位来表示，不同的度量单位会导致不同的聚类结果。度量单位越小，描述属性可能的值域就越大，对距离计算的影响越大，从而对聚类结果的影响也越大；度量单位越大，描述属性可能的值域就越小，对距离计算的影响越小，从而对聚类结果的影响也相应减小。例如，如果把身高作为描述属性，它的度量单位可以是“米”，也可以是“厘米”。采用“米”作为度量单位时，假设两个人的身高分别为1.64米和1.70米；采用“厘米”作为度量单位时，则两个人的身高分别为164厘米和170厘米。很显然，根据相似度的含义，采用“米”作为度量单位时对距离计算的影响要小于“厘米”。为了避免度量单位给聚类带来的影响，应当对数据集中的属性取值进行标准化处理。关于标准化处理的具体方法，请参阅相关文献，这里就不再赘述了。

6.3.2　二值离散型属性的相似度计算方法

二值离散型属性是指只有两种取值的离散型属性，通常用1代表属性的一种取值，用0代表属性的另一种取值。在实际的应用领域中，二值离散型属性比较常见，例如性别是男还是女、体检结果是否合格、考试成绩是否通过等。

对于二值离散型属性，如果采用与连续型属性相同的方法来计算数据样本之间的距离，即表示数据样本之间的相似度会导致错误的聚类结果，因此必须应用适合于二值离散型属性的计算方法。假设给定的数据集为 $X=\{x_m \mid m=1,2,\cdots,\text{total}\}$，$X$ 中的数据样本用 d 个描述属性 $A_1,A_2,\cdots,A_d$ 来表示，并且 d 个描述属性都是二值离散型属性。数据样本 $x_i=(x_{i1},x_{i2},\cdots,x_{id})$，$x_j=(x_{j1},x_{j2},\cdots,x_{jd})$。其中，$x_{i1},x_{i2},\cdots,x_{id}$ 和 $x_{j1},x_{j2},\cdots,x_{jd}$ 的值是0或1。x_i 和 x_j 之间的距离 $d(x_i,x_j)$ 按照如下的步骤来计算。

首先，统计两个数据样本的各个二值离散型属性的取值情况。x_i 和 x_j 的各属性的取值情况如表6.2所示。

表6.2　数据样本的二值离散型属性的取值情况

		数据样本 x_i		合计
		1	0	
数据样本 x_j	1	a_{11}	a_{10}	$a_{11}+a_{10}$
	0	a_{01}	a_{00}	$a_{01}+a_{00}$
	合计	$a_{11}+a_{01}$	$a_{10}+a_{00}$	$a_{11}+a_{10}+a_{01}+a_{00}$

在表6.2中，a_{11} 表示样本 x_i 和 x_j 取值同时为1的二值离散型属性个数，a_{10} 表示样本 x_i 取值为0而样本 x_j 取值为1的二值离散型属性个数，a_{01} 表示样本 x_i 取值为1而样本 x_j 取值为0的二值离散型属性个数，a_{00} 表示样本 x_i 和 x_j 取值同时为0的二值离散型属性个数。$a_{11}+a_{10}+a_{01}+a_{00}$ 的值等于数据集中的属性总个数 d。

其次，根据数据样本的二值离散型属性的取值情况计算样本之间的距离 $d(x_i,x_j)$。需要说明的是，对称的二值离散型属性和不对称的二值离散型属性的 $d(x_i,x_j)$ 的计算方法不同，下面分别进行介绍。

(1) 对称的二值离散型属性是指其取值为1或0时同等重要。例如性别就是对称的二值离散型属性，用1表示性别为男，用0表示性别为女；或者用0表示性别为男，用1表示性别为女都是等价的，两种取值没有主次之分。对于这种属性，$d(x_i,x_j)$ 的计算公式为

$$d(x_i,x_j)=\frac{a_{10}+a_{01}}{a_{11}+a_{10}+a_{01}+a_{00}} \tag{6-4}$$

(2) 不对称的二值离散型属性是指其取值为 1 或 0 时不是同等重要。例如，血液的检测结果是不对称的二值离散型属性，阳性结果的重要程度要远远高于阴性结果。通常用 1 来表示重要的属性取值(例如阳性)，而用 0 来表示另一种取值(例如阴性)。对于这种属性，$d(x_i,x_j)$的计算公式为

$$d(x_i,x_j)=\frac{a_{10}+a_{01}}{a_{11}+a_{10}+a_{01}} \tag{6-5}$$

在式(6-5)等号右边的分母中没有 a_{00}，这是因为样本 x_i 和 x_j 取值同时为 0 的情况被认为不重要，不必参与相似度的计算。

6.3.3 多值离散型属性的相似度计算方法

多值离散型属性是指取值个数大于 2 的离散型属性。例如，年龄段可以分为老年、中年、青年；收入可以分为高、中、低；信誉度可以分为优、良、差等。假设一个多值离散型属性的取值个数为 N，其中的每种取值可以用字母、符号或者整数集合来表示。

假设给定的数据集为 $X=\{x_m|m=1,2,\cdots,\text{total}\}$，$X$ 中的样本用 d 个描述属性 A_1，$A_2,\cdots,A_d$ 来表示，并且 d 个描述属性都是多值离散型属性。样本 $x_i=(x_{i1},x_{i2},\cdots,x_{id})$和 $x_j=(x_{j1},x_{j2},\cdots,x_{jd})$之间的距离 $d(x_i,x_j)$的计算公式为

$$d(x_i,x_j)=\frac{d-u}{d} \tag{6-6}$$

其中，d 为数据集中的属性个数，u 为样本 x_i 和 x_j 取值相同的属性个数。

【例 6.1】 根据表 6.3 中给出的数据集，计算第一个数据样本和其他各个数据样本之间的相似度。

表 6.3 包含多值离散型属性的数据集

样本序号	年龄段	学历	收入
x_1	青年	研究生	高
x_2	青年	本科	低
x_3	老年	本科以下	中
x_4	中年	研究生	高

【解】 从表 6.3 中可以看出，给定数据集包含“年龄段”“学历”和“收入”3 个属性，也就是说 $d=3$。“年龄段”属性的取值包含老年、青年、中年；“学历”属性的取值包含本科以下、本科、研究生；“收入”属性的取值包含高、中、低。

根据式(6-6)，可以计算 x_1 与其他 3 个样本之间的相似度。

$$d(x_1,x_2)=\frac{3-1}{3}\approx 0.67$$

$$d(x_1,x_3)=\frac{3-0}{3}=1$$

$$d(x_1,x_4)=\frac{3-2}{3}\approx 0.33$$

从上述计算可以看出，样本 x_1 和 x_4 之间的距离最小，表示它们之间的相似度最大；x_1 和

x_2 的相似性较小；x_1 和 x_3 没有相似性。

在实际的应用中，多值离散型属性也可以转化为二值离散型属性。表 6.3 中的数据可以转化为表 6.4 中的数据。在表 6.4 中，属性不再是“年龄段”“学历”和“收入”，而是它们的每种具体取值。

表 6.4 多值离散型属性转化为二值离散型属性

样本序号	老年	中年	青年	本科以下	本科	研究生	高	中	低
x_1	0	0	1	0	0	1	1	0	0
x_2	0	0	1	0	1	0	0	0	1
x_3	1	0	0	1	0	0	0	1	0
x_4	0	1	0	0	0	1	1	0	0

多值离散型属性转化为二值离散型属性的具体做法是，为每个多值离散型属性的每种取值创建一个不对称的二值离散型属性，如果数据样本对于给定属性的值是其多种取值中的一种，那么这个取值标记为 1，其他取值标记为 0。例如，对于数据样本 x_1，在表 6.3 中，对应属性“年龄段”“学历”和“收入”的取值为青年、研究生、高；而在表 6.4 中，只有属性“青年”“研究生”和“高”的值为 1，其余属性的值为 0。对于表 6.4 中的数据集，就可以利用 6.3.2 节中的式(6-5)来计算数据样本之间的相似度了。

6.3.4 混合类型属性的相似度计算方法

在 6.3.1～6.3.3 节中，我们分别讨论了当数据集的所有描述属性都为连续型属性、二值离散型属性或者多值离散型属性时，数据样本之间相似度的计算方法。但是，在实际的应用中，数据集中包含的描述属性通常不止一种类型，可能是各种类型属性的混合体。

对于包含混合类型属性的数据集，数据样本之间的相似度计算方法需要考虑到每种属性自身的具体情况，通常有如下两种方法。

(1) 将属性按照类型分组，则原来的数据集就变成了多个新的数据集，其中每个新的数据集中只包含一种类型的属性，之后对每个数据集进行单独的聚类分析。当这些分析可以得到兼容的结果时，这种方法是可行的。但是，在实际的应用中，根据每种类型的属性单独进行聚类分析往往不能得到令人满意的聚类结果。

(2) 把混合类型的属性放在一起处理，进行一次聚类分析。假设给定的数据集为 $X=\{x_m|m=1,2,\cdots,\text{total}\}$，$X$ 中的数据样本用 d 个描述属性 $A_1,A_2,\cdots,A_d$ 来表示，其中的属性包含多种类型。数据样本 $x_i=(x_{i1},\cdots,x_{ik},\cdots,x_{id})$，$x_j=(x_{j1},\cdots,x_{jk},\cdots,x_{jd})$，其中 x_{ik} 和 $x_{jk}(1\leqslant k\leqslant d)$ 分别表示数据样本 x_i 和 x_j 对应第 k 个属性的具体取值。在进行聚类分析之前，对于连续型属性，将其各种取值进行标准化处理；对于多值离散型属性，可以按照 6.3.3 节中介绍的方法将其转换为不对称的二值离散型属性。完成上述预处理工作之后，数据样本 x_i 和 x_j 之间的距离 $d(x_i,x_j)$ 按照如下的公式进行计算。

$$d(x_i,x_j)=\frac{\sum_{k=1}^{d}\delta_{ij}^{(k)}d_{ij}^{(k)}}{\sum_{k=1}^{d}\delta_{ij}^{(k)}} \tag{6-7}$$

在式(6-7)中,$d_{ij}^{(k)}$ 表示数据样本 x_i 和 x_j 在第 k 个属性上的距离。$d_{ij}^{(k)}$ 可以根据第 k 个属性的具体类型来进行相应的计算。

① 当第 k 个属性为连续型时

$$d_{ij}^{(k)} = \frac{|x_{ik} - x_{jk}|}{\max|x_{1k}, x_{2k}, \cdots, x_{\text{total}k}| - \min|x_{1k}, x_{2k}, \cdots, x_{\text{total}k}|}$$

② 当第 k 个属性为二值离散型属性或者多值离散型属性时,如果 $x_{ik} = x_{jk}$,则 $d_{ij}^{(k)} = 0$;否则,$d_{ij}^{(k)} = 1$。

$\delta_{ij}^{(k)}$ 表示第 k 个属性对数据样本 x_i 和 x_j 之间距离计算的影响,它的取值情况如下。

① 当 x_{ik} 或者 x_{jk} 不存在,即属于样本 x_i 或者 x_j 对于属性 k 没有测量值时,$\delta_{ij}^{(k)} = 0$。

② 当第 k 个属性为不对称的二值离散属性,并且 $x_{ik} = x_{jk} = 0$ 时,$\delta_{ij}^{(k)} = 0$。

③ 除了①和②所述的情况外,在其他情况下 $\delta_{ij}^{(k)} = 1$。

6.4 K-means 聚类算法

聚类分析的研究成果主要集中在基于距离(或者称为基于相似度)的聚类方法,用距离来作为相似性度量的优点是直观,从我们对物体的识别角度来分析,同类的数据样本应该是互相靠近的,不同类的样本应该相距较远。划分聚类方法是基于距离的聚类方法中的一种。K-means 聚类算法是划分聚类方法中最常用、最流行的经典算法,许多其他的方法都是 K-means 聚类算法的变种,该算法已经被加入到许多统计分析工具的软件包中作为专门的聚类分析工具来使用。K-means 聚类算法将各个聚类子集内的所有数据样本的均值作为该聚类的代表点,算法的主要思想是通过迭代过程把数据集划分为不同的类别,使得评价聚类性能的准则函数达到最优,从而使生成的每个聚类类内紧凑,类间独立。K-means 聚类算法不适合处理离散型属性,但是对于连续型属性具有较好的聚类效果。

6.4.1 K-means 聚类算法的基本概念

划分聚类方法对数据集进行聚类时包含如下三个要点。

(1) 选定某种距离作为数据样本间的相似性度量。

上面讲到,K-means 聚类算法不适合处理离散型属性,对连续型属性比较合适。因此,在计算数据样本之间的距离时,可以根据实际需要选择 6.3.1 节中介绍的欧氏距离、曼哈顿距离或者明考斯基距离中的一种来作为算法的相似性度量,其中最常用的是欧氏距离。

(2) 选择评价聚类性能的准则函数。

K-means 聚类算法使用误差平方和准则函数来评价聚类性能。给定数据集 X,其中只包含描述属性,不包含类别属性。假设 X 包含 k 个聚类子集 $X_1, X_2, \cdots, X_k$,各个聚类子集中的样本数量分别为 $n_1, n_2, \cdots, n_k$,各个聚类子集的均值代表点(也称聚类中心)分别为 $m_1, m_2, \cdots, m_k$。则误差平方和准则函数如式(6-8)所示。

$$E = \sum_{i=1}^{k} \sum_{p \in X_i} \| p - m_i \|^2 \qquad (6\text{-}8)$$

其中,均值向量 m_i 的表达式为

$$m_i = \frac{1}{n_i}\sum_{p \in X_i} p \quad i = 1,2,\cdots,k \tag{6-9}$$

误差平方和准则函数表示数据集中的所有样本与相应聚类中心的方差之和，该准则的值达到最优时可以使各个聚类类内尽可能地紧凑，而各个聚类之间则尽可能地分开。

注意，式(6-8)和式(6-9)中的样本 p 和均值 m_i 都是特征向量，而不是单个的数值。此外，式(6-8)中样本 p 与均值 m_i 的距离采用的是欧氏距离，适合于对圆形或者球形的聚类子集进行分析。当然，也可以采用其他距离，如曼哈顿距离和明考斯基距离来对椭圆形或者椭球形的聚类子集进行分析。

(3) 选择某个初始分类，之后用迭代的方法得到聚类结果，使得评价聚类的准则函数取得最优值。

为了得到最优的聚类结果，首先要对给定数据集进行初始划分，通常的做法是事先从数据集中选择各个聚类的代表点，之后把其余的数据样本按照某种方式归类到相应的聚类中去。关于聚类初始代表点的选择，一般有以下几种方法。

① 根据实际问题的特点，按照经验来确定聚类子集的数量，从数据中找出从直观上看来是比较合适的 k 个聚类的初始代表点。

② 将数据集随机地分成 k 个聚类，之后计算每个聚类的均值，并且将这些均值作为各个聚类的初始代表点。

③ 随机地选择 k 个数据样本作为聚类的初始代表点。

在上述选择代表点的方法中，第③种方法是 K-means 聚类算法最常采用的方法。此外，以上聚类初始代表点的选择方法都是有启发性的，往往带有选择者自身的主观性。需要指出的是，聚类初始代表点的选择往往会影响聚类的最终性能，即得到的是局部最优解而不是全局最优解。

基于上述分析，给出 K-means 聚类算法的操作步骤，具体内容如图 6.1 所示。

输入：数据集 $X=\{x_m \mid m=1,2,\cdots,\text{total}\}$，其中的数据样本只包含描述属性，不包含类别属性；聚类个数 k。

输出：使误差平方和准则最小的 k 个聚类。

(1) 从数据集 X 中随机地选择 k 个数据样本作为聚类的初始代表点，每一个代表点表示一个类别。

(2) 对于 X 中的任一数据样本 $x_m(1 \leqslant m \leqslant \text{total})$，计算它与 k 个初始代表点的距离，并且将它划分到距离最近的初始代表点所表示的类别中。

(3) 完成数据样本的划分之后，对于每一个聚类，计算其中所有数据样本的均值，并且将其作为该聚类的新的代表点，由此得到 k 个均值代表点。

(4) 对于 X 中的任一数据样本 $x_m(1 \leqslant m \leqslant \text{total})$，计算它与 k 个均值代表点的距离，并且将它划分到距离最近的均值代表点所表示的类别中。

(5) 重复步骤(3)和(4)，直到各个聚类不再发生变化为止，即误差平方和准则函数的值达到最优。

图 6.1 K-means 聚类算法的操作步骤

K-means 聚类算法按照数据样本间的相似性把数据集聚类为若干个子集，聚类的结果使评价聚类性能的误差平方和准则函数的值达到最优。聚类过程中通常使用欧氏距离作为样本间的相似性度量,从而把给定数据集的特征空间划分为若干个子区间,每一个子区间相当于一个聚类。

K-means 聚类算法中聚类子集的个数 k 是事先给定的,在此基础上再试图得到一个最优的聚类性能。当聚类子集的个数不能确定时,可以对不同的 k 值使用多次 K-means 聚类算法,随着 k 值的增加,评价聚类性能的误差平方和准则函数的值会相应减小。由此,根据 k 值的变化可以得到一个误差平方和准则函数变化的曲线,从曲线的变化规律,结合实际问题的经验,找到一个相对最合适的聚类个数。

6.4.2 SQL server 2005 中的 K-means 应用

本节讲述如何使用 SQL Server 2005 中的 K-means 聚类方法。与 5.3.5 节相同,使用的数据集是 SQL Server 2005 的 Adventure Works DW 数据库中的 vTargetMail 数据集。该数据集中包含 32 个属性,其中 31 个为描述属性,1 个为类别属性。本节选择与 5.3.5 节相同的 16 个描述属性。由于聚类方法使用的数据集不包含类别属性,所以不选择类别属性 BikeBuyer。

下面给出利用 K-means 聚类方法进行数据分析的操作步骤。

(1) 创建 Analysis Services 项目。

(2) 创建数据源。

(3) 创建数据源视图。

上述三个步骤与 5.3.5 节中的步骤(1)、(2)、(3)相同,这里不再赘述。

(4) 创建 K-means 挖掘结构。

在解决方案资源管理器中,右击"挖掘结构",在弹出的快捷菜单中选择"新建挖掘结构"命令,系统将打开数据挖掘向导。在"欢迎使用数据挖掘向导"页上,单击"下一步"按钮。在"选择定义方法"页上,确认已选中"从现有关系数据库或数据仓库",再单击"下一步"按钮。在"选择数据挖掘技术"页的"您要使用何种数据挖掘技术?"下拉列表中选择"Microsoft 聚类分析"选项,如图 6.2 所示。

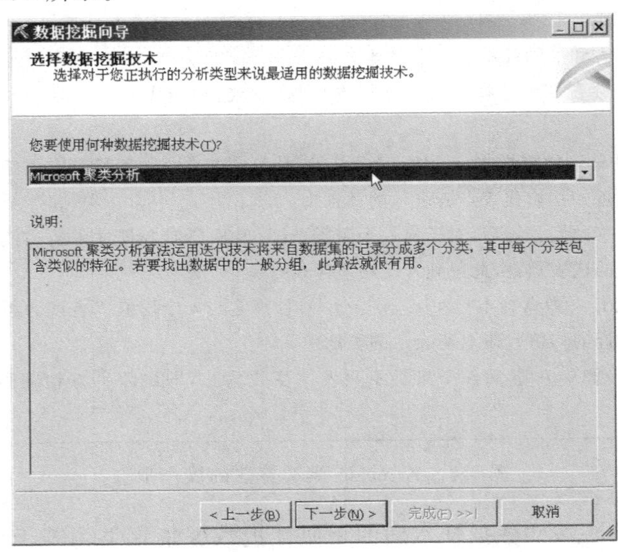

图 6.2 选择 Microsoft 聚类分析作为挖掘技术

在图 6.2 中，单击“下一步”按钮，在随后出现的“选择数据源视图”页上，请注意已默认选中 Adventure Works DW。单击“选择数据源视图”页上的“下一步”按钮，在“指定表类型”页上，选中 vTargetMail 表右边“事例”列中的复选框，单击“下一步”按钮。随后出现“指定定型数据”页，如图 6.3 所示。在图 6.3 中，确保已选中 CustomerKey 列右边“键”列中的复选框，并且从属性列表中选择 16 个描述属性，再选中相应的“输入”复选框。16 个描述属性的信息如 5.3.5 节中的表 5.6 所示。

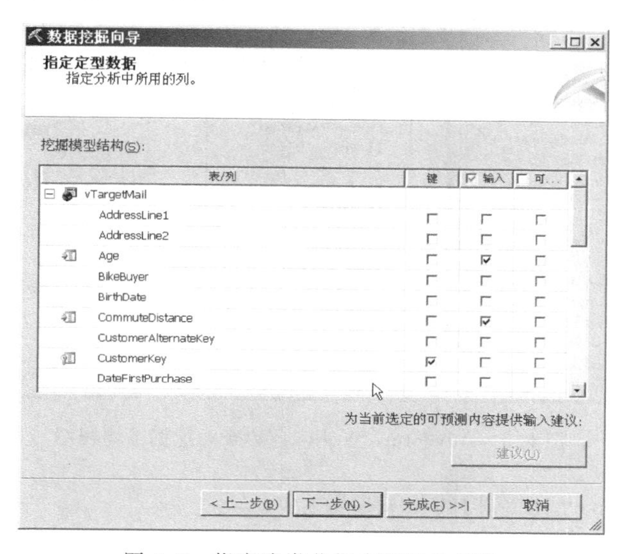

图 6.3　指定聚类分析中所用的属性

在图 6.3 中单击“下一步”按钮，在“指定列的内容和数据类型”页上，单击“下一步”按钮，出现“完成向导”页，如图 6.4 所示。在图 6.4 的“挖掘结构名称”文本框中输入 Cluster，“挖掘模型名称”文本框中输入 Cluster，之后单击“完成”按钮，至此 K-means 挖掘结构创建完成。系统将打开挖掘结构设计器，显示 Adventure Works DW 挖掘结构视图，如图 6.5 所示。

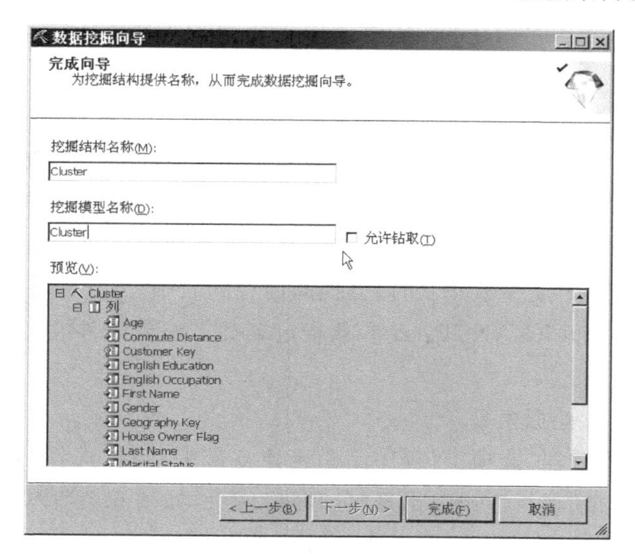

图 6.4　完成聚类挖掘结构向导

图 6.5 Adventure Works DW 聚类挖掘结构视图

(5) 设置 K-means 挖掘结构的相关参数。

在"挖掘模型"选项卡上右击,从弹出的快捷菜单中选择"设置算法参数"命令,系统将打开"算法参数"对话框,如图 6.6 所示。

在图 6.6 的"值"列中,为要更改的算法设置新值,如果未在"值"列中输入值,Analysis Services 将使用默认参数值。K-means 挖掘结构包括如下参数。

- CLUSTER_COUNT:指定算法所要建立的聚类的近似数目。本例将它设置为 6。
- CLUSTER_SEED:指定聚类的初始代表点的个数。
- CLUSTERING_METHOD:指定使用哪种聚类方法。本例将它的值设为 4,表示 K-means。
- MAXIMUM_INPUT_ATTRIBUTES:算法可以处理的输入属性的最大数量。
- MAXIMUM_STATES:指定算法中输入属性取值的最大个数。
- MINIMUM_SUPPORT:指定每个聚类子集中所包含的最小样本个数。
- MODELLING_CARDINALITY:指定聚类处理期间构建的模型数量。
- SAMPLE_SIZE:此参数非 0 时,会提高内存的效率。
- STOPPING_TOLERANCE:此参数指定聚类方法何时停止,由此完成建立模型的过程。

(6) 建立 K-means 挖掘模型。

选择"挖掘模型查看器"选项卡,程序问是否建立部署项目,选择"是"。在接下来的"处理挖掘模型"页上,单击"运行"按钮,出现"处理进度"页,如图 6.7 所示。

在图 6.7 中,处理进度完成之后,单击"关闭"按钮,建模完成。

图 6.6　设置 K-means 算法参数

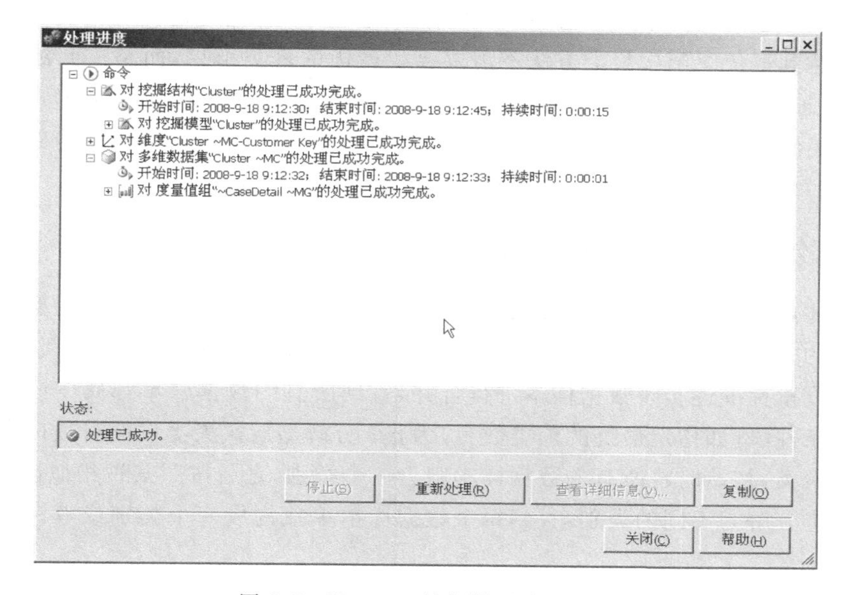

图 6.7　K-means 挖掘模型处理进度

(7) 查看挖掘结果。

再次选择"挖掘模型查看器"选项卡,由 vTargetMail 数据集得到的 K-means 聚类结果如图 6.8 所示。

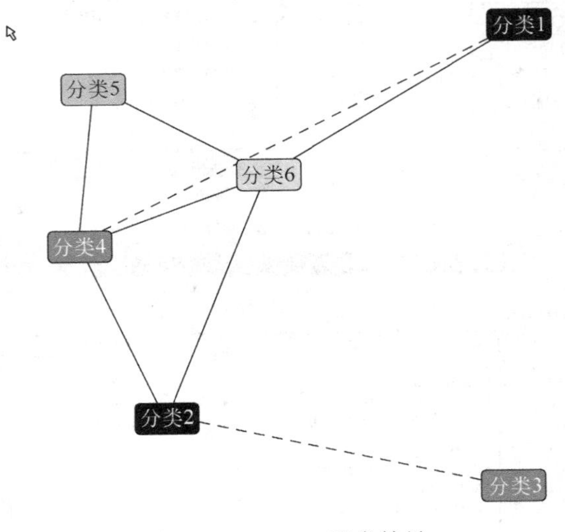

图 6.8 K-means 聚类结果

6.5 层次聚类方法

层次聚类方法将给定的数据集按照自底向上或者自顶向下的方式分层进行处理,形成一个树形的聚类结构。自底向上的层次聚类方法称为凝聚型层次聚类,自顶向下的层次聚类方法称为分解型层次聚类。

层次聚类方法与划分聚类方法不同:划分聚类方法需要通过迭代过程使评价聚类性能的准则函数达到最优。层次聚类方法不需要寻找最优的聚类结果,而是按照给定的相似性度量标准,一种方式是不断地将最相似的两个聚类子集进行合并,直到所有样本都属于一个类别或者满足给定的终止条件;另一种方式是将同一聚类子集中最不相似的部分分解为两个部分,直到每个样本单独构成一个类别或者满足给定的终止条件。

6.5.1 层次聚类方法的基本概念

如上所述,层次聚类方法分为凝聚型层次聚类和分解型层次聚类。凝聚型层次聚类按照自底向上的方式对数据集进行聚类,初始时将每个数据样本单独看作一个类别,之后按照某种相似性度量标准逐步将数据样本进行合并,直到所有的数据样本都属于同一个类别或者满足终止条件(例如指定最终的聚类数目)为止;分解型层次聚类按照自顶向下的方式对数据集进行聚类,初始时将所有的数据样本归为一个类别,之后按照某种相似性度量标准逐步将数据样本分解为不同的类别,直到每个数据样本单独构成一个类别或者满足终止条件为止。

不论是凝聚型层次聚类还是分解型层次聚类,它们在对数据集进行处理时如何来表示各个聚类之间的相似度呢？假设在某个聚类层次上，数据集 X 被划分为 c 个聚类子集 X_1，X_2，…，X_c，各个聚类子集中的样本数量分别为 n_1，n_2，…，n_c。对于聚类子集 X_i 和 X_j（$1 \leqslant i, j \leqslant c$），最常用的相似性度量有以下 4 种。

（1）最小距离。

$$d_{\min}(X_i, X_j) = \min_{p \in X_i, p' \in X_j} d(p, p') \tag{6-10}$$

（2）最大距离。

$$d_{\max}(X_i, X_j) = \max_{p \in X_i, p' \in X_j} d(p, p') \tag{6-11}$$

（3）均值距离。

$$d_{\text{mean}}(X_i, X_j) = d(m_i, m_j) \tag{6-12}$$

在式(6-12)中，m_i 和 m_j 分别是聚类子集 X_i 和 X_j 的均值向量。

（4）平均距离。

$$d_{\text{avg}}(X_i, X_j) = \frac{1}{n_i n_j} \sum_{p \in X_i} \sum_{p' \in X_j} d(p, p') \tag{6-13}$$

在上述 4 种相似性度量中，对于等号右边的 $d(.,.)$，除了均值距离只能处理连续型属性之外，其余的三种相似性度量可以根据数据集中包含的描述属性的不同，采用 6.3 节中相应的距离度量。

在层次聚类方法的两种分类中，凝聚型层次聚类比分解型层次聚类更容易理解和实现，因此，在许多统计分析工具的软件包以及科研等应用中，凝聚型层次聚类更为常用。下面给出凝聚型层次聚类的操作步骤，如图 6.9 所示。

输入：数据集 $X=\{x_m | m=1,2,\cdots,\text{total}\}$，其中的数据样本只包含描述属性，不包含类别属性；聚类个数 k（给出此条件时，聚类的数目达到 k 时程序结束；否则，所有数据样本都属于同一类时程序结束）。

输出：得到各层聚类的情况。

(1) 将数据集 X 中的每一个数据样本单独看作一个聚类集合，则初始时 X 中包含 total 个聚类集合 $X_1, X_2, \cdots, X_{\text{total}}$，其中 $X_m = x_m$，$m \in I$，$I=\{m | m=1,2,\cdots,\text{total}\}$。

(2) 在集合 $\{X_k | k \in I\}$ 中找到一对聚类集合 X_i 和 X_j，使其满足

$$\Delta(X_i, X_j) = \min_{u,v \in I} \Delta(X_u, X_v)$$

其中，$\Delta(X_i, X_j)$ 表示聚类集合 X_i 和 X_j 之间的相似性度量，可以选择式(6-10)～式(6-13)中的任何一种相似性度量。

(3) 将聚类集合 X_i 和 X_j 进行合并，把 X_i 从集合 $\{X_k | k \in I\}$ 中去掉，并且把 i 从集合 I 中去掉。

(4) 重复步骤(2)和(3)，直到所有数据样本都属于同一个类别或者满足给定的条件（聚类个数 k）为止。

图 6.9　凝聚型层次聚类的操作步骤

6.5.2　层次聚类方法应用举例

本节针对 6.5.1 节中给出的凝聚型层次聚类的操作步骤进行举例说明。

【例 6.2】　根据表 6.1 中给出的数据集，利用凝聚型层次聚类方法对其中的数据样本进行层次聚类。

【解】 从表 6.1 可以看出,数据集包含 7 个数据样本,每个数据样本包含两个分量,每个分量都是连续型取值。也就是说,数据集包含两个连续型描述属性。根据给定的数据集,设定数据样本之间的距离采用欧氏距离,聚类集合之间的相似性度量采用最小距离,采用凝聚型层次聚类对数据集进行聚类,可以得到图 6.10 所示的聚类结果。

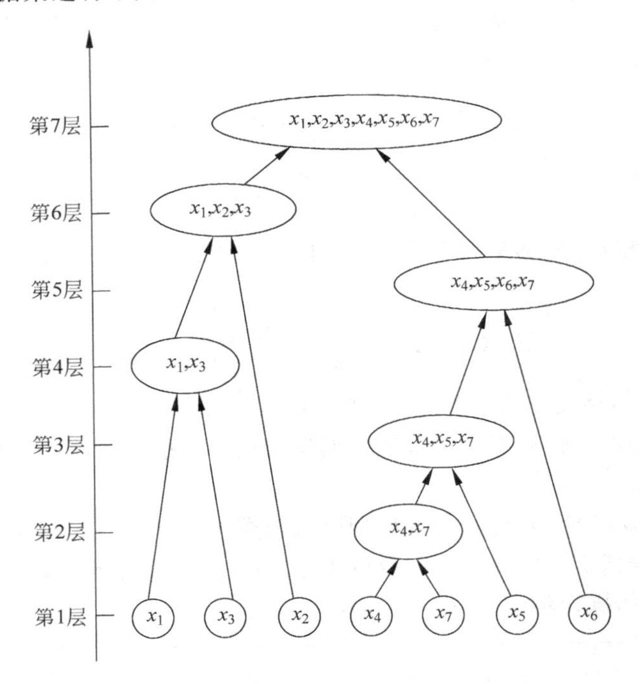

图 6.10 凝聚型层次聚类示意图

如图 6.10 中的第 1 层所示,算法首先将每个数据样本单独作为一个聚类集合;之后如第 2 层所示,选择最相似的两个聚类集合进行合并,根据最小距离相似度度量,数据样本 x_4 和 x_7 最相似,所以将它们进行合并。同理,逐层向上进行聚类,最终所有的数据样本都属于同一个类别,如第 3～第 7 层所示。

6.6 小结

聚类分析是数据挖掘应用的主要技术之一,它将给定的数据集合划分为多个类别,同一类别的数据样本之间具有较高的相似度,而不同类别的数据样本之间具有较低的相似度。

本章通过引例介绍聚类的基本概念;从聚类的应用领域、要求、聚类算法的分类等方面对聚类分析进行了概述;介绍了聚类分析中相似度的计算方法,包括连续属性的相似度计算方法、二值和多值离散属性的相似度计算方法、混合属性的相似度计算方法;从算法的原理、步骤等方面,对聚类问题中的经典算法 K-means 算法和层次聚类算法进行了描述与分析。K-means 算法将各个聚类子集内的所有数据样本的均值作为该聚类的代表点,通过迭代过程把数据集划分为不同的类别,使得每个聚类类内紧凑,类间独立,本章给出了 K-means 算法的操作步骤,并且利用 SQL Server 2005 中的 Analysis Services 服务进行 K-means 算法模型的建立和处理,并且以可视化的方式查看聚类结果;层次聚类算法将给定数据集分层进行划分，形成一个以各个聚类为结点的树形结构，本章给出了凝聚型层次聚类算法的操作步骤，并且给出了实例。

6.7　习题

1. 聚类分析包括________、________、________和________四种类型描述属性的相似度计算方法。

2. 连续型属性的数据样本之间的距离有________、________和________。

3. 划分聚类方法对数据集进行聚类时包含三个要点：________、________和________。

4. 层次聚类方法包括________和________两种层次聚类方法。

5. 什么是聚类分析？聚类分析的应用领域有哪些？

6. 请描述K-means聚类算法的操作步骤。

7. 参考6.4.2节中的步骤，利用SQL Server 2005对Adventure Works DW数据库中的vTargetMail数据集进行K-means聚类，在设置参数时将CLUSTERING_METHOD设置为4(表示使用K-means聚类算法)，对于其他参数，可以设置一些不同的值，并且观察不同参数取值对应的聚类结果有何区别。

8. 请描述凝聚型层次聚类算法的操作步骤。

9. 利用凝聚型层次聚类算法对表6.5所示的数据集进行聚类。

表6.5　采用层次聚类的数据集描述

样本序号	描述属性1	描述属性2
x_1	6	4
x_2	7	5
x_3	6	3
x_4	4	6
x_5	3	8

C H A P T E R 7

第7章 贝叶斯网络

贝叶斯网络从20世纪80年代发展起来，最早由Judea Pearl于1986年提出，多用于专家系统，是表示不确定性知识和推理问题的流行方法。它起源于贝叶斯统计分析，是概率理论和图论相结合的产物。

本章通过引例讨论了贝叶斯网络需要解决的问题；介绍贝叶斯概率基础；对贝叶斯网络进行概述；讲解贝叶斯网络的预测、诊断和训练算法；讲述SQL Server 2005中贝叶斯网络的应用方法。

7.1 引例

先看一个关于概率推理的例子。图7.1中有6个结点：参加晚会(party，PT)、宿醉(hangover，HO)、患脑瘤(brain tumor，BT)、头疼(headache，HA)、有酒精味(smell alcohol，SA)和X射线检查呈阳性(pos xray，PX)。可以把图7.1想象成为这样一个场景：一个中学生回家后，其父母猜测她参加了晚会，并且喝了酒。第二天这个学生感到头疼，她的父母带她到医院做头部的X光检查……

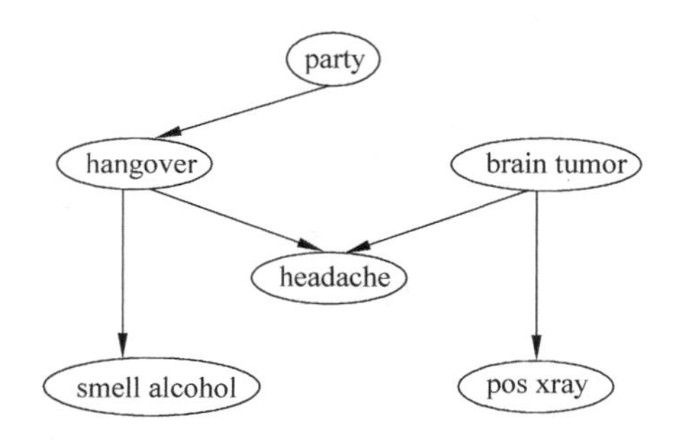

图7.1 基于结点间概率关系的推理

通过长期的观察，或者从别人那里了解，这个中学生的父母知道他们的女儿参加晚会的概率。通过长时间的数据积累，他们也知道女儿参加晚会后宿醉的概率。因此，结点 party 和结点 hangover 之间有一条连线。同样，有明显的因果关系或相关关系的结点之间都有一条连线，并且连线从原因结点出发，指向结果结点。

针对图 7.1 所示的网络，有许多问题需要解决。例如，如果父母已知女儿参加了晚会，那么第二天一早，她呼出的气体中有酒精味的概率有多大？也就是说，当 party 发生时，smell alcohol 发生的概率有多大？又例如，如果女儿头疼，那么她患脑瘤的概率有多大？这时，如果他们又知道昨晚她参加了晚会，那么综合这些情况，她患脑瘤的可能性有多大？这两个例子都是从原因推理结果的。还有许多从结果反推原因的例子。例如，如果父母早晨闻到他们的女儿呼出的气体中有酒精味，那么她昨晚参加晚会的概率有多大？等等。

为了系统地解决上面的各类问题，需要先掌握一定的概率基础知识。

7.2 贝叶斯概率基础

贝叶斯概率是贝叶斯网络运行的理论基础。就贝叶斯概率而言，其原理和应用都比较简单。但贝叶斯概率理论经历了长时间的波折才被逐渐认可，直到 20 世纪 60 年代，贝叶斯概率理论才被广泛接受并大量应用。本节将从基本的条件概率公式和全概率公式入手介绍贝叶斯概率。

7.2.1 先验概率、后验概率和条件概率

下面介绍贝叶斯概率中用到的有关概率论的基本概念。

(1) 先验概率。先验概率是指根据历史的资料或主观判断所确定的各种事件发生的概率，该概率没有经过实验证实，属于检验前的概率。

(2) 后验概率。后验概率一般是指通过贝叶斯公式，结合调查等方式获取了新的附加信息，对先验概率修正后得到的更符合实际的概率。

(3) 条件概率。当条件确定时，某事件发生的条件概率就是该事件的条件概率。

7.2.2 条件概率公式

若(Ω,F,P)是一个概率空间，$B\in F$，若 $P(B)>0$，则对于任意的 $A\in F$，称

$$P(A \mid B)=\frac{P(AB)}{P(B)} \tag{7-1}$$

为已知事件 B 发生的条件下，事件 A 发生的条件概率。

由

$$P(AB)=P(BA)=P(A \mid B)P(B)=P(B \mid A)P(A) \tag{7-2}$$

可以得到

$$P(A \mid B)=\frac{P(B \mid A)P(A)}{P(B)} \tag{7-3}$$

例如，已知任何时刻阴天的概率为 0.3，记为 $P(A)=0.3$，下雨的概率为 0.2，记为 $P(B)=0.2$。阴天之后 3 小时之内下雨的概率为 0.6，记为条件概率 $P(B|A)=0.6$。那么

在下雨的条件下,3 小时前是阴天的概率是多少呢?根据条件概率公式,得

$$P(A \mid B)=\frac{P(B \mid A)P(A)}{P(B)}=\frac{0.6\times 0.3}{0.2}=0.9$$

即如果下雨,3 小时前是阴天的概率为 0.9。

7.2.3 全概率公式

设 A,B 是两个事件,那么 A 可以表示为

$$A=AB\cup A\bar{B} \tag{7-4}$$

显然,$AB\cap A\bar{B}=\varnothing$,如果 $P(B),P(\bar{B})>0$,则

$$P(A)=P(AB)+P(A\bar{B})=P(A \mid B)P(B)+P(A \mid \bar{B})P(\bar{B}) \tag{7-5}$$

【例 7.1】 1 号箱中有 2 个白球和 4 个红球,2 号箱中有 5 个白球和 3 个红球,现随机地从 1 号箱中取出一球放入 2 号箱,然后从 2 号箱随机取出一球,问从 2 号箱取出红球的概率是多少?

【解】 令 A 表示事件“最后从 2 号箱中取出的是红球”;令 B 表示从 1 号箱中取出的是红球。则

$$P(B)=\frac{4}{2+4}=\frac{2}{3},\quad P(\bar{B})=1-P(B)=\frac{1}{3}$$

$$P(A \mid B)=\frac{3+1}{8+1}=\frac{4}{9},\quad P(A \mid \bar{B})=\frac{3}{8+1}=\frac{1}{3}$$

由式(7-5)

$$\begin{aligned}P(A)&=P(AB)+P(A\bar{B})\\&=P(A \mid B)P(B)+P(A \mid \bar{B})P(\bar{B})\\&=\frac{4}{9}\times\frac{2}{3}+\frac{1}{3}\times\frac{1}{3}=\frac{11}{27}\end{aligned}$$

上例采用的是概率论中常用的方法,为了求复杂事件的概率,往往可以把它分解成若干个互不相容的简单事件,然后利用条件概率和乘法公式,求出这些简单事件的概率,最后利用概率可加性,得到最终结果。这一方法的一般化就是所谓的全概率公式。

设 Ω 为试验 E 的样本空间,A 为 E 的事件,$B_1,B_2,\cdots,B_n$ 为 E 的一组事件,若满足以下两个条件:

(1) $B_i\cap B_j=\varnothing,i\neq j,i,j=1,2,\cdots,n$

(2) $B_1\cup B_2\cup\cdots\cup B_n=\Omega$

则称 $B_1,B_2,\cdots,B_n$ 为样本空间 Ω 的一个分割。

若 $B_1,B_2,\cdots,B_n$ 为样本空间的一个分割,那么,对每一次试验,事件 $B_1,B_2,\cdots,B_n$ 必有一个且仅有一个发生。

例如,设实验 E 为“掷一颗骰子观察其点数”。它的样本空间 $\Omega=\{1,2,3,4,5,6\}$。Ω 的一组事件 $B_1=\{1,2\},B_2=\{3,4\},B_3=\{5,6\}$是样本空间 Ω 的一个分割。而事件组 $B_1=\{1,2,3\},B_2=\{3,4\},B_3=\{5,6\}$不是样本空间 Ω 的一个分割,因为 $B_1B_2=\{3\}\neq\varnothing$。

设实验 E 为样本空间,A 为 E 的事件,$B_1,B_2,\cdots,B_n$ 为 Ω 的一个分割,且 $P(B_i)>0$,$i=1,2,\cdots,n$,则

$$P(A)=\sum_{i=1}^{n}P(B_i)P(A\mid B_i) \tag{7-6}$$

式(7-6)被称为全概率公式。

【例7.2】 甲、乙、丙三人向同一飞机射击。设甲、乙、丙射中的概率分别为0.4、0.5和0.7。又设只有一人射中，飞机坠落的概率为0.2；若有两人射中，飞机坠落的概率为0.6；若有三人射中，飞机必坠落。求飞机坠落的概率。

【解】 记 A={飞机坠落}，B_i={共 i 个人射中飞机}，$i=1,2,3$。其中 B_i 为

B_1 =(甲射中，乙丙未射中)+(乙射中，甲丙未射中)+(丙射中，甲乙未射中)

B_2 =(甲未射中，乙丙射中)+(乙未射中，甲丙射中)+(丙未射中，甲乙射中)

B_3 =(甲乙丙均射中)

可以计算 i 个人射中飞机的概率

$$P(B_1)=0.4\times0.5\times0.3+0.6\times0.5\times0.3+0.6\times0.5\times0.7=0.36$$

$$P(B_2)=0.6\times0.5\times0.7+0.4\times0.5\times0.7+0.4\times0.5\times0.3=0.41$$

$$P(B_3)=0.4\times0.5\times0.7=0.14$$

再由题设，$P(A|B_1)=0.2$，$P(A|B_2)=0.6$，$P(A|B_3)=1$。利用全概率公式

$$P(A)=\sum_{i=1}^{3}P(B_i)P(A\mid B_i)=0.36\times0.2+0.41\times0.6+0.14\times1=0.458$$

7.2.4　贝叶斯公式

设实验 E 为样本空间，A 为 E 的事件，$B_1,B_2,\cdots,B_n$ 为 Ω 的一个分割，且 $P(B_i)>0$，$i=1,2,\cdots,n$，则

$$P(B_i\mid A)=\frac{P(B_i)P(A\mid B_i)}{\sum_{i=1}^{n}P(B_i)P(A\mid B_i)} \tag{7-7}$$

式(7-7)被称为贝叶斯公式。

【例7.3】 某电子设备厂所用的元件是由三家元件厂提供的，根据以往的记录，这三个厂家的次品率分别为0.02、0.01、0.03，提供元件的份额分别为0.15、0.8、0.05。设这三个厂家的产品在仓库是均匀混合的，且无区别的标志。

问题1：在仓库中随机地取一个元件，求它是次品的概率。

问题2：在仓库中随机地取一个元件，若已知它是次品，为分析此次品出自何厂，需求出此元件由三个厂家生产的概率是多少？

【解】 设 A 取到的元件是次品，B_i 表示取到的元件是由第 i 个厂家生产的，则

$$P(B_1)=0.15,P(B_2)=0.8,P(B_3)=0.05$$

对于问题1，由全概率公式

$$\begin{aligned}P(A)&=\sum_{i=1}^{3}P(B_i)P(A\mid B_i)\\&=0.15\times0.02+0.80\times0.01+0.05\times0.03\\&=0.0125\end{aligned}$$

对于问题2，由贝叶斯公式

$$P(B_1 \mid A) = \frac{P(B_1)P(A \mid B_1)}{P(A)} = \frac{0.15 \times 0.02}{0.0125} = 0.24$$

$$P(B_2 \mid A) = \frac{P(B_2)P(A \mid B_2)}{P(A)} = \frac{0.80 \times 0.01}{0.0125} = 0.64$$

$$P(B_3 \mid A) = \frac{P(B_3)P(A \mid B_3)}{P(A)} = \frac{0.05 \times 0.03}{0.0125} = 0.12$$

以上结果表明,这个次品来自第2家工厂的可能性最大,来自第1家工厂的概率次之,来自第3家工厂的概率最小。

7.3 贝叶斯网络概述

贝叶斯网络作为图形模型(概率理论和图论相结合的产物)的一种,具有图形模型的大多数性质,它已经成为数据库中知识发现和决策支持的有效方法。20世纪90年代中后期,出现了大量贝叶斯网络学习算法,致力于从大量数据中构造贝叶斯网络模型,进行不确定性知识的发现。

7.3.1 贝叶斯网络的组成和结构

贝叶斯网络又被称为信念网络、因果网络等,是描述随机变量(事件)之间依赖关系的一种图形模式,它是一种用来进行推理的模型。贝叶斯网络通过有向图的形式来表示随机变量间的因果关系,并通过条件概率将这种关系数量化,可以包含随机变量集的联合概率分布,是一种将因果知识和概率知识相结合的信息表示框架,使得不确定性推理在逻辑上变得更为清晰,理解性更强。

贝叶斯网络由网络结构和条件概率表两部分组成。贝叶斯网的网络结构是一个有向无环图,由结点和有向弧段组成。每个结点代表一个事件或者随机变量,变量值可以是离散的或连续的,结点的取值是完备互斥的。表示起因的假设和表示结果的数据均用结点表示。在概率推理中,随机变量用于代表世界上的事物或者事件,可以是任何问题的抽象,通过将这些随机变量实例化,就可以对世界上现存的状态进行建模。结点间的有向弧段代表随机变量间的因果关系或概率依赖关系,可以在各变量之间利用弧段画出它们的因果关系,弧段是有向的,不构成回路。

例如,图7.1描述的网络符合贝叶斯网络的条件,是一个典型的贝叶斯网络。

7.3.2 贝叶斯网络的优越性

贝叶斯网络自然地将先验知识与概率推理相结合,从而贴近现实问题,并用图表模型的形式描述数据之间的相互关系,非常便于预测分析,有助于优化人们的决策。贝叶斯网络的优势主要体现在以下几个方面。

(1) 贝叶斯网络推理是利用其表达的条件独立性,根据已有信息快速计算待求概率值的过程。应用贝叶斯网络的概率推理算法,对已有的信息要求低,可以进行信息不完全、不确定情况下的推理。

(2) 具有良好的可理解性和逻辑性,这是神经元网络无法比拟的,神经元网络从输入层输入影响因素信息,经隐含层处理后传入输出层,是黑匣子似的预测和评估,而贝叶斯网络是白匣子。

(3) 专家知识和试验数据的有效结合相辅相成,忽略次要联系而突出主要矛盾,可以有效避免过学习(overfitting)。

(4) 贝叶斯网络以概率推理为基础,推理结果说服力强,而且相对贝叶斯方法来说,贝叶斯网络对先验概率的要求大大降低。贝叶斯网络通过实践积累可以随时进行学习来改进网络结构和参数,提高预测诊断能力,并且基于网络的概率推理算法,贝叶斯网络接受了新信息后立即更新网络中的概率信息。

7.3.3 贝叶斯网络的三个主要议题

贝叶斯网络的主要功能是进行预测和诊断,在贝叶斯网络工作之前,需要对历史数据进行训练。所以,预测、诊断和学习构成了贝叶斯网络的三个主要议题。

1. 贝叶斯网络预测

贝叶斯网络是一种概率推理技术,使用概率理论来处理在描述不同知识成分之间的条件而产生的不确定性。贝叶斯网络的预测是指从起因推测一个结果的推理,也称为由顶向下的推理。目的是由原因推导出结果。已知一定的原因(证据),利用贝叶斯网络的推理计算,求出由原因导致的结果发生的概率。

2. 贝叶斯网络诊断

贝叶斯网络的诊断是指从结果推测一个起因的推理,也称为由底至上的推理。目的是在已知结果时,找出产生该结果的原因。已知发生了某些结果,根据贝叶斯网络推理计算造成该结果发生的原因和发生的概率。该诊断功能多用于病理诊断、故障诊断中,目的是找到疾病发生、故障发生的原因。

3. 贝叶斯网络学习

贝叶斯网络学习是指由先验的贝叶斯网络得到后验的贝叶斯网络的过程。先验贝叶斯网络是根据用户的先验知识构造的贝叶斯网络,后验贝叶斯网络是把先验贝叶斯网络和数据相结合而得到的贝叶斯网络。

贝叶斯网络学习的实质是用现有数据对先验知识的修正。贝叶斯网络能够持续学习,上次学习得到的后验贝叶斯网络变成下一次学习的先验贝叶斯网络,每一次学习前用户都可以对先验贝叶斯网络进行调整,使得新的贝叶斯网络更能体现数据中蕴涵的知识。贝叶斯网络的学习关系如图 7.2 所示。

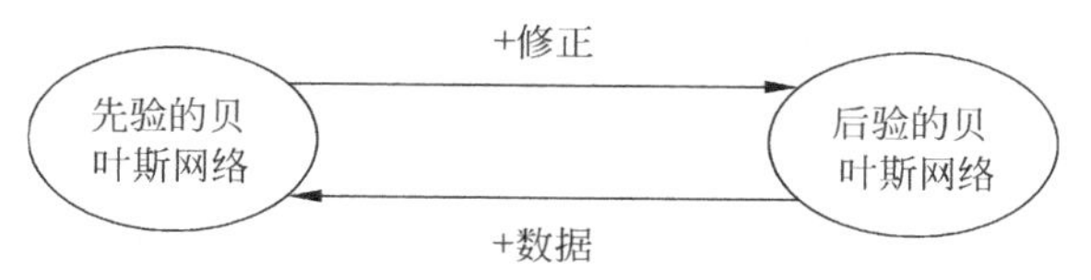

图 7.2　贝叶斯网络持续学习

贝叶斯网络模型由网络结构和条件概率分布表(Conditional Probability Table,CPT)组成,因此,必须通过给出贝叶斯网络的网络结构及每个结点上的 CPT 表来描述一个贝叶斯网络。相应地,基于贝叶斯网络的学习包括结构学习和参数学习两个内容。结构学习,即利用训练样本集,尽可能结合先验知识,确定最合适的贝叶斯网络模型结构。参数学习是在给定结构下,确定贝叶斯网络模型的参数,即每个结点上的 CPT 表。

根据样本数据的不同性质,每一部分均包括实例数据完备、实例数据不完备两个方面。如果对应于贝叶斯网络中每个结点所代表的随机变量,训练样本集的每一个成员中都存在一个确定的值与之相对应,那么说这个训练样本集是完整的。反之,我们说训练样本集是不完整的。按照学习的目的以及训练样本集是否完整,可以把学习方法归为以下几类,如表 7.1 所示。

表 7.1　贝叶斯网络学习算法分类表

网络结构	训练样本集	学习方法
已知	完整	最大似然估计,条件期望估计
已知	不完整	EM 算法,顺序更新算法,MCMC
未知	完整	搜索算法
未知	不完整	EM 算法,搜索算法

7.4　贝叶斯网络的预测、诊断和训练算法

本节将从图 7.1 所示的简单贝叶斯网络的例子入手,分别介绍贝叶斯网络的预测、诊断和训练算法。首先,假定网络中的概率和条件概率都已经知道,也就是说网络已经训练完毕,或者按照专家经验,网络中缺少的概率数据或条件概率数据都已经具备。然后,我们给出这些数据。

7.4.1　概率和条件概率数据

图 7.1 中的 Party 和 Brain Tumor 两个结点是原因结点,没有连线以它们作为终点。首先给出这两个结点的无条件概率,如表 7.2 所示。

表 7.2　结点 *PT*、*BT* 的无条件概率分布

	$P(PT)$	$P(BT)$
True	0.200	0.001
False	0.800	0.999

表 7.2 中的第二列是关于 Party(参加晚会)的概率:参加晚会的概率是 0.2,不参加晚会的概率是 0.8。第三列是关于患脑瘤的概率:患脑瘤的概率是 0.001,不患脑瘤的概率是 0.999。

下面还将给出几组条件概率,分别是 PT 已知的情况下 HO 的条件概率,如表 7.3 所示;HO 已知的情况下 SA 的条件概率,如表 7.4 所示;BT 已知的情况下 PX 的概率,如表 7.5 所示。

表 7.3 已知结点 *PT* 时 *HO* 的条件概率

$P(HO\|PT)$	PT=True	PT=False
True	0.700	0
False	0.300	1.000

表 7.4 已知结点 *HO* 时 *SA* 的条件概率

$P(SA\|HO)$	HO=True	HO=False
True	0.800	0.100
False	0.200	0.900

表 7.5 已知结点 *BT* 时 *PX* 的条件概率

$P(PX\|BT)$	BT=True	BT=False
True	0.980	0.010
False	0.020	0.990

上面三个表的结构相似，给出的都是条件概率。表 7.3 中第 2 列的意思是：当参加晚会后，宿醉的概率是 0.7；不宿醉的概率是 0.3。第 3 列的意思是：当不参加晚会后，不会发生宿醉的情况。对表 7.4 和表 7.5 的解释类似。

最后给出的是一个联合条件概率：已知 HO 和 BT 时 HA 的概率，如表 7.6 所示。

表 7.6 已知 *HO* 和 *BT* 时 *HA* 的概率

$P(HA\|HO,BT)$	HO=True		HO=False	
	BT=True	BT=False	BT=True	BT=False
True	0.990	0.700	0.900	0.020
False	0.010	0.300	0.100	0.980

表 7.6 中数据的意义是：当宿醉发生和有脑瘤的情况下，头疼的概率是 0.99，不头疼的概率是 0.01。当宿醉发生但没有脑瘤的情况下，头疼的概率是 0.7，不头疼的概率是 0.3。当没有宿醉但患有脑瘤的情况下，头疼的概率是 0.9，不头疼的概率是 0.01。在具备概率数据和条件概率数据后，7.4.2 节通过例子介绍贝叶斯网络的预测算法。

7.4.2 贝叶斯网络的预测算法

贝叶斯网络的功能之一就是在已知某些条件结点的情况下，预测结果结点的概率。当然，贝叶斯网络也可以在不知任何结点信息的情况下计算某个结果结点的发生概率。例如，在图 7.1 中，如果不知道任何结点发生与否的信息，仍然可以估算结点 HA 的概率。

为了方便表示，约定：对于一个结点 Point，$P(+\text{Point})$表示 Point 发生的概率，$P(-\text{Point})$表示不发生的概率。

【例 7.4】 计算结点 HA 的概率。

根据全概率公式，有

$$\begin{aligned}P(+HA) &= P(+BT)P(+HO)\times 0.99+P(+BT)P(-HO)\times 0.9+P(-BT)P(+HO)\\ &\quad \times 0.7+P(-BT)P(-HO)\times 0.02\\ &\approx 0.116\end{aligned}$$

$$P(-HA)=1-P(+HA)\approx 0.884$$

也就是说,在没有任何结点信息(称为证据)的情况下,头疼的概率是0.116,不头疼的概率是0.884。

用同样的方式,可以计算所有结点的概率,这样可以使得图7.1所示的网络进一步完善。事实上,完善结点概率也是预测贝叶斯网络预测的一种情况,即在不知结点明确信息(证据)情况下的预测。

下面进行一个原因结点明确情况下的预测。

【例7.5】 计算已知参加晚会的情况下,第二天早晨呼吸有酒精味的概率。

首先,由表7.3可以看出,当 PT 发生时,HO 发生的概率是0.7。也就是说,当参加晚会后,宿醉发生的概率是0.7,不发生的概率是0.3。由全概率公式

$$\begin{aligned}P(+SA)&=P(+HO)P(+SA\mid +HO)+P(-HO)P(+SA\mid -HO)\\&=0.7\times 0.8+0.3\times 0.1\\&=0.59\end{aligned}$$

【例7.6】 计算已知参加晚会的情况下,头疼发生的概率。

由表7.3可知,当 PT 发生时,HO 发生的概率是0.7,不发生的概率是0.3;由表7.2可以看出,BT 发生的概率是0.001,不发生的概率是0.999。已知 HO 和 BT 后,根据全概率公式,得到

$$\begin{aligned}P(+HA)=&P(+HO)P(+BT)P(+HA\mid +HO+BT)+P(+HO)P(-BT)\\&\times 0.7+P(-HO)P(+BT)\times 0.9+P(-HO)P(-BT)\times 0.02\\=&0.496467\end{aligned}$$

$$P(-HA)=1-P(+HA)=0.503533$$

也就是说,如果知道已经参加了晚会,而没有其他方面的任何证据,则这个人头疼的概率是0.496,不头疼的概率是0.504。

读者可以比较分析例7.4和例7.6的结果:由于参加晚会,头疼发生的概率大大增加了。

结合上面给出的三个例子,下面给出贝叶斯网络预测算法的步骤描述,如图7.3所示。

输入:给定贝叶斯网络 B(包括网络结构 m 个结点以及某些结点间的连线、原因结点到中间结点的条件概率或联合条件概率),给定若干个原因结点发生与否的事实向量 F(或者称为证据向量),给定待预测的某个结点 t。

输出:结点 t 发生的概率。

(1) 把证据向量输入到贝叶斯网络 B 中。

(2) 对于 B 中的每一个没处理过的结点 n,如果它具有发生的事实(证据),则标记它为已经处理过;否则继续下面的步骤。

(3) 如果它的所有父结点中有一个没有处理过,则不处理这个结点;否则,继续下面的步骤。

(4) 根据结点 n 的所有父结点的概率以及条件概率或联合条件概率计算结点 n 的概率分布,并把结点 n 标记为已处理。

(5) 重复步骤(2)~(4),共 m 次。此时,结点 t 的概率分布就是它的发生/不发生的概率。算法结束。

需要注意的是,第(5)步的作用是使得每个结点都有被计算概率分布的机会。

图7.3 贝叶斯网络预测算法的操作步骤

7.4.3 贝叶斯网络的诊断算法

7.4.2 节在已知条件结点发生与否的情况下，推断了结果结点发生的概率。本节将做相反方向的工作：在已知结果结点发生与否的情况下推断条件结点发生的概率。

【例 7.7】 计算已知 X 光检查呈阳性的情况下，患脑瘤的概率。

根据条件概率公式

$$\begin{aligned}P(+BT \mid +PX) &= P(+PX \mid +BT) \times P(+BT)/P(+PX)\\ &= 0.98 \times 0.001/0.011\\ &\approx 0.08909\end{aligned}$$

$$P(-BT \mid +PX) = 1 - P(+BT \mid +PX) \approx 0.911$$

也就是说，当 X 光检查呈阳性的情况下，患脑瘤的概率是 0.089，不患脑瘤的概率是 0.911。

上面的例子比较简单，可以直接用条件概率公式计算获得。下面再看一个比较复杂的例子。

【例 7.8】 计算已知头疼的情况下，患脑瘤的概率。

首先，根据表 7.6 在给出的联合条件分布计算，已知 BT 情况下 HA 的边缘条件概率。为此，要首先计算结点 HO 的概率分布。根据全概率公式

$$\begin{aligned}P(+HO) &= P(+HO \mid +PT) \times P(+PT) + P(+HO \mid -PT) \times P(-PT)\\ &= 0.7 \times 0.2 + 0\\ &= 0.14\end{aligned}$$

上面的计算表明，在没有任何证据的情况下，宿醉发生的概率是 0.14，不发生的概率是 0.86。通过宿醉的发生概率，可以计算已知 BT 情况下 HA 的边缘条件概率

$$\begin{aligned}P(+HA \mid +BT) &= P(+HO) \times P(+HA \mid +BT, +HO)\\ &\quad + P(-HO) \times P(+HO \mid +BT, -HO)\\ &= 0.14 \times 0.99 + 0.86 \times 0.9\\ &= 0.9126\end{aligned}$$

$$P(-HA \mid +BT) = 1 - P(+HA \mid +BT) \approx 0.087$$

上面的计算得到了已知患脑瘤的情况下，头疼的概率是 0.913，不头疼的概率是 0.087。这个条件概率是一个边缘分布，它是从联合条件概率分布（$HO, BT \rightarrow HA$）去掉一个条件 HO 得到的。我们把这个边缘分布的内容整理在表 7.7 中。

表 7.7　已知 BT 情况下 HO 的（边缘）条件概率

$P(HA \mid BT)$	BT=True	BT=False
True	0.913	0.115
False	0.087	0.885

最后，根据表 7.7 提供的条件概率，利用条件概率公式，可得

$$\begin{aligned}P(+BT \mid +HA) &= P(+HA \mid +BT) \times P(+BT)/P(+HA)\\ &= 0.9126 \times 0.001/0.116\\ &\approx 0.007867\end{aligned}$$

例 7.7 和例 7.8 分别从简单和复杂两种情况进行了贝叶斯网络的诊断示例。下面的部分将介绍同时具有预测功能和诊断功能的算法。

根据上面的两个例子,可以总结出贝叶斯网络诊断算法的一般步骤,如图 7.4 所示。

输入:给定贝叶斯网络 B(包括网络结构 m 个结点以及某些结点间的连线、原因结点到中间结点的条件概率或联合条件概率),给定若干个结果结点发生与否的事实向量 F(或者称为证据向量),给定待诊断的某个结点 t。

输出:结点 t 发生的概率。

(1) 把证据向量输入到贝叶斯网络 B 中。

(2) 对于 B 中的每一个没处理过的结点 n,如果它具有发生的事实(证据),则标记它为已经处理过;否则继续下面的步骤。

(3) 如果它的所有子结点中有一个没有处理过,则不处理这个结点;否则,继续下面的步骤。

(4) 根据结点 n 的所有子结点的概率以及条件概率或联合条件概率计算结点 n 的概率分布,并把结点 n 标记为已处理。

(5) 重复步骤(2)~(4)共 m 次。此时,原因结点 t 的概率分布就是它的发生/不发生的概率。算法结束。

需要注意的是,第(5)步的作用是使得每个结点都有被计算概率分布的机会。

图 7.4 贝叶斯网络诊断算法的操作步骤

7.4.4 贝叶斯网络预测和诊断的综合算法

利用贝叶斯网络进行单纯的预测或进行单纯的诊断的情况是比较少的,一般情况下,需要综合使用预测和诊断的功能。

【例 7.9】 计算已知参加晚会并且第二天早上呼吸有酒精味的情况下,宿醉的发生概率。

由于已知参加了晚会($+PT$),那么根据表 7.3,宿醉发生的概率是 0.7,不发生的概率是 0.3。根据全概率公式

$$\begin{aligned}P(+SA) &= P(+SA \mid +HO)\times P(+HO)+P(+SA \mid -HO)\times P(-HO)\\ &= 0.8\times 0.7+0.1\times 0.3\\ &= 0.59\end{aligned}$$

这个结果就是已知参加晚会的情况下,有酒精味的发生概率。再利用条件概率公式,可得

$$\begin{aligned}P(+HO \mid +SA) &= P(+SA \mid +HO)\times P(+HO)/P(+SA)\\ &= 0.8\times 0.7/0.59\\ &\approx 0.94915\end{aligned}$$

这是最终的结果,也就是说,当参加晚会并且第二天早晨有酒精味的情况下,宿醉发生的概率是 0.949。

从上面的计算过程可以总结出解决这类综合问题的一般思路。首先,要把原因结点的证据(此例中是$+PT$)进行扩散,得到中间结点(HO)或结果结点(SA)的概率分布。最后根据条件概率公式计算中间结点的概率分布。

这是解决预测和诊断综合问题的一般思路，下面将给出一个更复杂的综合问题的例子。

【例 7.10】 计算在已知有酒精味、头疼的情况下，患脑瘤的概率。

首先，由条件概率公式可以计算在有酒精味的情况下宿醉的发生概率

$$P(+HO \mid +SA) = P(+SA \mid +HO) \times P(+HO)/P(+SA) \approx 0.5657$$

然后，由全概率公式可以计算患脑瘤的情况下头疼的发生概率（当然，这时宿醉的概率已经是 0.5656，它参与了下面的运算）

$$\begin{aligned} P(+HA \mid +BT) &= P(+HA \mid +BT, +HO) \times P(+HO) \\ &\quad + P(+HA \mid +BT, -HO) \times P(-HO) \\ &= 0.99 \times P(+HO) + 0.9 \times P(-HO) \\ &\approx 0.9509 \end{aligned}$$

最后，再由条件概率公式可以计算患脑瘤的概率

$$\begin{aligned} P(+BT \mid +HA) &= P(+HA \mid +BT) \times P(+BT)/P(+HA) \\ &= 0.9509 \times 0.001/0.405154296 \\ &= 0.0023467423494 \end{aligned}$$

可以比较例 7.10 和例 7.8 的计算结果，例 7.10 中计算得到的患脑瘤的概率要相对小一些。同样患有头疼，两个例子中患脑瘤的概率是不一样的。这是因为，例 7.10 中的结果结点“有酒精味”发生，这意味着头疼的原因有更大的可能是因为宿醉，而不是患脑瘤。

除了上面的例子外，读者可以试着解决图 7.1 所示贝叶斯网络中更复杂的例子，或者解决本章后面的习题。

7.4.5 贝叶斯网络的建立和训练算法

本章前面各节所进行工作的前提是假设贝叶斯网络已经建立（有了结点和连线），原因结点的概率分布已经确定，并且有连线结点间的条件概率也已经确定。

那么，如何建立一个贝叶斯网络呢？要建立贝叶斯网络，首先要把实际问题的事件抽象为结点。这些结点必须有明确的意义，至少有是、非两个状态。或者有多个状态，并且这些状态在概率意义上是完备和互斥的。也就是说，所有状态在某一时刻只能发生一个，并且这些状态的概率之和为 1。

建立网络的第二步就是要建立两个或多个结点之间的连线。有明确的因果关系或相关关系的结点之间可以建立连线，那些没有明确联系的结点之间最好不要建立连线，以防止网络过于复杂而不能把握问题的实质。确定两个结点之间是否有连线，除了通过经验判断之外，还可以用数据相关分析的方法，请读者查阅相关的文献。

要建立两个结点之间的连线，必须防止环的出现。贝叶斯网络必须是有向无环图。在图 7.1 中，如果建立结点 Smell Alcohol 到结点 Party 之间的连线，那么就形成了一个环 $PT \rightarrow HO \rightarrow SA \rightarrow PT$，也就不构成贝叶斯网络了。

结点的概率分布和结点间的条件概率分布可以通过专家经验填入，但使用更多的方法是通过历史数据训练得到。贝叶斯网络的训练方式比较简单。作为示例，下面给出图 7.1 所示的 6 个结点发生的历史数据，如表 7.8 所示。

表 7.8　贝叶斯网络中的历史数据

序号	PT	HO	BT	HA	SA	PX
1	1	1	0	1	1	0
2	0	0	1	1	0	1
3	1	0	0	0	0	0
4	1	1	1	0	1	1
5	0	0	0	0	0	1
6	1	1	0	1	1	0
7	1	0	1	0	1	0
8	0	0	1	0	0	0
9	1	0	0	0	1	0
10	1	1	1	1	1	1

根据表 7.8 给出的数据,可以用统计的方式得到任意结点的概率分布。假设结点 P 有 m 个状态 $P_1,P_2,\cdots,P_m$,则有

$$P(P_m)=\frac{P_m\text{ 出现的数据条数}}{\text{总的数据条数}} \tag{7-8}$$

例如,对于结点 PT,有 $P(+PT)=7/10=0.7$;$P(-PT)=3/10=0.3$。

如果 PS 表示结点 P 的一个状态,QS 表示结点 Q 的一个状态,则 PS 发生时 QS 发生的概率为

$$P(QS\mid PS)=\frac{PS\text{ 和 }QS\text{ 共同发生的次数}}{PS\text{ 发生的次数}} \tag{7-9}$$

例如,$+PT$ 共发生了 7 次,$+PT$ 和 $+HO$ 共同发生了 4 次,因此有 $P(+HO|+PT)=4/7=0.571$。同样的方式也可以计算 $P(QS|\sim PS)$。

同理,可以计算多个结点间的联合条件分布。假设 PS 表示结点 P 的一个状态,QS 表示结点 Q 的一个状态,RS 表示结点 R 的一个状态。那么 PS 和 QS 发生时 RS 的概率为

$$P(RS\mid PS,QS)=\frac{PS,QS,RS\text{ 共同发生的次数}}{PS\text{ 和 }QS\text{ 共同发生的次数}} \tag{7-10}$$

如果结点 P、Q、R 各有两个状态,那么类似式(7-10)形式的公式共有 8 个,共同构成了结点 P、Q 到结点 R 的联合条件概率分布。

例如,$+HO$ 和 $+BT$ 共发生了 2 次,而 $+HO$、$+BT$ 和 $+HA$ 共发生了 1 次,因此

$$P(+HA\mid+HO,+BT)=1/2=0.5$$

如果某个结点是结果结点或中间结点,那么得到这个结点的概率分布的方式有如下两种。

(1) 直接从表 7.8 所示的数据中通过统计获得。

(2) 先从表格数据中通过统计获得原因结果的概率分布,再从表格数据中通过统计获得条件概率分布或联合条件概率分布,最后用全概率公式计算中间结点或结果结点的概率

分布。

可以验证,这两种方式获得的概率分布是一致的。

7.5 SQL Server 2005 中的贝叶斯网络应用

本节利用 SQL Server 2005 中的贝叶斯网络解决一个简单的预测和诊断问题。

(1) 在 SQL Server 2005 中创建一个新的数据库(创建的过程全部取默认值),把新建的数据库命名为 BayesDatabase。

(2) 在数据库 BayesDatabase 中创建一个具有 4 个列的新数据表 Table_2。各列的数据类型和性质如图 7.5 所示。

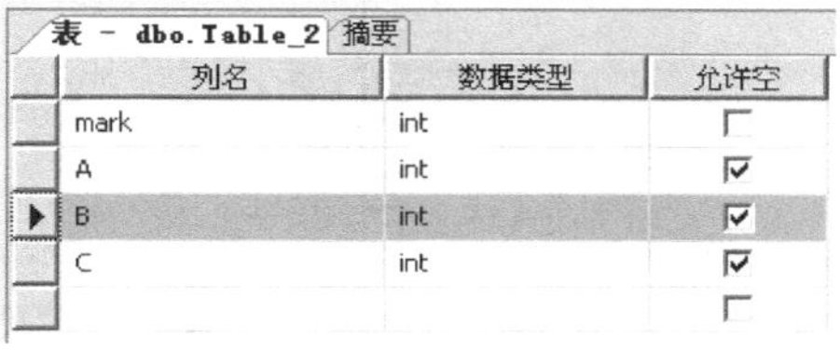

表 - dbo.Table_2 | 摘要

列名	数据类型	允许空
mark	int	☐
A	int	☑
B	int	☑
C	int	☑
		☐

图 7.5 贝叶斯网络数据各列信息

(3) 打开数据表 Table_2,向数据表中输入数据。输入之后的结果如图 7.6 所示。

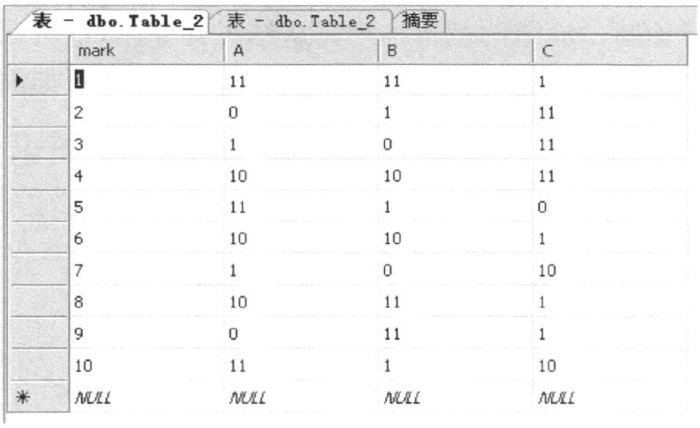

表 - dbo.Table_2 | 表 - dbo.Table_2 | 摘要

mark	A	B	C
1	11	11	1
2	0	1	11
3	1	0	11
4	10	10	11
5	11	1	0
6	10	10	1
7	1	0	10
8	10	11	1
9	0	11	1
10	11	1	10
NULL	NULL	NULL	NULL

图 7.6 贝叶斯网络的历史数据入库

从图 7.6 可以看出,输入的所有数据都是 4 个值之一:0,1,10,11。SQL Server 2005 的朴素贝叶斯数据挖掘功能能够把这些值分割成离散的区间。

(4) 创建新的商业智能项目 BayesProject。

(5) 建立 BayesA 中的数据连接,连接到数据库 BayesDatabase。

(6) 建立 BayesA 中的数据源视图,在建立视图的过程中选择数据库中的表格 Table_2。

(7) 创建挖掘结构。首先要在项目的解决方案资源管理器中的“挖掘结构”标签上右击,在弹出的快捷菜单中选择“新建挖掘结构”命令。选择“从现有关系数据库或数据仓库”建立挖掘结构,并选择 Microsoft Naïve Bayes 挖掘模型。在为各列指定定型数据的选择过程中要让各列的类型如图 7.7 所示。

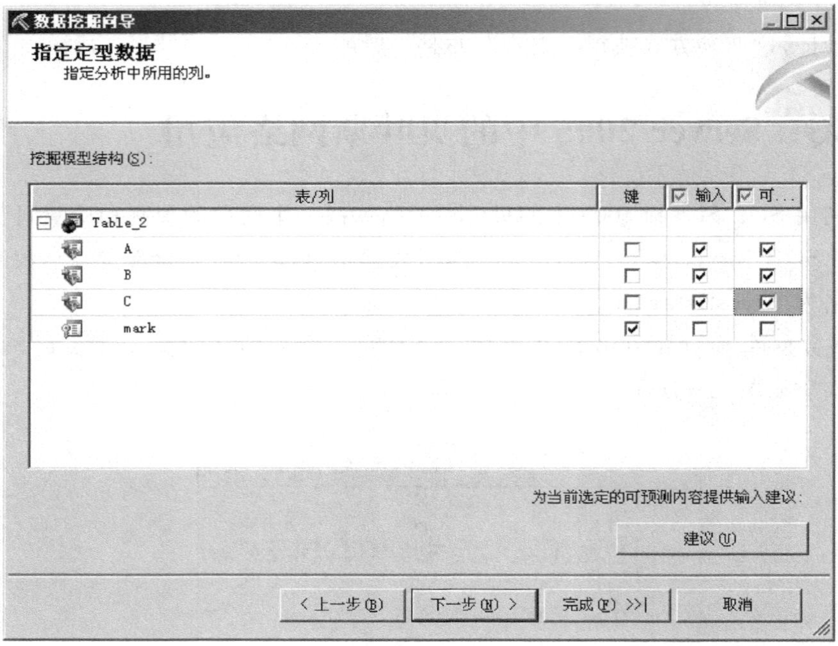

数据挖掘向导

指定定型数据

指定分析中所用的列。

挖掘模型结构(S):

表/列	键	输入	可...
Table_2			
A	☐	☑	☑
B	☐	☑	☑
C	☐	☑	☑
mark	☑	☐	☐

为当前选定的可预测内容提供输入建议:

建议(U)

< 上一步(B)　下一步(N) >　完成(F) >>|　取消

图 7.7　贝叶斯历数据各列类型

除了键列 mark 外,其他各列都是可输入和可预测的。这是因为,贝叶斯网络不但可以进行预测,也可以进行诊断。诊断的逻辑推理是从结果到原因,也可以认为是另一种形式的预测。在后面的过程中选择默认操作,便得到了一个贝叶斯网络,如图 7.8 所示。

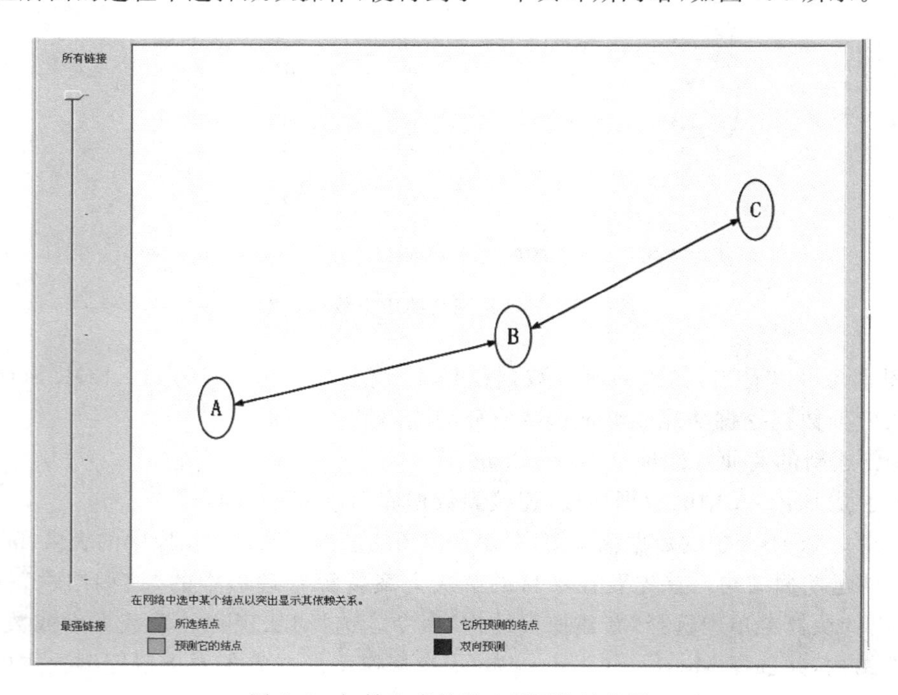

图 7.8　初始生成的贝叶斯网络结构图

图 7.8 是系统通过 Table_2 中数据的关系得到的连接关系。从图中可以看出，A 和 B 是互联的，B 和 C 也是互联的。这是所有具有概率关系的连接。如果只允许概率强度大的连接出现，可以向下调整出现在图 7.8 中的滑条，一些连接关系会被删除。通过调整，会得到图 7.9 所示的界面。

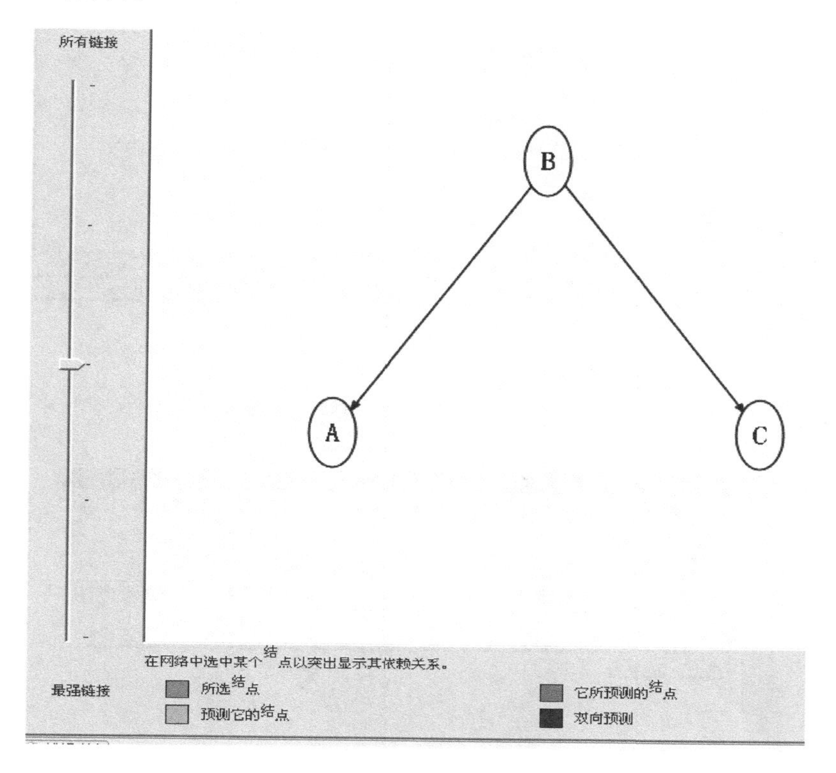

图 7.9　调整贝叶斯网络的位置和连接

至此，已经得到了想要的结构：B 是原因结点，A 和 C 分别是 B 的结果结点(从图数据库 BayesDatabase 的数据表 Table_2 中也可以看出这种关系)。下面的工作就是利用建好的挖掘模型进行预测和诊断。

(8) 预测和诊断。首先选择“挖掘模型预测”选项卡，进入预测的界面。然后选择 Table_2 为事例表，随后单击工具条上的“单独查询”按钮，得到输入界面。

要做的预测为：已知 B 发生在区间[0,1]，A 的信息不详，预测 C 发生哪个值的可能性最大。根据题目要求，把各个值输入，得到图 7.10 所示的界面。

为了预测 C，把“挖掘模型”列表框中的变量 C 拖动至其下面第一行的最左边位置，如图 7.10 左下方所示。

最后单击“切换到查询结果视图”，得到预测结果，如图 7.11 所示。

从上面的预测结果可以看出，当 B 在区间[0,1]范围内取值时，预测 C 的值是 10，也就是 C 取 10 的概率最大。

下面将要进行诊断工作：已知 A 的取值在区间[10,11]，诊断 B 的取值。先输入各个变量的值，然后拖动 B 到被预测的位置，如图 7.12 所示。

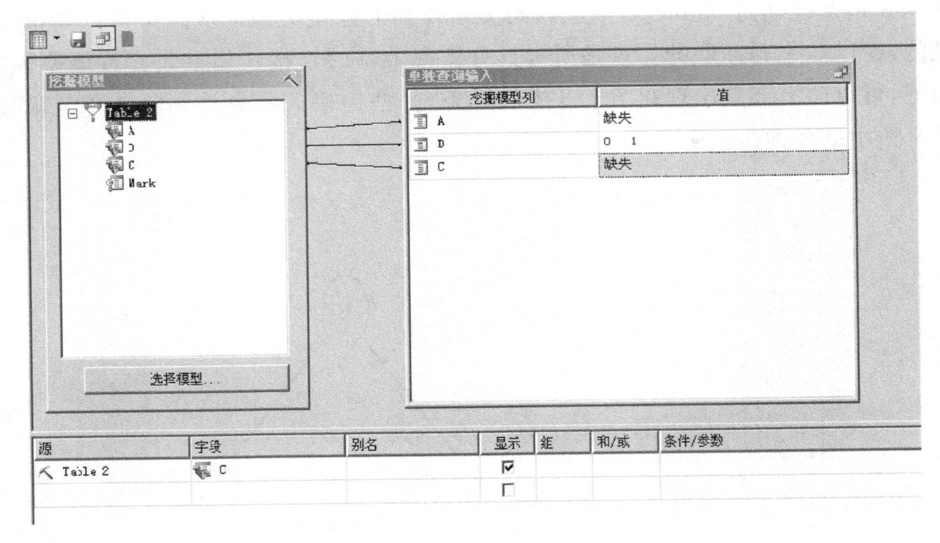

图 7.10 贝叶斯网络预测的数据输入

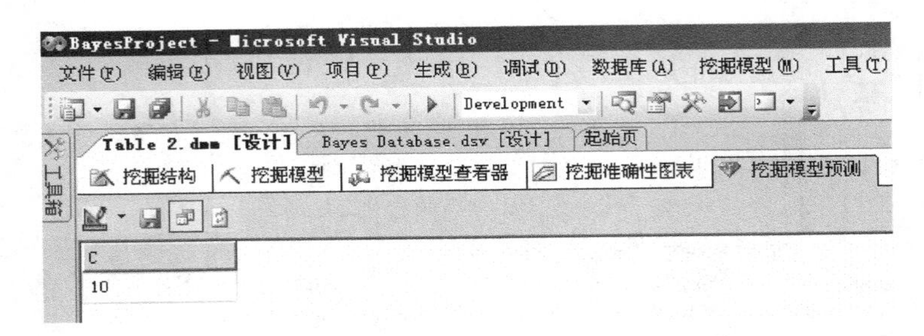

图 7.11 贝叶斯网络预测结果

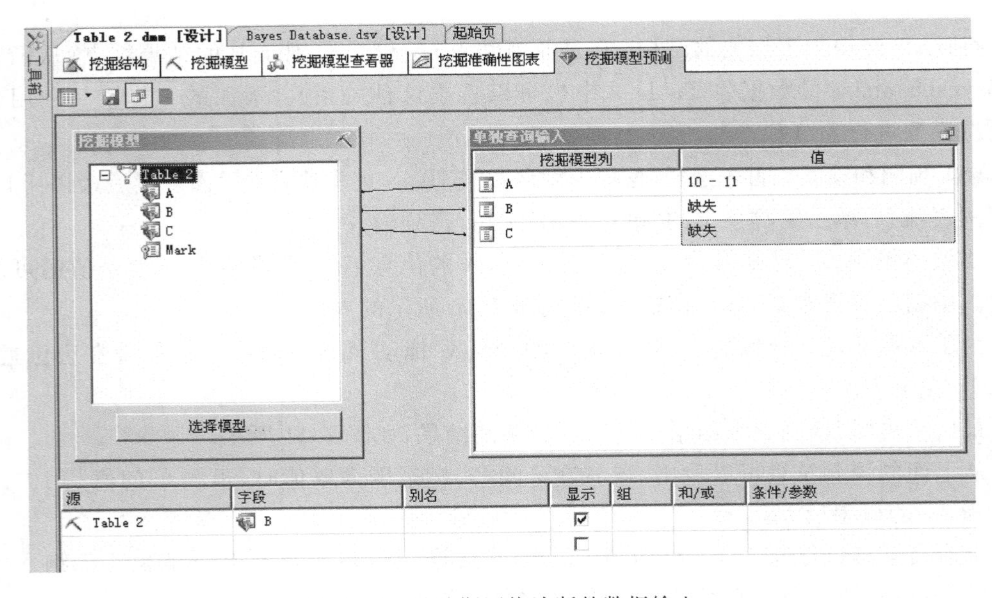

图 7.12 贝叶斯网络诊断的数据输入

在输入数据完成并选择了预测变量之后，单击"切换到查询结果视图"，得到诊断结果，如图 7.13 所示。

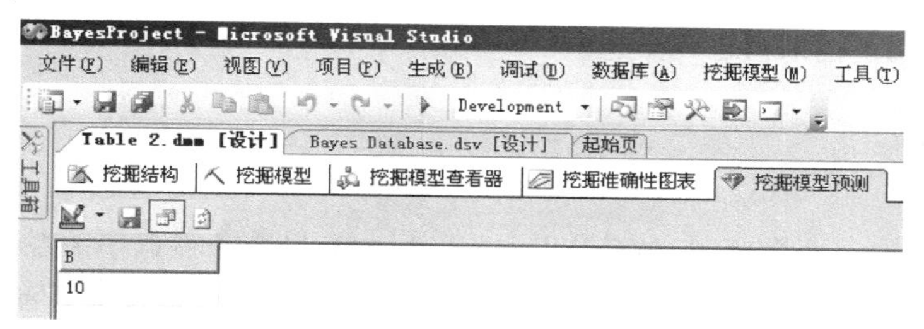

图 7.13　贝叶斯网络诊断结果显示

前面已经进行了贝叶斯网络的预测工作和诊断工作。现在进行预测和诊断综合的工作：已知 C 的取值在区间[0,1]，求 A 的取值。变量值的输入和被预测变量的选择如图 7.14 所示。

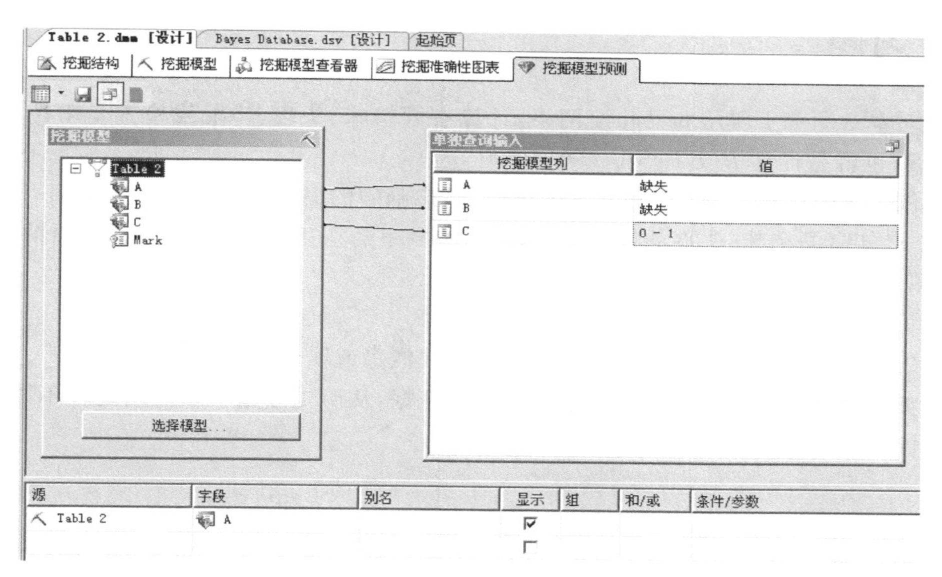

图 7.14　贝叶斯网络预测诊断综合应用的数据输入

在输入数据完成并选择了预测变量之后，单击"切换到查询结果视图"，得到预测和诊断综合结果，如图 7.15 所示。

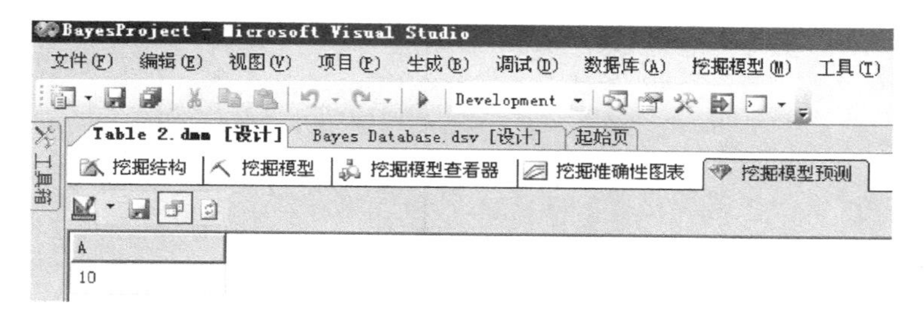

图 7.15　贝叶斯网络预测和诊断综合结果

对上面的预测和诊断综合操作,系统是按照这样的顺序处理的:首先从C的发生区间诊断出原因结点B在各个区间的发生概率,然后根据B结点在各个区间的发生概率预测A的取值,A最有可能的取值是10。

7.6 小结

贝叶斯网络是一个白匣子,各个结点之间的影响程度和条件概率关系都可以显式地看到,并且意义明确。因此,贝叶斯网络更适合那些影响因素少而且关系明确的情况。但贝叶斯网络需要使用者了解更多的领域知识,以增加网络的可理解性和预测、诊断的准确性。

SQL Server 2005中的朴素贝叶斯网络功能不但能够进行预测、诊断,以及综合预测和诊断,还能查看各个变量对被预测和被诊断的各个值的影响能力。希望读者动手实践,掌握其中的使用技巧。

7.7 习题

1. 对本章图7.1所示的贝叶斯网络,计算有酒精味、头疼、X射线检查呈阳性时,患脑瘤的概率,也就是计算$P(BT|SA,HA,PX)$。

2. 例7.8中计算得到:已知头疼的情况下,患脑瘤的概率是0.007867;而例7.10中计算得到:已知有酒精味、头疼的情况下,患脑瘤的概率是0.002347。为什么"有酒精味"这个现象出现能够影响患脑瘤的概率?

3. 贝叶斯网络的三个主要议题是什么?

4. 怎样从历史数据中训练出结点之间的条件概率或联合条件概率?

5. 如果贝叶斯网络的各个结点都没有任何证据,从历史数据中如何用两种不同的方法得到各个结点的发生概率?

CHAPTER 8

第8章 粗糙集

粗糙集(Rough Set,RS)理论是一种新型处理不完整性和不确定性问题的数学工具,它能对不完整资料进行分析、推理、学习和发现,具有很强的知识获取能力。它只依赖资料内部知识,用资料之间的近似来表示知识的不确定性,因此,粗糙集理论的提出很好地解决了对象的不确定性的度量问题。粗糙集理论的要点是将分类与知识联系在一起,认为知识即是将对象进行分类的能力。粗糙集理论主要用来进行属性约简、规则提取以及预测等。近些年来,RS理论已被广泛地应用于知识发现、机器学习、决策分析、专家系统以及模式识别等众多领域。

8.1 引例

知识的简约主要是使知识信息量减少,将简约后的信息重新组合而产生新的规则,用来进行决策分析。日常生活中遇到的汽车车型和性能的关系就能通过知识简约来分析。汽车的车型(类型(大、中、小)、机型(汽油、柴油、丙烷)、颜色(灰色、白色、黑色))对汽车的性能的影响程度有多大,可以利用粗糙集对影响汽车车型的因素进行规则简约,找到影响汽车性能的核心因素。汽车的车型对性能的影响度以及怎样进行知识简约将在下面各节中进行详细介绍。下面先分析一个简单的有关积木的例子。

积木是幼儿园的小朋友经常玩的玩具,一组积木共有8块,每块积木都有大小、形状和颜色,如表8.1所示。

对于表8.1中列出的8块积木,有如下问题。

(1) 怎样确定两块积木是否相同?显然,两个积木相同,它们的颜色、形状和大小都必须相同才可以。如果它们的这三个属性都相同,那么这两块积木就被认为是一样的。这是因为,从表8.1给出的信息中已经不能区分这样的两个玩具了。其实,在表8.1中并没有完全相同的两块积木。

表 8.1　一组积木及其属性

积　木	颜　色	形　状	大　小
x_1	红	圆	小
x_2	蓝	方	大
x_3	红	三角	小
x_4	蓝	三角	小
x_5	黄	圆	小
x_6	黄	方	小
x_7	红	三角	大
x_8	黄	三角	大

(2) 如果某个小朋友是色盲,有没有他或她不能区分的两块积木?事实上,第 7 块积木和第 8 块积木都是三角形状,且都是大号的。因此,这个色盲的小朋友并不能区分这两块积木。

(3) 如果几个小朋友做一个游戏:通过一个小孔观察积木,那么他们只能看到积木的颜色和形状,并不能判断积木的大小。这时,他们不能区分哪两块积木?事实上,第 3 块和第 7 块积木都是红色、三角形状的,因此,他们并不能区分这两块积木。

通过上面的几个问题,有如下的分析和结论:要认识一个系统,识别其中的对象,必须能够对其中的对象进行分类,分类能力决定着我们对这个系统的认识程度;两个对象如果不能被分到不同的类别中,则他们被认为是不可区分的;分类即知识。

本章将从分类这个被数学化了的概念和方法入手,定义一个概念被理解的程度,以及进行规则的简约。

8.2　分类与知识

分类能力被认为是人和动物等智能体共同具有的自然能力,可以把分类看作知识,分类即知识。下面介绍严格分类的基础——等价关系。

8.2.1　等价关系和等价类

等价关系是特别重要的一类二元关系。

【定义 8.1】　设 R 为定义在集合 A 上的一个关系,若 R 是自反的、对称的和传递的,则称 R 为等价关系。

例如,平面上的三角形集合中,三角形的相似关系是等价关系;兰州市居民的集合中,住在同一区的关系也是等价关系。

【定义 8.2】　设 R 为集合 A 上的等价关系,对任何 $a\in A$,集合 $[a]_R=\{x\mid x\in A,aRx\}$ 称为元素 a 形成的 R 等价类。由等价类的定义可知 $[a]_R$ 是非空的,因为 $a\in[a]_R$,因此任给集合 A 及 A 上的等价关系 R,必可写出 A 上各个元素的等价类。

例如,把所有整数按照关系 R(模 3 相等)分为三类:$[0]_R$、$[1]_R$ 和 $[2]_R$。其中,$[0]_R$ 是集合 $\{\cdots,-6,-3,0,3,3,\cdots\}$,其中的任意两个元素具有等价关系。可以把集合中的任意一个元素作为这个集合的代表,也就是说,$[0]_R=[3]_R$。

8.2.2 分类

在粗糙集理论中,“知识”被认为是一种将现实或抽象的对象进行分类的能力。如在远古时代,人们为了生存必须能分辨出什么可以食用,什么不可以食用;医生给病人诊断,必须辨别出患者得的是哪一种病。这些根据事物的特征差别将其分类的能力均可看作是某种“知识”。

设 $U\neq\varnothing$ 是我们感兴趣的对象组成的有限集合,称为论域。任何子集 $X\subseteq U$,称为 U 中的一个子集或范畴。U 中的任意概念族称为关于 U 的抽象知识,简称知识。我们主要是对在 U 上能形成划分的那些知识感兴趣。一个划分 L 定义为

$$L=\{X_1,X_2,\cdots,X_n\} \tag{8-1}$$

集族 L 中的各个集合是非空、完备、互斥的,也就是说

$$X_i\subseteq U,X_i\neq\varnothing,X_i\cap X_j=\varnothing,(i\neq j,i,j=1,2,\cdots,n),\ \bigcup_{i=1}^{n}X_i=U \tag{8-2}$$

【定义 8.3】 论域 U 上的一族划分称为关于 U 的一个知识库(knowledge base)。一个知识库就是一个关系系统 $K=(U,R)$,其中 U 是非空有限集,R 为 U 上等价关系的一个族集。

U/R 表示 R 的所有等价类(或者 U 上的分类)构成的集合。$[X]_R$ 表示的是包含元素 $x\in U$ 的 R 等价类。

【定义 8.4】 若 $P\in R$,且 $P\neq\varnothing$,则 P 中所有等价关系的交集也是一个等价关系,称为 P 上的不可辨识关系,记为 $\mathrm{ind}(P)$,且有

$$[X]_{\mathrm{ind}(P)}=\bigcap_{x\in P}[X]_R \tag{8-3}$$

这样,$U/\mathrm{ind}(P)$(即等价关系 $\mathrm{ind}(P)$ 的所有等价类)表示与等价关系 P 相关的知识,称为 K 中关于 U 的 P 基本知识(基本集)。为简单起见,用 U/P 代替 $U/\mathrm{ind}(P)$。$\mathrm{ind}(P)$ 的等价类称为知识 P 的基本概念或基本范畴。特别地,如果 $Q\in R$,则称 Q 为 K 中关于 U 的 Q 初等知识,Q 的等价类为知识 R 的 Q 初等概念或 Q 初等范畴。

同样,当 $K=(U,R)$ 为一个知识库,$\mathrm{ind}(K)$ 定义为 K 中所有等价关系的族。

举例说明,给定表 8.1 所示的一个玩具积木的集合 $U=\{x_1,x_2,x_3,x_4,x_5,x_6,x_7,x_8\}$。这些积木有不同的颜色(红、黄、蓝),形状(方、圆、三角)和体积(小、大)。因此,这些积木就可以用颜色、形状、体积这些知识来描述。例如,一块积木可以是蓝色、圆而小的,或者红色、方而大的。根据某一属性描述这些积木的情况,就可以按颜色、形状和体积分类。

按颜色分类,红:$\{x_1,x_3,x_7\}$;黄:$\{x_5,x_6,x_8\}$;蓝:$\{x_2,x_4\}$。

按形状分类,方:$\{x_2,x_6\}$;圆:$\{x_1,x_5\}$;三角:$\{x_3,x_4,x_7,x_8\}$。

按大小分类,小:$\{x_1,x_3,x_4,x_5,x_6\}$;大:$\{x_2,x_7,x_8\}$。

换一种说法,定义三个等价关系(即属性):颜色 R_1,形状 R_2 和大小 R_3,通过这些等价类,可以得到下面三个等价类。

$$U/R_1=\{\{x_1,x_3,x_7\},\{x_5,x_6,x_8\},\{x_2,x_4\}\}$$

$$U/R_2=\{\{x_2,x_6\},\{x_1,x_5\},\{x_3,x_4,x_7,x_8\}\}$$

$$U/R_3=\{\{x_1,x_3,x_4,x_5,x_6\},\{x_2,x_7,x_8\}\}$$

可以看出,这些等价类是由知识库 $K=\{U|\{R_1,R_2,R_3\}\}$ 中的初等范畴构成的。基本范畴是初等范畴的交集构成的,例如下列集合:

$$\{x_1,x_3,x_7\}\cap\{x_3,x_4,x_7,x_8\}=\{x_3,x_7\}$$
$$\{x_2,x_6\}\cap\{x_2,x_4\}=\{x_2\}$$

它们分别为 $\{R_1,R_2\}$ 的基本范畴,即红色三角形、蓝色方形。而下列集合:

$$\{x_1,x_3,x_7\}\cap\{x_3,x_4,x_7,x_8\}\cap\{x_2,x_7,x_8\}=\{x_7\}$$
$$\{x_2,x_6\}\cap\{x_2,x_4\}\cap\{x_2,x_7,x_8\}=\{x_2\}$$

它们分别为 $\{R_1,R_2,R_3\}$ 的基本范畴,即红色大三角形、蓝色大方形。

8.3 粗糙集

8.3.1 分类的运算

多个分类构成的集合可以通过共同作用形成一个合成的分类,对应一个等价关系。分类合成有如下运算方式。将两个分类 $R_1=\{\{x_1,x_3,x_4\},\{x_2\}\}$,$R_2=\{\{x_1,x_2\},\{x_3,x_4\}\}$ 对应的等价关系以表格的形式表示出来,按照对象的顺序排列,同一个关系中的对象用相同的标识符来标记,例如,R_1 中的 $\{x_1,x_3,x_4\}$ 可以用 1 来标识,$\{x_2\}$ 用 0 来标识,如表 8.2 所示。

表 8.2 等价关系表

	x_1	x_2	x_3	x_4
R_1	1	0	1	1
R_2	1	1	0	0

根据表 8.2 所示,将 R_1 和 R_2 中对象对应的列进行比较,如果两个列有相同的标识符,就把它们归为一类,例如,对象 x_3、x_4 中对应的列均为(1,0),所以把它们归为一类。根据这种推理,合成后的分类 $R_1\wedge R_2=\{\{x_1\},\{x_2\},\{x_3,x_4\}\}$。

8.3.2 分类的表达能力

【定义 8.5】 如果一个对象集能够用某个分类的等价类通过交、并、补运算取得,则这个对象集被认为是可以通过这个分类表达的,否则就被认为是不可以通过这个分类表达的。一组分类构成论域上的一个知识库。

例如,分类集合 $R_1=\{x_1,x_3,x_4\}$,$R_2=\{x_1,x_2,x_4\}$,$\{R_1,R_2\}$ 可以构成一个知识库。对象集 $\{x_1\}$ 可以通过知识库 $\{R_1,R_2\}$ 来表达,对象集 $\{x_1,x_3\}$ 不可以通过知识库 $\{R_1,R_2\}$ 来表达。

8.3.3 上近似集和下近似集

【定义 8.6】 一个知识库 $K=(U,R)$,令 $X\subseteq R$,且 R 为 U 上一等价关系,X 的下近似集就是对于知识 R 的能完全确定地归入集合 X 的对象集合,记作 $R\_(X)=\{x|x\in U,[x]_R\subset X\}$;$X$ 的上近似集是知识 R 的在 U 中一定和可能归入集合 X 的对象的集合,记作

$R^{-}(X)=\{x|x\in U,[x]_R\cap X\neq\varnothing\}$。

例如，一个知识库 $K=(U,R)$，其中 $U=\{x_1,x_2,x_3,x_4,x_5\}$，一个等价关系 R 形成的等价类为 $Y_1=\{x_1,x_2\}$，$Y_2=\{x_3\}$，$Y_3=\{x_4\}$，$Y_4=\{x_5\}$，$X=\{x_2,x_4,x_5\}$。根据下近似集和上近似集的定义得出 $R\_(X)=Y_3\cup Y_4=\{x_4,x_5\}$，$R^{-}(X)=Y_1\cup Y_3\cup Y_4=\{x_1,x_2,x_4,x_5\}$。

8.3.4　正域、负域和边界

【定义 8.7】　粗糙集的正域(下近似)是指知识 R 和知识 U 中所有包含在 X 的对象的集合，记作 $POS_R(X)=R\_(X)$；负域是指知识 R 和知识 U 中肯定能包含在 $U-X$ 中元素的集合，记作 $NEG_R(X)=U-R^{-}(X)$；边界指的是知识 R 和知识 U 中既不能归入 X，也不能肯定归入 $U-X$ 的元素的集合，记作 $BN_R(X)=R^{-}(X)-R\_(X)$。

8.3.5　粗糙集应用举例

通过学生所学专业、国家政策对就业的影响来介绍粗糙集的应用。所学专业、国家政策与就业情况的关系如表 8.3 所示。

表 8.3　所学专业、国家政策与就业情况的关系表

毕　业　生	专　　业	就 业 情 况	国家政策(是否扩招)
王晓明	计算机	有	否
李丽	环境	无	是
张林	环境	有	否
王飞	计算机	有	是
赵阳	林学	无	是

对于表 8.3 提供的数据，可以设等价关系为“专业”，等价类 $Y_1=$｛王晓明，王飞｝，$Y_2=$｛李丽，张林｝，$Y_3=$｛赵阳｝。待考查子集“有工作者”$X=$｛王晓明，张林，王飞｝。

根据粗糙集定义，有如下计算。

$$POS_R(X)=R\_(X)=Y_1=\{\text{王晓明，王飞}\}$$

$$R^{-}(X)=Y_1\cup Y_2=\{\text{王晓明，王飞，李丽，张林}\}$$

$$NEG_R(X)=U-R^{-}(X)=Y_3=\{\text{赵阳}\}$$

$$BN_R(X)=R^{-}(X)-R\_(X)=Y_2=\{\text{李丽，张林}\}$$

根据上面的计算结果，有如下的分析和判断。

(1) 根据 $POS_R(X)$：如果专业是计算机，那么就有工作。

(2) 根据 $R^{-}(X)$：如果专业是计算机或者环境，那么可能有工作。

(3) 根据 $BN_R(X)$：如果专业是环境，那么可能有工作，也可能无工作。

(4) 根据 $NEG_R(X)$：如果是林学，那么肯定无工作。

由此，可以判断专业和就业之间的大致关系。

在上面的分析之前我们设定等价关系为专业，也可以把国家政策“是否扩招”作为等价关系。由此得到的等价类为 $Y_1=$｛李丽，王飞，赵阳｝，$Y_2=$｛王晓明，张林｝，待考查子集“有工作者”$X=$｛王晓明，张林，王飞｝。

根据粗糙集定义,有如下计算。

$$\mathrm{POS}_R(X) = R\_(X) = Y_2 = \{\text{王晓明,张林}\}$$

$$R^-(X) = Y_1 \cup Y_2 = \{\text{王晓明,王飞,李丽,张林,赵阳}\}$$

$$\mathrm{NEG}_R(X) = U - R^-(X) = \varnothing$$

$$\mathrm{BN}_R(X) = R^-(X) - R\_(X) = Y_2 = \{\text{王飞,李丽,赵阳}\}$$

根据上面的计算结果,有如下的分析和判断。

(1) 根据 $\mathrm{POS}_R(X)$:如果没有扩招,那么就有工作。

(2) 根据 $R^-(X)$:如果扩招或者没有扩招,那么可能有工作。

(3) 根据 $\mathrm{BN}_R(X)$:如果扩招,那么可能有工作,也可能无工作。

根据以上结果,可以判断国家招生政策"是否扩招"和就业之间的大致关系。

8.3.6 粗糙集的性质

粗糙集及其运算有许多重要性质,下面将列举常用的 14 个性质。

(1) 当且仅当 $R^-(X)=R\_(X)$,X 为 R 的可定义集。

(2) 当且仅当 $R^-(X) \neq R\_(X)$,对于关系 R,X 为粗集。

(3) $R\_(X) \subset X \subset R^-(X)$

(4) $R^-(\varnothing)=R\_(\varnothing)=\varnothing, R^-(U)=R\_(U)=U$

(5) $R^-(X \cup Y)=R^-(X) \cup R^-(Y)$

(6) $R\_(X \cap Y)=R\_(X) \cap R\_(Y)$

(7) $X \subset Y \rightarrow R\_(X) \subset R\_(Y)$

(8) $X \subset Y \rightarrow R^-(X) \subset R^-(Y)$

(9) $R\_(X \cup Y) \supset R\_(X) \cup R\_(Y)$

(10) $R^-(X \cup Y) \subset R^-(X) \cup R^-(Y)$

(11) $R\_(-X)=-R^-(X)$

(12) $R^-(-X)=-R_-(X)$

(13) $R_-(R_-(X))=R^-(R_-(X))=R_-(X)$

(14) $R^-(R^-(X))=R_-(R^-(X))=R^-(X)$

上面性质的证明比较简单,这里只给出其中(3)和(13)的简单证明。

对于第(3)条,根据下近似的定义,$R\_(X)=\{x \mid x \in U, [x]_R \subset X\}$。对于 $R_(X)$中的每个 x,既然$[x]_R \subset X$,那么一定有 $x \in X$,因此 $R\_(X) \subset X$。同理,根据上近似的定义,$R^-(X)=\{x \mid x \in U, [x]_R \cap X \neq \varnothing\}$。对于 X 中的每个元素 x,有 $x \in X$,自然有$[x]_R \cap X \neq \varnothing$,因此有 $x \in R^-(X)$,所以 $X \subset R^-(X)$。

对于第(13)条,有一条原理是证明的基础:集合 X 的下近似是 R 划分的若干个集合的并,这从下近似的定义 $R_(X)=\{x \mid x \in U, [x]_R \subset X\}$可以看出。既然 $R_(X)$是若干个划分集合的并,那么这个集合无论再取上近似还是取下近似,其结果都是一样的。

8.4　辨识知识的简化

8.4.1　集合近似精度的度量

一个集合可能恰恰能够被关系 R 所描述，也就是说，这个集合是 R 形成的某些等价类的并；或者这个集合不能被关系 R 所描述。这种可描述的程度可以精确度量，下面给出集合被描述程度的度量定义。

【定义 8.8】 由等价关系 R 描述的对象集 X 近似精度为

$$d_R(X)=\frac{\operatorname{card}(R\_(X))}{\operatorname{card}(R^-(X))}$$

$d_R(X)$反映了了解集合 X 可以被描述的程度，其中，$\operatorname{card}(R_(X))$表示 X 的下近似集合中元素的表示；$\operatorname{card}(R^-(X))$表示 X 的上近似集合中元素的个数。对于 $d_R(X)$：

（1）如果 $d_R(X)=0$，则 X 是 R 全部不可定义的。

（2）如果 $d_R(X)=1$，则 X 是 R 全部可定义的。

（3）如果 $0<d_R(X)<1$，则 X 是 R 部分可定义的。

$P_R(X)=1-d_R(X)$反映了定义集合 X 的粗糙程度，也就是不被关系 R 所描述的程度，称为 X 的粗糙度。例如，一个知识库$=(U,R)$，其中 $U=\{x_1,x_2,x_3,x_4,x_5,x_6,x_7,x_8\}$，一个等价关系 R 形成的等价类为 $Y_1=\{x_1,x_4,x_8\}$，$Y_2=\{x_2,x_5,x_7\}$，$Y_3=\{x_3\}$，$Y_4=\{x_6\}$。分析以下集合与 R 近似程度：$X_1=\{x_1,x_4,x_5\}$，$X_2=\{x_3,x_5\}$，$X_3=\{x_3,x_6,x_8\}$。

$$R\_(X_1)=\phi,R^-(X_1)=Y_1\cup Y_2,d_R(X_1)=\frac{\operatorname{card}(R\_(X_1))}{\operatorname{card}(R^-(X_1))}=\frac{0}{6}$$

$$R\_(X_2)=Y_3,R^-(X_2)=Y_2\cup Y_3,d_R(X_2)=\frac{\operatorname{card}(R\_(X_2))}{\operatorname{card}(R^-(X_2))}=\frac{1}{4}$$

$$R\_(X_3)=Y_3\cup Y_4,R^-(X_3)=Y_1\cup Y_3\cup_4,d_R(X_3)=\frac{\operatorname{card}(R\_(X_3))}{\operatorname{card}(R^-(X_3))}=\frac{2}{5}$$

上面的计算结果表明，X_1 是 R 全部不可定义的，X_2 和 X_3 是 R 部分可定义的。

8.4.2　分类近似的度量

一个分类的作用结果和外在表现就是由这个分类形成的等价类。这些等价类可以分别被关系 R 完全描述、不完全描述或者完全不描述。可以量化这种分类被描述的程度，定义如下。

【定义 8.9】 分类近似的第一种度量定义为

$$d_R(F)=\frac{\sum_{i=1}^{n}\operatorname{card}(R\_(X_i))}{\sum_{i=1}^{n}\operatorname{card}(R^-(X_i))}$$

分类近似的第二种度量定义为

$$r_R(F)=\frac{\sum_{i=1}^{n}\operatorname{card}(R\_(X_i))}{\operatorname{card}(U)}$$

其中,F 是分类,$X_1,X_2,\cdots,X_n$ 是由分类 F 形成的等价类。

例如,一个知识库 $K=(U,R)$,其中 $U=\{x_1,x_2,x_3,x_4,x_5,x_6,x_7,x_8\}$,一个等价关系 R 形成的等价类为 $Y_1=\{x_1,x_3,x_5\}$,$Y_2=\{x_2,x_4\}$,$Y_3=\{x_6,x_7,x_8\}$。现有由分类 F 形成的等价类:$X_1=\{x_1,x_2,x_4\}$,$X_2=\{x_3,x_5,x_8\}$,$X_3=\{x_6,x_7\}$。分析由 R 描述分类 F 的近似度。

$$R\_(X_1) = Y_2 = \{x_2,x_4\}$$
$$R\_(X_2) = \varnothing$$
$$R\_(X_3) = \varnothing$$
$$R^-(X_1) = Y_1 \cup Y_2 = \{x_1,x_2,x_3,x_4,x_5\}$$
$$R^-(X_2) = Y_1 \cup Y_3 = \{x_1,x_3,x_5,x_6,x_7,x_8\}$$
$$R^-(X_3) = Y_3 = \{x_6,x_7,x_8\}。$$

由上面的分析可得到

$$d_R(F) = \frac{\sum_{i=1}^{n} \mathrm{card}(R\_(X_i))}{\sum_{i=1}^{n} \mathrm{card}(R^-(X_i))} = \frac{2+0+0}{5+6+3} = \frac{1}{7}$$

$$r_R(F) = \frac{\sum_{i=1}^{n} \mathrm{card}(R\_(X_i))}{\mathrm{card}(U)} = \frac{2+0+0}{8} = \frac{1}{4}$$

上面的计算结果说明,分类 F 是不能被关系 R 完全描述的,只能部分、近似描述。$d_R(F)$和 $r_R(F)$两种度量方式虽然计算的结果并不一定相同,但两者的性质是一样的,都可以作为分类被近似描述的度量。

8.4.3 等价关系的可省略、独立和核

【定义 8.10】 对于知识库 $K=(U,R)$,如果存在等价关系 $r\in R$,使得 $\mathrm{ind}(r)=\mathrm{ind}(R)$,则称 r 是可省略的;否则,称 r 是不可省略的。

(1) 若任意 $r\in R$ 是不可省略的,则称 R 是独立的。

(2) 独立等价关系的子集也是独立的。

若 $Q\subset P$,$\mathrm{ind}(Q)=\mathrm{ind}(P)$,且 Q 独立,则称 Q 为 P 的简化,记作 $\mathrm{red}(P)$。所有简化的交集称为等价关系的核,记作 $\mathrm{core}(P)$。

【例 8.1】 一个知识库 $K=(U,R)$,其中 $U=\{x_1,x_2,x_3,x_4,x_5,x_6,x_7,x_8\}$,等价关系 $R=\{R_1,R_2,R_3\}$。$U|R_1=\{\{x_1,x_4,x_5\},\{x_2,x_8\},\{x_3\},\{x_6,x_7\}\}$;$U|R_2=\{\{x_1,x_3,x_5\},\{x_6\},\{x_2,x_4,x_7,x_8\}\}$;$U|R_3=\{\{x_1,x_5\},\{x_2,x_7,x_8\},\{x_3,x_4,x_6\}\}$。等价关系(知识)$R_1$、$R_2$ 和 R_3 能否省略?

【解】 要判断哪条等价关系可以省略,需要先计算去掉该关系后,剩余关系形成的等价类是否与原等价类一致。

$$U \mid R = \{\{x_1,x_5\},\{x_2,x_8\},\{x_3\},\{x_4\},\{x_6\},\{x_7\}\}$$
$$U \mid (R-R_1) = \{\{x_1,x_5\},\{x_2,x_7,x_8\},\{x_3\},\{x_4\},\{x_6\}\}$$
$$U \mid (R-R_2) = \{\{x_1,x_5\},\{x_2,x_8\},\{x_3\},\{x_4\},\{x_6\},\{x_7\}\}$$
$$U \mid (R-R_3) = \{\{x_1,x_5\},\{x_2,x_8\},\{x_3\},\{x_4\},\{x_6\},\{x_7\}\}$$

$$U \mid R = \{\{x_1,x_5\},\{x_2,x_8\},\{x_3\},\{x_4\},\{x_6\},\{x_7\}\}$$
$$U \mid (R-R_1) = \{\{x_1,x_5\},\{x_2,x_7,x_8\},\{x_3\},\{x_4\},\{x_6\}\}$$
$$U \mid (R-R_2) = \{\{x_1,x_5\}\},\{x_2,x_8\},\{x_3\},\{x_4\},\{x_6\},\{x_7\}\}$$
$$U \mid (R-R_3) = \{\{x_1,x_5\},\{x_2,x_8\},\{x_3\},\{x_4\},\{x_6\},\{x_7\}\}$$

由于$U|(R-R_1)\neq U|R$,故等价关系 R_1 不能省略;$U|(R-R_2)=U|(R-R_3)=U|R$,故等价关系 R_1,R_2 均能省略;等价关系族 R 有两个简化:$Q_1=\{R_1,R_2\}$,$Q_2=\{R_1,R_3\}$。因此,$\text{core}(R)=\{R_1,R_2\}\cap\{R_1,R_3\}=R_1$。

8.4.4 等价关系简化举例

【例 8.2】 给定一个玩具积木的集合 $U=\{x_1,x_2,x_3,x_4,x_5,x_6,x_7,x_8\}$。现在这些积木有不同的颜色(红、黄、蓝)、形状(方、圆、三角)和体积(小、大)。因此,可以按颜色(R_1)、形状(R_2)和体积(R_3)分类。

按颜色分类,红:$\{x_1,x_3\}$;黄:$\{x_5,x_6,x_8\}$;蓝:$\{x_2,x_4,x_7\}$。

按形状分类,方:$\{x_2,x_6\}$;圆:$\{x_1,x_5\}$;三角:$\{x_3,x_4,x_7,x_8\}$。

按大小分类,小:$\{x_1,x_3,x_5,x_6\}$;大:$\{x_2,x_4,x_7,x_8\}$。

需要解决的问题是:等价关系(知识)R_1、R_2 和 R_3 能否省略?

【解】 通过题目给出的三个等价关系,可以得到下面三个等价划分。

$$U \mid R_1 = \{\{x_1,x_3\},\{x_5,x_6,x_8\},\{x_2,x_4,x_7\}\}$$
$$U \mid R_2 = \{\{x_2,x_6\},\{x_1,x_5\},\{x_3,x_4,x_7,x_8\}\}$$
$$U \mid R_3 = \{\{x_1,x_3,x_5,x_6\},\{x_2,x_4,x_7,x_8\}\}$$

从上面的三个等价划分,可以得到如下的等价划分。

$$U \mid R = \{\{x_1\},\{x_2\},\{x_3\},\{x_4,x_7\},\{x_5\},\{x_6\},\{x_8\}\}$$
$$U \mid (R-R_1) = \{\{x_1,x_5\},\{x_2\},\{x_3\},\{x_4,x_7,x_8\},\{x_6\}\}$$
$$U \mid (R-R_2) = \{\{x_1,x_3\},\{x_2,x_4,x_7\},\{x_5,x_6\},\{x_8\}\}$$
$$U \mid (R-R_3) = \{\{x_1\},\{x_2\},\{x_3\},\{x_4,x_7\},\{x_5\},\{x_6\},\{x_8\}\}$$

由上面的计算可得:$U|(R-R_1)\neq U|R$,所以等价关系 R_1 不能省略;$U|(R-R_2)\neq U|R$,所以等价关系 R_2 不能省略;$U|(R-R_3)=U|R$,所以等价关系 R_3 能省略。即关于颜色和形状的等价关系是不可省略的,关于大小的等价关系是可以省略的。等价关系 R 只有一个简化:$Q=(R_1,R_2)$,因此,关系 R 的核 $\text{core}(R)=(R_1,R_2)$。这说明,颜色和形状对这个系统的等价划分而言是必不可少的。如果缺少任意一个,就不能把其中的对象分割开。

8.4.5 知识的相对简化

【定义 8.11】 对于知识库 $K=(U,R)$,$R=(P,S)$,将 S 的 P 正域定义为

$$\text{POS}_P(S) = \bigcup P\_(S)$$

如果存在 r,使得

$$\text{POS}_{P-r}(S) = \text{POS}_P(S)$$

则称 r 为 P 中相对于 S 是可省略的,否则称 r 为 P 中相对于 S 是不可省略的。

若 $Q=P-r$,$\text{POS}_Q(S)=\text{POS}_P(S)$,且 Q 为最小集,则称 Q 为 P 相对于 S 的简化,记作 $\text{red}_S(P)$。P 相对于 S 的核是 P 相对于 S 的所有简化的交集。

8.4.6 知识的相对简化举例

本节仍然举积木例子来说明知识的相对简化。

【例 8.3】 给定一个玩具积木的集合 $U=\{x_1,x_2,x_3,x_4,x_5,x_6,x_7,x_8\}$,根据积木的情况,就可以按颜色、形状和体积分类。

根据上述的三个属性,定义三个等价关系(即属性):颜色 P_1,形状 P_2 和大小 P_3,通过这些等价类,可以得到下面三个等价划分。

$$U \mid P_1 = \{\{x_1,x_3,x_4,x_5,x_6,x_7\},\{x_2,x_8\}\}$$
$$U \mid P_2 = \{\{x_1,x_5,x_6\},\{x_2,x_7,x_8\},\{x_3,x_4\}\}$$
$$U \mid P_3 = \{\{x_1,x_3,x_4,x_5\},\{x_2,x_6,x_7,x_8\}\}$$

结果属性集 S 导致如下等价类:$U|S=\{\{x_1,x_5,x_6\},\{x_2,x_7\},\{x_8\},\{x_3,x_4\}\}$。分析用条件属性集 P 相对于结果属性 S 表达系统时,条件属性 P_1、P_2、P_3 哪个能够省略?

【解】

$U \mid P = U \mid \{P_1,P_2,P_3\} = \{\{x_1,x_5\},\{x_2,x_8\},\{x_7\},\{x_3,x_4\},\{x_6\}\}$

$\mathrm{POS}_P(S) = \bigcup P\_(S) = \{x_1,x_5\} \cup \{x_3,x_4\} \cup \{x_6\} \cup \{x_7\} = \{x_1,x_3,x_4,x_5,x_6,x_7\}$

$U \mid (P-P_1) = \{\{x_1,x_5\},\{x_2,x_7,x_8\},\{x_3,x_4\},\{x_6\}\}$

$\mathrm{POS}_{P-P_1}(S) = \{x_1,x_3,x_4,x_5,x_6\}$

$U \mid (P-P_2) = \{\{x_1,x_3,x_4,x_5\},\{x_2,x_8\},\{x_6,x_7\}\}$

$\mathrm{POS}_{P-P_2}(S) = \varnothing$

$U \mid (P-P_3) = \{\{x_1,x_3,x_6\},\{x_2,x_8\},\{x_3,x_4\},\{x_7\}\}$

$\mathrm{POS}_{P-P_3}(S) = \{x_1,x_3,x_4,x_5,x_6,x_7\}$

由于

$$\mathrm{POS}_{P-P_3}(S) = POS_P(S)$$

条件属性 P_3 是可以省略的;又由于

$$\mathrm{POS}_{P-P_1}(S) \neq \mathrm{POS}_{P-P_2}(S) \neq \mathrm{POS}_P(S)$$

条件属性 P_1,P_2 是不可省略的,条件属性集合 P 相对于结果属性集 S 的核是$\{P_1,P_2\}$。

8.5 决策规则简化

8.5.1 知识依赖性的度量

知识的依赖性可以形式化地定义如下。

【定义 8.12】 令 $K=(U,R)$是一个知识库,$P,Q\subseteq R$,则:

(1) 知识 Q 依赖于知识 P 或知识 P 可以推导知识 Q,当且仅当 $\mathrm{ind}(P)\subseteq\mathrm{ind}(Q)$时,记作 $P\rightarrow Q$。

(2) 知识 P 和知识 Q 是等价的,当且仅当 $P\rightarrow Q$ 且 $Q\rightarrow P$,即 $\mathrm{ind}(P)=\mathrm{ind}(Q)$时,记作 $P=Q$。

(3) 知识 P 和知识 Q 是独立的,当且仅当且 $P\rightarrow Q$ 和 $Q\rightarrow P$ 均不成立时,记作 $P\neq Q$。

下面举例说明知识的依赖性。假设知识 P 和知识 Q 有如下分类。

$$U \mid P = \{\{x_1,x_5\},\{x_2,x_8\},\{x_3\},\{x_4\},\{x_6\},\{x_7\}\}$$
$$U \mid Q = \{\{x_1,x_5\},\{x_2,x_7,x_8\},\{x_3,x_4,x_6\}\}$$

可以看出，$\text{ind}(P)\subseteq\text{ind}(Q)$，即知识 P 依赖于知识 Q。

有时候知识的依赖性可能是部分的，这意味着知识 Q 仅有部分是由知识 P 导出的，部分可导出可由知识的正域来解释。

【定义 8.13】 令 $K=(U,R)$ 是一个知识库，$P,Q\subseteq R$，当

$$k=r_P(Q)=\frac{\text{card}(\text{POS}_P(Q))}{\text{card}(U)}$$

时，我们称知识 Q 是 $k(0\leqslant k\leqslant 1)$ 依赖于知识 P，记作 $P\rightarrow Q$。

(1) 当 $k=1$ 时，称知识 Q 是完全依赖于知识 P。

(2) 当 $0<k<1$ 时，则称知识 Q 是部分(粗糙)依赖于知识 P。

(3) 当 $k=0$ 时，则称知识 Q 完全独立于知识 P。

上述思想也可以解释为将对象分类的能力。确切地说，若 $k=1$，则论域的所有元素都能够用知识 P 来分类于 U/Q 的概念之中。若 $k\neq 1$，则仅仅是论域中属于正区域的那些元素能够用知识 P 来分类于 U/Q 的概念之中。若 $k=0$ 时，则论域中所有元素都不能用知识 P 来分类于 U/Q 的概念之中。因此，系数 $r_p(Q)$ 可以看作是 Q 与 P 间的依赖程度。

下面以汽车车型与性能的例子来说明度量知识的依赖程度。汽车车型与性能的关系如表 8.4 所示。

表 8.4 汽车车型与性能的关系

U	p_1	p_2	p_3	s_1	s_2
车号	类型	机型	颜色	速度	加速
x_1	中	柴油	灰色	中	差
x_2	小	汽油	白色	高	极好
x_3	大	柴油	黑色	高	好
x_4	中	汽油	黑色	中	极好
x_5	中	柴油	灰色	低	好
x_6	大	丙烷	黑色	高	好
x_7	大	汽油	白色	高	极好
x_8	小	汽油	白色	低	好

由表 8.4 中的数据得出，条件属性集合 $P=\{p_1,p_2,p_3\}$，结果属性集合 $S=\{s_1,s_2\}$。

$$U\mid P=\{\{x_1,x_5\},\{x_2,x_8\},\{x_7\},\{x_3\},\{x_4\},\{x_6\}\}$$

$$U\mid S=\{\{x_1\},\{x_2,x_7\},\{x_3,x_6\},\{x_4\},\{x_5,x_8\}\}$$

$$\text{POS}_P(S)=\{x_3,x_4,x_6,x_7\}$$

$$r_p(S)=\frac{\text{card}(\text{POS}_P(S))}{\text{card}(U)}=\frac{4}{8}=0.5$$

因为 $0\leqslant r_p(S)\leqslant 1$，则称知识 S 是部分依赖于知识，即汽车的性能与它的车型部分相关，车型对性能有一定的影响因素，并不能决定汽车的性能。

8.5.2 简化决策规则

形式上一个四元组 $S=(U,R,V,f)$ 是一个知识表达系统，其中 U 为对象的非空有限集合，称为论域。R 为属性的非空有限集合；$V=\bigcup\limits_{a\in\lambda}V_a$，$V_a$ 是属性 a 的值域；$f: U\times A\rightarrow V$ 是一个信息函数，它为每个对象的每个属性赋予一个信息值，即 $\forall a\in A,x\in U,f(x,a)\in V_a$。

通常知识表达系统也称为信息系统,常用 $S=(U,A)$ 来代替 $S=(U,A,V,f)$。

知识表达系统的数据以关系表的形式给出,关系表中的每一行对应于要研究的对象,列则对应于对象的属性,对象的基本信息是通过指定对象的各个属性值来表达的。

容易看出,一个属性对应于一个等价关系,因此一个表就可以看成是定义的一簇等价关系,即知识库。前面讨论的问题都可以用属性及属性值引入的分类来表示,知识约简可以转化为属性约简。

【定义 8.14】 $S=(U,A,V,f)$ 是一个知识表达系统,$R=P\cup D,P\cap D=\varnothing$,$P$ 称为条件属性集,D 称为决策属性集。具有条件属性集和决策属性集的知识表达系统称为决策表。

决策表是一类特殊而重要的知识表达系统。多数的决策问题都可以用决策表的形式来表达,这一工具在决策应用中起着重要的作用。

规则提取的具体实现步骤如下。

(1) 提出论域中各条件属性和决策属性,组成二维资料视图即决策规则表。

现在以常见的例子说明决策表的应用。给出一个关于病人的决策表,如表 8.5 所示。

表 8.5 关于病人病情的决策表

	条件属性			决策属性
病人	头痛	肌肉痛	体温	流感
x_1	是	是	正常	否
x_2	是	是	高	是
x_3	是	是	很高	是
x_4	否	是	正常	否
x_5	否	否	高	否
x_6	否	是	很高	是
x_7	否	否	高	是
x_8	否	是	很高	否

(2) 将决策表的资料进行离散化,逐一检查每一个属性,看其是否能被消去,从而消去多余的属性,得到决策表的核集。

令
$$U=\{x_1,x_2,x_3,x_4,x_5,x_6,x_7,x_8\}$$
$$C=\{头痛,肌肉痛,体温\}$$
$$C_1=\{头痛\},C_2=\{肌肉痛\},C_3=\{体温\}$$
$$D=\{流感\}$$

则有

$$U\mid C_1=\{\{x_1,x_2,x_3\},\{x_4,x_5,x_6,x_7,x_8\}\}$$
$$U\mid C_2=\{\{x_1,x_2,x_3,x_4,x_6,x_8\},\{x_2,x_3\}\}$$
$$U\mid C_3=\{\{x_1,x_4\},\{x_3,x_6,x_8\},\{x_2,x_5,x_7\}\}$$
$$U\mid\{C_1,C_2\}=\{\{x_1,x_2,x_3\},\{x_4,x_6,x_8\},\{x_5,x_7\}\}$$
$$U\mid\{C_1,C_3\}=\{\{x_1\},\{x_2\},\{x_3\},\{x_4\},\{x_6,x_8\},\{x_5,x_7\}\}$$
$$U\mid\{C_1,C_3\}=\{\{x_1,x_4\},\{x_2\},\{x_3,x_6,x_8\},\{x_5,x_7\}\}$$
$$U\mid C=\{\{x_1\},\{x_2\},\{x_3\},\{x_4\},\{x_6,x_8\},\{x_5,x_7\}\}$$
$$U\mid D=\{\{x_1,x_4,x_5,x_8\},\{x_2,x_3,x_6,x_7\}\}$$

由于有

$$\mathrm{POS}_C(D) = \{x_1\} \cup \{x_2\} \cup \{x_3\} \cup \{x_4\} = \{x_1, x_2, x_3, x_4\}$$
$$k = r_p(Q) = \frac{\mathrm{card}(\mathrm{POS}_P(Q))}{\mathrm{card}(U)} = \frac{4}{8} = 0.5$$

所以 D 部分依赖于 C，又因为

$$\mathrm{POS}_{(C-C_1)}(D) = \{X_1, X_2, X_4\} \neq \mathrm{POS}_C(D)$$
$$\mathrm{POS}_{(C-C_2)}(D) = \{X_1, X_2, X_3, X_4\} = \mathrm{POS}_C(D)$$
$$\mathrm{POS}_{(C-C_3)}(D) = \varnothing \neq \mathrm{POS}_C(D)$$
$$\mathrm{POS}_{(C-C_2C_3)}(D) = \varnothing \neq \mathrm{POS}_C(D)$$
$$\mathrm{POS}_{(C-C_1C_2)}(D) = \{X_1, X_4\} \neq \mathrm{POS}_C(D)$$

所以 C 的 D 简约(相对简约)为 $C-C_2=\{C_1,C_3\}$。

(3) 对于消去多余属性的决策表，对每一条决策规则进行简约，得到简约的决策规则。进行属性简约后得到的决策表如表 8.6 所示。

表 8.6　简约后的决策表

病人	条件属性		决策属性
	头痛	体温	流感
x_1	是	正常	否
x_2	是	高	是
x_3	是	很高	是
x_4	否	正常	否
x_5	否	高	否
x_6	否	很高	是
x_7	否	高	是
x_8	否	很高	否

由上面的分析和操作步骤，得到确定的简约决策规则如下。

(头痛，是) 且(体温，正常) → (流感，否)
(头痛，是) 且(体温，高) → (流感，是)
(头痛，是) 且(体温，很高) → (流感，是)
(头痛，否) 且(体温，正常) → (流感，否)

8.5.3　可辨识矩阵

【定义 8.15】 令决策系统表为 $S=(U,R,V,f)$，$R=P\cup D$ 是属性集合，子集 $P=\{a_i \mid i=1,2,\cdots,m\}$ 和 $D=\{d\}$ 分别称为条件属性集和决策属性集，$a_i(x_j)$ 是样本 x_j 在属性 a_i 上的取值。$C_D(i,j)$ 表示可辨识矩阵中第 i 行第 j 列的元素，则可辨识矩阵 C_D 定义为

$$C_D(i,j) = \begin{cases} \{a_k \mid a_k \in P \Lambda a_k(x_i) \neq a_k(x_j)\}, d(x_i) \neq d(x_j) \\ 0, d(x_i) = d(x_j) \end{cases}$$

其中 $i,j=1,2,\cdots,n$。可辨识矩阵是一个依主对角线对称的矩阵，在考虑可辨识矩阵的时候，只需考虑其上二角(或下三角)部分就可以了。

根据可辨识矩阵的定义可知，当两个样本(实例)的决策属性取值相同时，它们所对应的可辨识矩阵元素的取值为 0；当两个样本的决策属性不同且可以通过某些条件属性的取值不

同加以区分时,它们所对应的可辨识矩阵元素的取值为两个样本属性值不同的条件属性集合,即可以区分这两个样本的条件属性集合;当两个样本发生冲突时,即所有的条件属性取值相同而决策属性的取值不同时,则它们所对应的可辨识矩阵中的元素取值为空集。显然,可辨识矩阵中元素是否包含空集可以作为判定决策表系统中是否包含不一致(冲突)信息的依据。

在实际应用中,根据知识库构造决策知识信息表,从此表中得出条件属性集合和决策属性,逐步构造出可辨识矩阵。一般通过两步便可得到可辨识矩阵简约属性。

(1) 根据知识库建立有决策表,得出可辨识矩阵。

(2) 扫描可辨识矩阵,找出其相对属性核,得到属性简约结果。

设有一个关于气象信息的决策表系统,如表 8.7 所示。

表 8.7 气象信息决策表

	条件属性				决策属性(d)
	可见度(X_1)	温度(X_2)	湿度(X_3)	是否大风(X_4)	
1	Sunny	Hot	High	False	N
2	Sunny	Hot	High	True	N
3	Overcast	Hot	High	False	P
4	Rain	Mild	High	False	P
5	Rain	Cool	Normal	False	P
6	Rain	Cool	Normal	True	N

令 $Q=\{d\}$ 为决策属性集,$P=\{x_1,x_2,x_3,x_4\}$ 为条件属性集,得到可辨识矩阵如下。

$$\begin{vmatrix} 0 & 0 & x_1 & x_1x_2 & x_1x_2x_3 & 0 \\ & 0 & x_1x_4 & x_1x_2x_4 & x_1x_2x_3x_4 & 0 \\ & & 0 & 0 & 0 & x_1x_2x_3x_4 \\ & & & 0 & 0 & x_2x_3x_4 \\ & & & & 0 & x_4 \\ & & & & & 0 \end{vmatrix}$$

通过分析矩阵,得出 $|C(1,3)|=1$,$|C(5,6)|=1$,从可辨识矩阵中得出属性核 $\mathrm{Core}_Q(P)=\{x_1,x_4\}$。将矩阵中包含核属性的元素值修改为 0,这样在存储矩阵时,可以只存储不为 0 的元素,这样就大大节省了存储空间,提高了空间效率。修改决策矩阵中的元素值后得到新的矩阵为

$$\begin{vmatrix} 0 & 0 & 0 & 0 & 0 & 0 \\ & 0 & 0 & 0 & 0 & 0 \\ & & 0 & 0 & 0 & 0 \\ & & & 0 & 0 & 0 \\ & & & & 0 & 0 \\ & & & & & 0 \end{vmatrix}$$

这样,属性简约的结果就是($x_1 \wedge x_4$)。

8.6 小结

粗糙集理论与数据挖掘的研究已成为计算机领域的一个新热点,尤其是粗糙集理论与方法研究,虽然在 20 世纪 90 年代初才被广泛关注,但它的发展却是日新月异,并已经在数

据挖掘、人工智能等很多领域得到了成功应用。本章通过汽车类型与汽车性能关系的例子引出了粗糙集中知识简约的问题。然后详细介绍了粗糙集的相关概念，例如知识与分类、正域、负域等，以专业和国家政策对就业的影响程度为例说明了粗糙集的应用。接着介绍了辨识知识的相关概念以及简化过程，包括知识的简化和等价关系的简化。最后介绍了决策规则的简约过程，以及简化决策规则的直观有效的工具——辨识矩阵。

8.7　习题

1. 什么是粗糙集？在数据分析中有何作用？

2. 一个知识库 $K=(U,R)$，其中 $U=\{x_1,x_2,x_3,x_4,x_5,x_6,x_7,x_8\}$，一个等价关系 R 形成的等价类为 $Y_1=\{x_1,x_2,x_6\}$，$Y_2=\{x_3\}$，$Y_3=\{x_4,x_7,x_8\}$，$Y_4=\{x_5\}$。$X=\{x_2,x_5,x_7\}$。试求出下近似集合和上近似集合。

3. 证明粗糙集的性质之一：$R^{-}(R^{-}(X))=R_{-}(R^{-}(X))=R^{-}(X)$。

4. 某个系统有三个识别属性，共含有 6 个元素，如表 8.8 所示。

表 8.8　某系统的等价关系

对　　象	属性 1 取值	属性 2 取值	属性 3 取值
x_1	1	1	3
x_2	1	1	3
x_3	2	1	1
x_4	3	2	2
x_5	3	2	1
x_6	2	1	2

令 $R_1=\{$属性 1$\}$，$R_2=\{$属性 2$\}$，$R_3=\{$属性 3$\}$，$R=\{R_1,R_2,R_3\}$，求：

(1) 由 R_1,R_2,R_3 分别形成的等价划分。

(2) 由 R 形成的等价划分。

(3) 如果 $X=\{x_1,x_2,x_5\}$，求 X 相对于 R 的粗糙度。

5. 某系统的对象集、条件属性和决策属性的关系如表 8.9 所示。

表 8.9　某系统的对象、条件属性和决策属性

	条 件 属 性		决 策 属 性
对　　象	条件属性 R_1	条件属性 R_2	决策属性 1
x_1	1	1	1
x_2	1	0	2
x_3	0	2	0
x_4	1	2	0
x_5	0	0	1

请给出这个系统的辨识矩阵。

C H A P T E R 9

第9章 神经网络

神经网络的研究内容相当广泛,反映了多学科交叉技术领域的特点。它的研究已经获得许多方面的进展和成果,提出了大量的网络模型,发现了许多学习算法,对神经网络的系统理论进行了成功的探讨和分析。

9.1 引例

本节介绍一个关于数据分析的例子。假设一个未知的系统有三个输入和一个输出。通过实验,得到了8条数据,如表9.1的前8行所示。

表 9.1 一组输入数据和输出数据

序号	x_1	x_2	x_3	y
1	2.5	3.16	−9.75	15.84
2	3.4	2.9	10.15	7.31
3	5.65	3.27	8.43	24.30
4	4.63	8.18	1.67	514.29
5	−7.37	−8.51	2.71	333.37
6	−5.6	3.27	8.83	281.67
7	10.17	15.2	0.03	1895.94
8	19.1	−4.8	7.87	27.62
9	7.32	−5.69	2.93	

表9.1的第9行数据只有输入,没有输出。这行数据不是通过实验获得,而是事先假设了一组输入。怎样才能推断这一行数据的输入对应的输出数据呢?可以从前8行分析和发现规律,然后进行预测。

通过观察,从表9.1中很难总结出数据输入和输出之间的关系。对于这样的问题,可以用多元线性回归分析等技术手段来发现其中的规律,也就是在式(9-1)中确定4个系数。

$$y = C_0 + C_1x_1 + C_2x_2 + C_3x_3 \tag{9-1}$$

通过统计分析工具,可以确定式(9-1)中的4个系数,从而确定输入和输出的近似关系，如式(9-2)所示。

$$y = 246.33 + 1.52x_1 + 58.49x_2 - 8.2x_3 \tag{9-2}$$

把表 9.1 的最后一行输入数据代入式(9-2)，可以计算得到对应的输出值是 286.64。这个过程实际上与数据挖掘的工作过程相似：先从数据中发现规律，然后用这个规律进行预测。

上面利用多元线性回归手段预测的输出结果是否与系统实际的输出结果一致？其实，表 9.1 中的数据是根据式(9-3)得到的。

$$y = \frac{(x_1 + x_2^2 - x_1x_3)^2 + (x_1x_2 + x_2x_3)^2}{\sqrt{x_1^2 + x_2^2 + x_3^2} + (x_1 - x_2 + x_3)^2} \tag{9-3}$$

根据式(9-3)，可以计算出系统最后一行实际的输出值是 55.24。由此可以看出，利用多元统计的方式得到的预测结果与系统的实际输出之间的差异还是比较大的。

那么，还有其他更好的手段吗？答案是肯定的。我们还可以用多元非线性回归手段发现更精确的近似模型。但是，多元线性回归要事先给出问题的阶，也就是自变量的幂次，这需要操作人员的经验；并且，很多情况下会出现历史数据过度拟合、但预测效果不理想的情况。

除了多元线性回归和多元非线性回归技术手段外，还有一种比较有效的技术手段——神经网络方法。其实，对于式(9-3)所描述的系统，可以通过发现输入和输出之间的解析关系(或近似解析关系)，进而进行预测，就像多元回归分析所做的。事实上，也可以不知道输入和输出之间像式(9-2)那样明确的解析关系，而是只知道什么样的输入对应着什么样的输出。也就是说，在不知道输入输出之间的解析关系时，同样可以对输出进行预测。神经网络是实现非解析关系预测的主要手段之一，它把系统看作一个黑匣子，不关心系统内部的数据变换，只关心系统的输入数据和输出数据。相反地，多元回归分析把系统看作一个白匣子，试图找到其中的数据解析变换。

本章后面的内容将重点介绍神经网络的原理和使用方式。

9.2　人工神经网络

9.2.1　人工神经网络概述

神经网络自 1943 年发展到现在，主要经历了如下三个阶段。

(1) 启蒙阶段。这是神经网络理论研究的奠基阶段。1943 年，神经生物学家 MeCulloch 和青年数学家 Pitts 合作，提出了第一个人工神经元模型，并在此基础上抽象出神经元的数理模型，开创了人工神经网络的研究。以他们提出的人工神经元数理模型(简称 MP 模型)为标志，神经网络拉开了研究的序幕。1958 年，Rosenblatt 在原有 MP 模型的基础上增加了学习机制，提出了感知器模型，首次把神经网络理论付诸工程实现，他的成功之举大大激发了众多学者对神经网络的兴趣。另外，神经网络模型还包含了一些现代神经计算机的基本原理，从而形成神经网络方法和技术的重大突破。神经网络的研究迎来了第一次高潮。

(2) 低潮时期。人工智能的创始人之一 Minsky 和 Papert 对以感知器为代表的网络系统的功能及局限性从数学上做了深入的研究,于1969年出版了轰动一时的《Perception》,指出简单的线性感知器的功能是有限的,它无法解决线性不可分的两类样本的分类问题,这一论断给当时人工神经元网络的研究带来沉重打击,由此出现了神经网络发展史上长达10年的低潮时期。处于低潮的另外一个原因是,20世纪70年代以来,集成电路和微电子技术的迅猛发展,使传统的von Neumenn计算机进入全盛时期,基于逻辑符号处理方法的人工智能得到了迅速发展并取得显著成绩,它们的问题和局限性尚未暴露,因此暂时掩盖了发展新型计算机和寻求新的神经网络的必要性和迫切性。

(3) 复兴时期。这是神经网络理论研究的主要发展时期。1982年,美国国家科学院的刊物上发表了著名的Hopfield模型的理论。这个模型不仅对人工神经网络信息存储和提取功能进行了非线性数学概括,提出了动力方程和学习方程,还对网络算法提供了重要公式和参数,使人工神经网络的构造和学习有了理论指导。在Hopfield模型的影响下,大量学者又激发起研究神经网络的热情,积极投身于这一学术领域中,神经网络理论研究很快便迎来了第二次高潮。20世纪90年代中后期,神经网络研究步入了一个新的发展时期,一方面已有理论在不断推广和深化;另一方面,新的理论和方法也从未停止过其不断开拓的步伐。

神经网络可以分为4种类型:前向型、反馈型、随机型和自组织竞争型。在神经网络的结构确定后,关键的问题是设计一个学习速度快、收敛性好的学习算法。

前向型神经网络是数据挖掘中广泛应用的一种网络,其原理或算法也是其他一些网络的基础,本章将重点介绍这种类型网络中的BP(反向传播)模型。此外,径向基函数神经网络也是一种前向型神经网络;Hopfield神经网络是反馈型网络的代表;模拟退火(Simulated Annealing,SA)算法是针对神经网络优化计算过程的问题提出的具有随机性质的算法;自组织竞争型神经网络的特点是能识别环境的特征并自动聚类。本章不对后面这几种类型的神经网络进行详述。

9.2.2 神经元模型

神经元是神经网络的基本计算单元,又称为处理单元或结点。一般是多个输入、一个输出的非线性单元,可以有一个内部反馈和阈值。图9.1是一个完整的神经元的结构。

其中,$x_1, x_2, \cdots, x_n$是输入,y是输出,$\sum$为内部状态的反馈信息和,θ为阈值,F是表示神经元活动的特性函数。

n个输入$x_1, x_2, \cdots, x_n$与这个神经元的作用强度为$w_1, w_2, \cdots, w_n$,则这个神经元的综合输入为

$$X_i = \sum w_j x_j \tag{9-4}$$

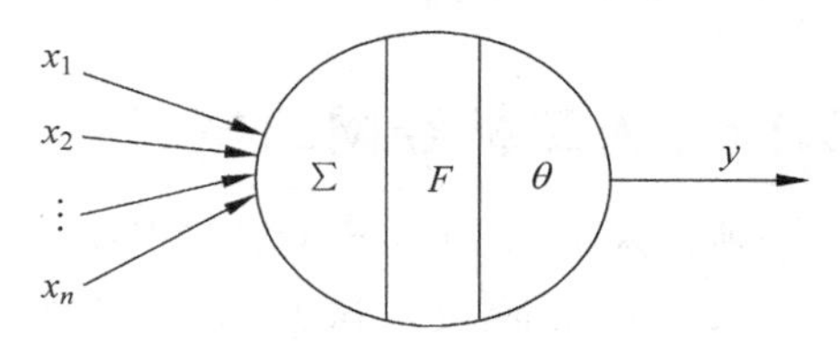

图9.1 神经元网络结构

通常神经元所接收的输入信号的加权总和$\sum$尚不能反映神经元输入和输出之间的真实关系。为此,需要对综合输入进行必要的调整。

$$X'_i = X_i - \theta_i \tag{9-5}$$

在对综合输入进行适当的调整后,还需要进一步用一个特性函数来刻画这种关系,产生一个新的输出

$$y = F(X'_i) = F\left(\sum w_j x_j - \theta_i\right) \tag{9-6}$$

根据输入输出特性的不同，可用不同的特性函数表示，简单的特性函数如下。

（1）分段线性特性函数

$$x'_i = F(X_i) = kX_i \tag{9-7}$$

其中 k 为常数。

（2）阈值特性函数

$$x'_i = F(X_i) = \begin{cases} 1 & X_i \geqslant \theta_i \\ 0 & X_i < \theta_i \end{cases} \tag{9-8}$$

这是最早提出的一种离散型的二值函数。

（3）S 型逻辑特性函数

$$x'_i = F(X_i) = (1 + \mathrm{e}^{-X_i})^{-1} \tag{9-9}$$

这类特性函数常用来表示输入和输出的 S 型曲线关系，反映神经元的“压缩”和“饱和”特性，即把神经元定义为具有非线性增益特性的电子系统。

9.2.3 网络结构

神经网络按照是否有隐层，可以分为单层神经网络与多层神经网络。

神经网络通常分层，神经元以层的形式进行组织。神经网络通常包括一个输入层和一个输出层，以及若干隐藏神经元组成的隐层。如果没有隐层，称为单层网络，如图 9.2 所示。

如果包含一个或多个隐层，则称为多层神经网络，如图 9.3 所示。隐藏神经元的功能是以某种有用方式介入外部输入和网络输出之中，提取高阶统计特性。隐藏神经元可以有多层，通常使用一层就可以达到高质量的非线性逼近的效果。

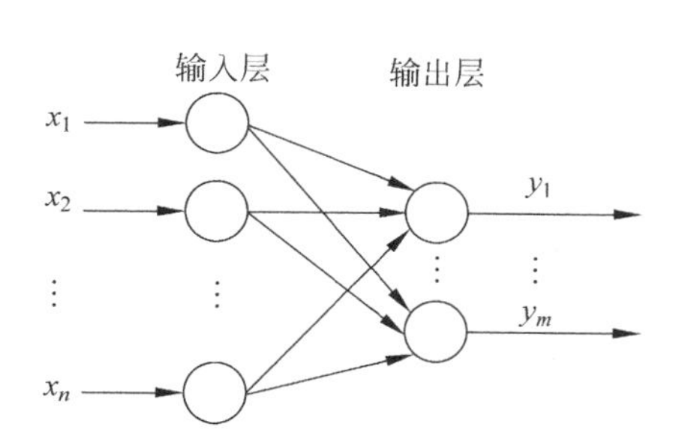

图 9.2 单层前馈神经网络

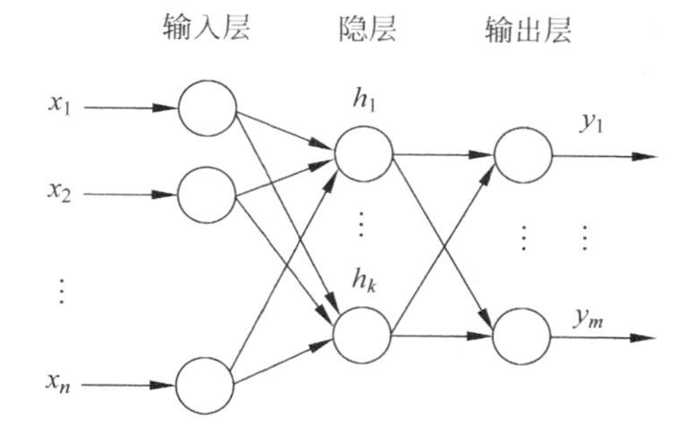

图 9.3 多层前馈神经网络

神经网络按照是否有反馈环，分为前馈神经网络与反馈神经网络。

前馈神经网络指这个网络是严格无圈的或前馈的，如图 9.2 与图 9.3 所示。反馈神经网络和前馈神经网络的区别在于它至少有一个反馈环，可以是自反馈环或者是非自反馈环，反馈神经网络的结构如图 9.4 所示。反馈神经网络比较复杂，难以训练并发现其稳定状态。在实际应用中大多使用前馈网络。

前馈网络没有反馈连接，没有动态记忆，本质上是一个非线性静态映射网络，因此在表示一个动态系统时需采用时延的方法，通过将多个过去值同时输入给网络而将学习系统在时域中的动态行为转换成静态映射问题。用于预测的神经网络的性质与网络中单个神经元的特性、网络的拓扑结构、网络参数有很大的关系。网络结构包括神经元数目、隐含层数目

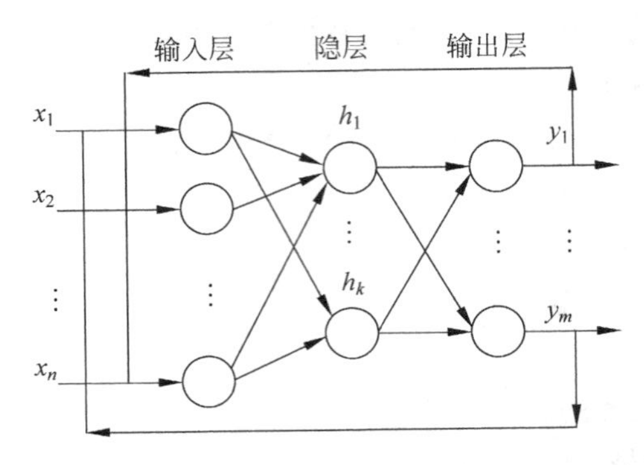

图 9.4　反馈神经网络

与连接方式等。对一个给定结构来说,训练过程就是调整参数以获得近似基本联系,误差定义为均方根误差,网络的训练可视为一个优化问题的寻优过程。

前馈网络的训练算法比较成熟,其中最著名的是 BP 算法。9.3 节将重点介绍 BP 算法。

9.3　BP 算法

多层前馈神经网络需要解决的问题是学习算法,也就是说,给定一组输入和对应的输出,怎样确定各个神经元的参数,使得这个网络能够最大程度地描述输入和输出之间的关系。以 Rumelhart 和 McClelland 为首的科研小组提出的误差后向传播(Error Back Propagation,BP)算法,为多层前馈神经网络的研究奠定了基础。多层前馈网络能逼近任意非线性曲线,在科学技术领域中有广泛的应用。总之,后向传播就是神经网络的一种学习算法,它通过训练大量的历史数据确定网络中的参数,从而确定整个网络的结构,为使用神经网络进行数据预测奠定基础。

下面用一个简单的例子说明 BP 算法的工作原理。

9.3.1　网络结构和数据示例

下面先来观察图 9.5 所示的一个简单单层前馈神经网络的例子。

图 9.5 中,两个函数的定义如下:

$$f_{1,1}(x_{0,1},x_{0,2},a)=ax_{0,1}^2+x_{0,2}+a \tag{9-10}$$

$$f_{1,2}(x_{0,1},x_{0,2},b)=x_{0,1}+bx_{0,2} \tag{9-11}$$

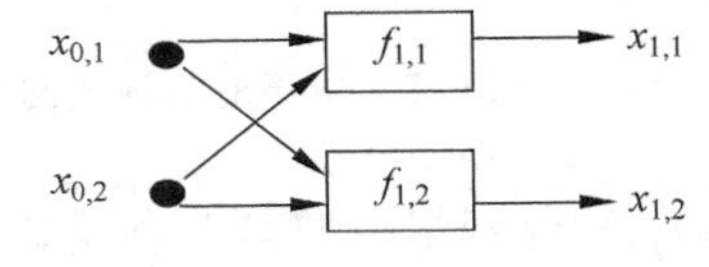

图 9.5　单层前馈网络示例

假设从待研究的系统中只获取了一条训练数据($x_{0,1}$, $x_{0,2}$; $y_{1,1}$, $y_{1,2}$)=(0.3,1.5; 1.0,0.7)。这条数据中,前两个数据是系统的实际输入,后两个数据是实际输出。

对两个实际的输入数据 0.3 和 1.5,如果固定参数 a 和 b,通过式(9-10)和式(9-11),同样可以得到两条计算出的输出数据。实际的输出数据和计算得到的输出数据之间有一个误差,这个误差反映了该神经网络对实际系统的逼近能力。当误差大时,网络逼近系统的能力弱,这意味着参数 a 和 b 的选取较差;当误差小时,网络逼近系统的能力强,这意味着参数 a 和 b 的选取较好。

取 a,b 的初始值为 $a=b=0$，则误差为

$$E=(y_{1,1}-x_{1,1})^2+(y_{1,2}-x_{1,2})^2 \tag{9-12}$$

通过式(9-10)和式(9-11)计算 $x_{1,1}$ 和 $y_{1,1}$ 并代入式(9-12)，计算可得初始误差为 0.41。下面的工作就是将误差 0.41 尽可能地缩小。

事实上，式(9-12)中的 E 只是参数 a 和 b 的函数，其他量都是常数。因此，可以分别求得 E 对参数 a 和 b 的偏导数：

$$\frac{\partial^+ E}{\partial a}=\frac{\partial^+ E}{\partial x_{1,1}}\cdot\frac{\partial f_{1,1}}{\partial a}=-2x_{1,1}(y_{1,1}-x_{1,1})(x_{0,1}^2+1)=1.635 \tag{9-13}$$

$$\frac{\partial^+ E}{\partial b}=\frac{\partial^+ E}{\partial x_{1,2}}\cdot\frac{\partial f_{1,2}}{\partial b}=-2x_{1,2}(y_{1,2}-x_{1,2})x_{0,2}=-0.36 \tag{9-14}$$

取 $a=-0.165$，$b=0.036$(注意，我们取了两个偏导数相反数的 1/10 作为参数的变化)，则误差变为 $(0.32)^2+(0.345)^2=0.221$，可见通过训练使得误差值减小了。

上面的例子中，通过利用高等数学中偏导数的性质，让参数沿着偏导数相反的方向变化，从而使得网络输出与系统实际输出的误差逐渐减小。这种做法只是针对结点数量固定、层数固定、变换函数固定(参数可变)的情况。对一个普通的多层前馈网络该怎样训练？9.3.2 节将重点介绍 BP 算法的数学基础——有序导数。

9.3.2　有序导数

当自变量之间又有函数依赖关系时，普通的偏导数并不能真正反映因变量变化和自变量变化之间的关系。这时，需要使用有序导数。

先看一个例子：对函数

$$\begin{cases} z=g(x,y) \\ y=f(x) \end{cases} \tag{9-15}$$

因变量 z 对自变量 x 的偏导数为

$$\frac{\partial z}{\partial x}=\frac{\partial g(x,y)}{\partial x} \tag{9-16}$$

根据链式法则，z 的变化与 x 的变化之间的关系为

$$\frac{\partial^+ z}{\partial x}=\frac{\partial g(x,f(x))}{\partial x}=\left.\frac{\partial g(x,y)}{\partial x}\right|_{y=f(x)}+\left.\frac{\partial g(x,y)}{\partial y}\right|_{y=f(x)}\times\frac{\partial f(x)}{\partial x} \tag{9-17}$$

式(9-17)示例了有序导数的计算方法，这里不做形式化的定义。现在的问题是：有序导数是否能够真正反映因变量变化和自变量变化之间的真实关系呢？为此，给出下面的例子：

$$\begin{cases} y=f(x)=x^2+1 \\ z=g(x,y)=x\cdot(y+1) \end{cases} \tag{9-18}$$

先分别计算 z 对 x 和 y 的偏导数

$$\frac{\partial z}{\partial x}=\frac{\partial g(x,y)}{\partial x}=y+1 \tag{9-19}$$

$$\frac{\partial z}{\partial y}=\frac{\partial g(x,y)}{\partial y}=x \tag{9-20}$$

但是

$$\frac{\mathrm{d}y}{\mathrm{d}x}=\frac{\mathrm{d}f(x)}{\mathrm{d}x}=2x \tag{9-21}$$

用链式法则求得有序导数为

$$\begin{aligned}\frac{\partial^+ z}{\partial x}&=\frac{\partial g(x,f(x))}{\partial x}=\frac{\partial g(x,y)}{\partial x}\bigg|_{y=f(x)}+\frac{\partial g(x,y)}{\partial y}\bigg|_{y=f(x)}\times\frac{\partial f(x)}{\partial x}\\&=(y+1)\mid_{y=x^2+1}+x\mid_{y=x^2+1}\cdot 2x=3x^2+2\end{aligned} \tag{9-22}$$

可以用另外的方式计算 z 的变化和 x 的变化之间的关系,以验证式(9-22)是否正确。把式(9-18)中的第一式代入第二式,可得

$$z=x(y+1)=x((x^2+1)+1)=x^3+2x \tag{9-23}$$

于是可以直接求 z 对 x 的导数

$$\frac{\mathrm{d}y}{\mathrm{d}x}=3x^2+2 \tag{9-24}$$

式(9-22)和式(9-24)的计算结果一致,说明有序导数的链式法则计算是合理的。

9.3.3 计算误差信号对参数的有序导数

有序导数可以用来解决多层前馈神经网络的训练问题。首先给出一个图 9.6 所示的多层前馈神经网络。

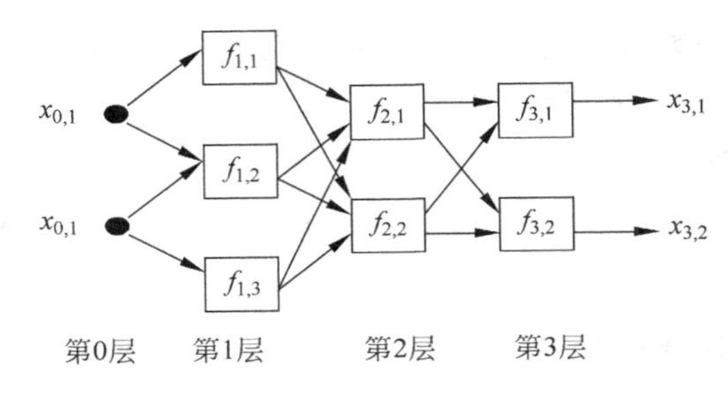

图 9.6 多层前馈神经网络示例

对于前馈神经网络,定义一条训练数据的误差信号为

$$E_p=\sum_{m=1}^{N_L}(y_{L,m}-x_{L,m})^2\mid_{第p个输入} \tag{9-25}$$

其中,N_L 表示第 L 层上结点的总数。如果是多条训练数据,则误差信号为每一条数据误差信号的和。

定义误差信号对每层输出的偏导数为

$$\varepsilon_{l,i}=\frac{\partial^+ E_p}{\partial x_{l,i}} \tag{9-26}$$

误差信号对于最后一层输出的有序导数为

$$\varepsilon_{L,i}=\frac{\partial^+ E_p}{\partial x_{L,i}}=\frac{\partial E_p}{\partial x_{L,i}} \tag{9-27}$$

其实误差信号对于最后一层的有序导数也就是普通的偏导数,这是因为误差信号与最后一层各个输出之间没有中间变量。

误差信号对于倒数第二层输出的有序导数为

$$\varepsilon_{L-1,i}=\frac{\partial^+ E_p}{\partial x_{L-1,i}}=\sum_{m=1}^{N_L}\frac{\partial^+ E_p}{\partial x_{L,i}}\cdot\frac{\partial f_{L,m}}{\partial x_{L-1,i}}=\sum_{m=1}^{N_L}\varepsilon_{L,m}\cdot\frac{\partial f_{L,m}}{\partial x_{L-1,i}} \tag{9-28}$$

一般地,误差信号对于任意一层输出的有序导数为

$$\varepsilon_{l,i}=\frac{\partial^+ E_p}{\partial x_{l,i}}=\sum_{m=1}^{N_{l+1}}\frac{\partial^+ E_p}{\partial x_{l+1,i}}\cdot\frac{\partial f_{l+1,m}}{\partial x_{l,i}}=\sum_{m=1}^{N_{l+1}}\varepsilon_{l+1,m}\cdot\frac{\partial f_{l+1,m}}{\partial x_{l,i}} \tag{9-29}$$

式(9-27)~式(9-29)给出了误差信号对于某层中的一个输出的有序导数,而我们需要的是误差信号对于某层变换函数中参数的有序导数。如果这个导数被一个结点独有,也就是如果这个参数在整个网络中只出现一次,那么误差信号对这个参数的有序导数为

$$\frac{\partial^+ E_p}{\partial\alpha}=\frac{\partial^+ E_p}{\partial x_{l,i}}\cdot\frac{\partial f_{l,i}}{\partial\alpha}=\varepsilon_{l,i}\cdot\frac{\partial f_{l,i}}{\partial\alpha} \tag{9-30}$$

如果多个结点共享一个参数,则信号误差对于这个参数的有序导数为

$$\frac{\partial^+ E}{\partial\alpha}=\sum_{x\in S}\frac{\partial^+ E_p}{\partial x}\cdot\frac{\partial f}{\partial\alpha}\quad(S\text{ 是所有含有 }\alpha\text{ 的结点的集合}) \tag{9-31}$$

至此,对于给定的一组训练数据,可以计算信号误差对于任意参数的有序导数,即某个参数的变化会在多大程度上影响信号误差。如何改变参数,才能使得信号误差下降,从而使得神经网络变得更精确呢?为此,需要使用梯度下降的方式。

9.3.4 梯度下降

得到了误差信号对参数的有序导数后,就可以让参数向着有序导数的负方向变化,使得误差信号下降。

按照梯度最速下降法,参数 α 的更新公式为

$$\Delta\alpha=-\eta\frac{\partial^+ E}{\partial\alpha} \tag{9-32}$$

其中,η 为学习速率,可以用下式计算

$$\eta=\frac{k}{\sqrt{\sum_\alpha\left(\frac{\partial E}{\partial\alpha}\right)^2}} \tag{9-33}$$

对任意的参数 α 增加式(9-32)计算所得的 $\Delta\alpha$,就可以使误差信号下降。这个步骤可以一直进行,直到信号误差不能继续下降为止。

式(9-33)中的 η 不能过大。如果 η 取值过大,那么按照式(9-32)的方式移动解的位置得到的误差可能会增加,而不是减小。这是因为,当步长较大时,原解和新解所处位置的有序导数值可能差别较大。但如果 η 取值过小,那么解的移动会过慢,影响了学习的效率。可以凭经验设置 η 的值,也可以用小范围内的二分法确定一个合适的 η。详细方式请读者查阅有关文献。

9.3.5 BP 算法描述

本节前面部分内容介绍了 BP 算法的数学基础和一个具体的运算示例。综合前面的内容,BP 算法的步骤描述如图 9.7 所示。

输入：给定训练集 X_{train}，其中每一个训练样本都是由一组输入和一组输出构成，所有的输入和输出都是[0,1]之间的浮点数据(如果不是，要首先通过数据变换把它们映射到[0,1]区间)；神经网络结构：隐含层结点数目；神经网络每个结点的、参数化了的特征函数。

输出：神经网络每个结点特征函数的参数。

(1) 按照式(9-29)计算总体误差对于每个参数的有序导数公式(函数)。

(2) 任意选择一组数据作为初始参数，一般选取(0,0,…,0)，把这组初始参数作为当前参数。

(3) 根据当前参数和式(9-25)计算总体误差，如果误差足够小，就把当前参数作为输出，退出；否则，继续下面的步骤。

(4) 根据式(9-31)和当前参数的数值，计算总体误差对于各个参数的有序导数的数值。

(5) 按照式(9-32)计算各个参数的增量，并计算调整后的参数大小。把调整后的参数作为当前参数，回到第(3)步。

需要注意的是，第(5)步中 η 值的选取是依据经验的，通常是一个比较小的值，如 0.01 等。

图 9.7　BP 算法的操作步骤

9.4　SQL Server 2005 中的神经网络应用

本节介绍如何利用 SQL Server 2005 中的 Data Analysis 的数据挖掘功能，进行神经网络的训练和预测。使用的数据集是表 9.1 中列出的数据。为了应用 Data Analysis 的神经网络预测功能，首先要把数据导入到 SQL Server 2005 的某个数据库的数据表中。为此，在计算机的"开始"菜单中打开 SQL Server 2005 的 SQL Server Management Studio，出现图 9.8 所示的界面。

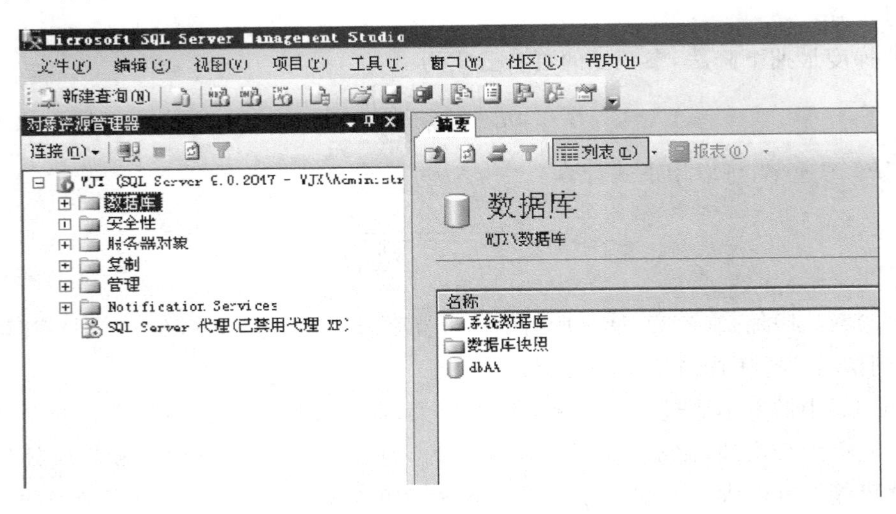

图 9.8　打开 SQL Server Management Studio

读者打开的 Management Studio 可能与图 9.8 并不相同，这是因为 SQL Server 的实例在作者和读者的机器上可能不尽相同。

在图 9.8 所示的界面上右击树形图中的"数据库"标签，在弹出的快捷菜单中选择"新建数据库"命令。系统会弹出一个"新建数据库"窗口，在窗口的"数据库名称"文本框中填写数据库的名称，读者可以给数据库起一个名字，这里输入的是 NeuralDatabase。单击“确定”按钮，新建数据库 NeuralDatabase 就会出现在树形结构图中。

单击 NeuralDatabase 左边的“+”号，其下的结点会扩展出来。在其中的“表”上右击，从弹出的快捷菜单中选择“新建表”命令，就会出现一个输入列信息的子窗口。把表 9.1 中的 5 个列分别输入，得到图 9.9 所示的界面。

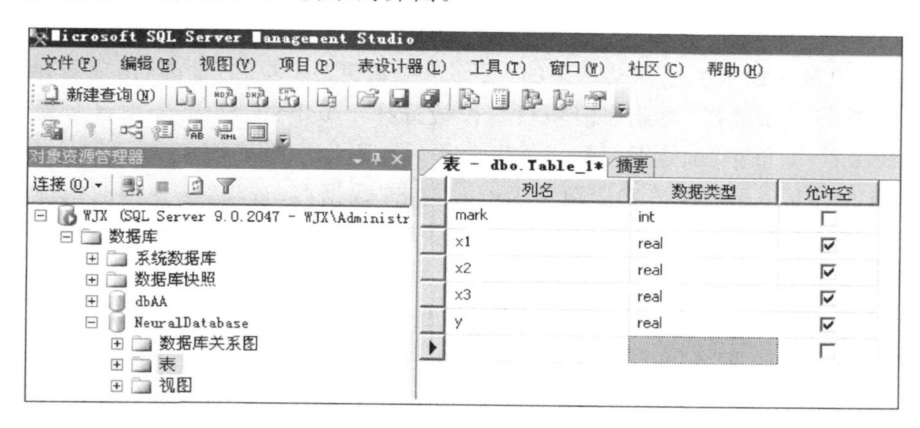

图 9.9　神经网络测试数据列信息

要创建的数据表共有 5 列，与表 9.1 中的各个列相对应。要特别注意各个列的类型。退出列编辑子窗口，接受默认的数据表名称 Table_1，然后在树形结构中找到 dbo. Table_1 并右击，在弹出的快捷菜单中选择“打开表”命令，将在界面右边出现数据输入的子窗口。把表 9.1 中数据的前 8 行输入到表 dbo. Table_1 中，如图 9.10 所示。

mark	x1	x2	x3	y
1	2.5	3.16	-9.75	15.84
2	3.4	2.9	10.15	7.31
3	5.65	3.27	8.43	24.3
4	4.63	8.18	1.67	514.29
5	-7.37	-8.51	2.71	333.37
6	-5.6	3.27	8.83	281.67
7	10.17	15.2	0.03	1895.94
8	19.1	-4.8	7.87	27.62
NULL	NULL	NULL	NULL	NULL

图 9.10　神经网络模型的测试数据

至此，测试数据被输入到了数据库中。下面建立神经网络模型来进行预测。

SQL Server 2005 初次安装之后，在非英语环境中使用神经网络功能，必须首先安装 SQL Server 2005 的 Service Pack 1 补丁(SP1)，否则神经网络模型不能建立。

要安装 SP1 补丁，事先要到微软的网站下载该补丁，网址是 http://www.microsoft.com /downloads/details.aspx? displaylang = zh-cn&FamilyId = CB6C71EA-D649-47FF-

9176-E7CAC58FD4BC,该网页上可以下载两个版本的补丁,分别是 SQLServer2005SP1-KB913090 -x64-CHS. exe 和 SQLServer2005SP1-KB913090-x86-CHS. exe。前者应用在 64 位机上,后者应用于 32 位机上。读者可以根据需要选择下载。

补丁下载到本地后,双击补丁文件,之后选择默认选项即可完成安装。安装完成后要重新启动计算机,补丁才能生效。

补丁安装生效后,在"开始"菜单中选择 SQL Server Business Intelligence Development Studio 命令,出现起始页。选择菜单中的"文件"→"新建"→"项目"命令,出现新建项目子窗口。其中的项目类型选择"商业职能项目",模板选择"Analysis Service 项目",项目名称填入 NeuralProject。单击"确定"按钮,进入下一步。

新页面的右上角是解决方案资源管理器。右击"数据源"选项,从弹出的快捷菜单中选择"新建数据源"命令,在出现的窗口中单击"下一步"按钮,在新窗口"选择如何定义连接"中单击 "新建"按钮,就会出现"连接管理器"窗口。

在"连接管理器"窗口中的"提供程序"下拉列表框中选择 Microsoft OLE DB Provider for SQL Server 选项,服务器名选择你机器上的实例,在"选择或输入一个数据库名"下拉列表框中选择 Neural Database 选项,也就是存放测试数据的数据库。选择完成后,单击"确定"按钮,进入下一个界面。这时,界面中的"数据连接"列表就会出现并选中"数据库引擎实例. NeuralDatabase",单击"下一步"按钮,进入模拟信息窗口,在 4 个选项中选择"默认值",并单击"下一步"按钮,然后单击"完成"按钮,就完成了数据连接工作。新建的数据连接会出现在解决方案资源管理器的"数据源"结点下。

建立数据连接之后,需要建立数据源视图,否则数据挖掘模型将无法建立。右击解决方案资源管理器的"数据源视图"项,在弹出的快捷菜单中选择"新建数据源视图"命令,单击"下一步"按钮,之后再单击"下一步"按钮,数据库 NeuralDatabase 下的数据表 Table_1 就会出现在左边的"可用对象"列表框中。选中这个数据表,单击"＞"按钮,这个数据表挪动到右边"包含的对象"列表框中。然后单击"下一步"按钮,并更改数据源视图的名称为 NeuralView,单击"完成"按钮,就完成了数据源视图的创建。

下面的工作就是最关键的一步:建立挖掘结构。

在解决方案资源管理器中右击"挖掘结构"项,从弹出的快捷菜单中选择"新建挖掘结构"命令,在新出现的页面中单击"下一步"按钮。此时,出现的窗口让你选择从什么数据中定义挖掘结构。窗口中提供两种方式:"从现有关系数据库或数据仓库"和"从现有多维数据",由于我们并没有建立数据立方体,因此选择前者,并单击"下一步"按钮。

在弹出的新窗口"选择挖掘技术"中,在"您要使用何种挖掘技术?"下拉列表框中选择"Microsoft 神经网络"选项,并单击"下一步"按钮。

在弹出的"选择数据源视图"窗口中选择前面建立的数据源视图 NeuralView,并单击"下一步"按钮。新出现的窗口要求你给出数据表 Table_1 的类型,因为本节只有一个数据表,因此选择它为"事例"类型,而非"嵌套"类型,并单击"下一步"按钮。

弹出的新窗口要求对 Table_1 中的各个列指定类型:键类型、输入类型、可预测类型。把数据表 Table_1 中的 mark 列定为键类型,x_1,x_2,x_3 规定为输入类型,y 规定为可预测类型。这些规定符合 Table_1 表的意义:mark 列是序号,用 x_1,x_2,x_3 三个列预测 y 的值。

选择之后的情形如图 9.11 所示。

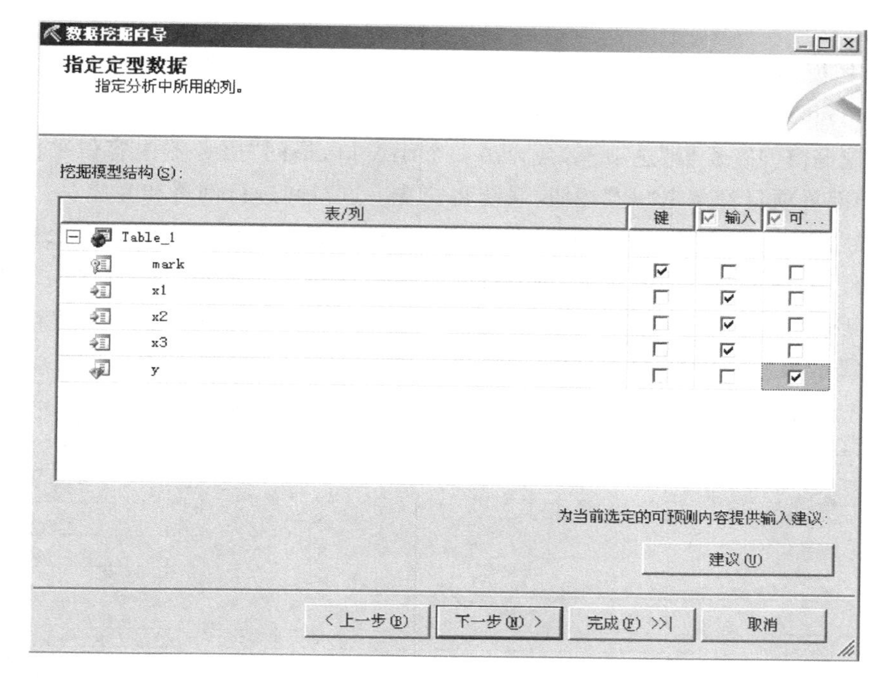

图 9.11 测试数据各列的类型选择

在图 9.11 中,单击"下一步"按钮,再选择默认值,单击"下一步"按钮,单击"完成"按钮,就完成了挖掘模型的创建。挖掘模型创建完成之后会出现图 9.12 所示的窗口。

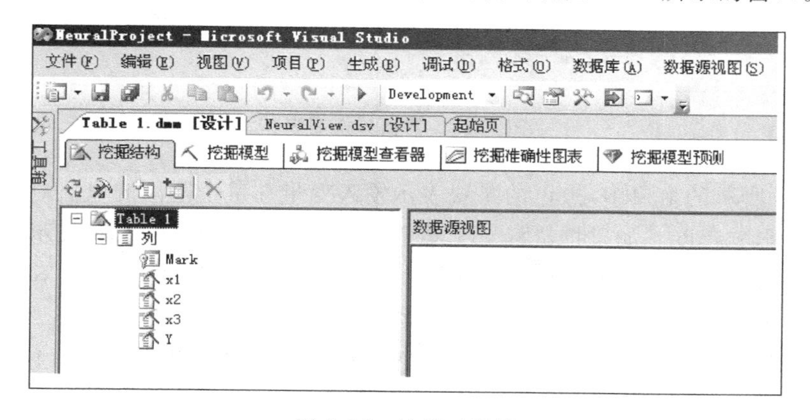

图 9.12 挖掘工具箱

图 9.12 所示的窗口中,共有如下 5 个选项卡。

(1) 挖掘结构。"挖掘结构"选项卡中给出了刚才定义的数据源视图。

(2) 挖掘模型。"挖掘模型"选项卡中给出了数据表各个列的类型以及选择了何种模型(这里是神经网络模型)。

(3) 挖掘模型查看器。"挖掘模型查看器"选项卡是最重要的一个选项卡,后面将单独介绍。

(4) 挖掘准确性图表。“挖掘准确性图表”选项卡是通过历史数据验证的我们所选模型的准确程度。

(5) 挖掘模型预测。我们将在“挖掘模型预测”选项卡中进行数据预测。

其中,(3)和(5)是我们要使用的功能。

选择“挖掘模型查看器”选项卡,会弹出一个小窗口,提问“服务器内容似乎已过时。是否先生成和部署项目?”单击“是”按钮,系统将花费一点时间进行部署和生成。

部署成功以后,就会弹出另外的一个小窗口,提问“必须先处理 Table_1 挖掘模型才能浏览其内容。处理模型可能要花费一些时间,具体将取决于数据量。是否继续?”单击“是”按钮,并在新弹出的窗口中单击“运行”按钮,处理成功后在两个窗口中分别单击“关闭”按钮,就会得到图 9.13 所示的数据分析图表。

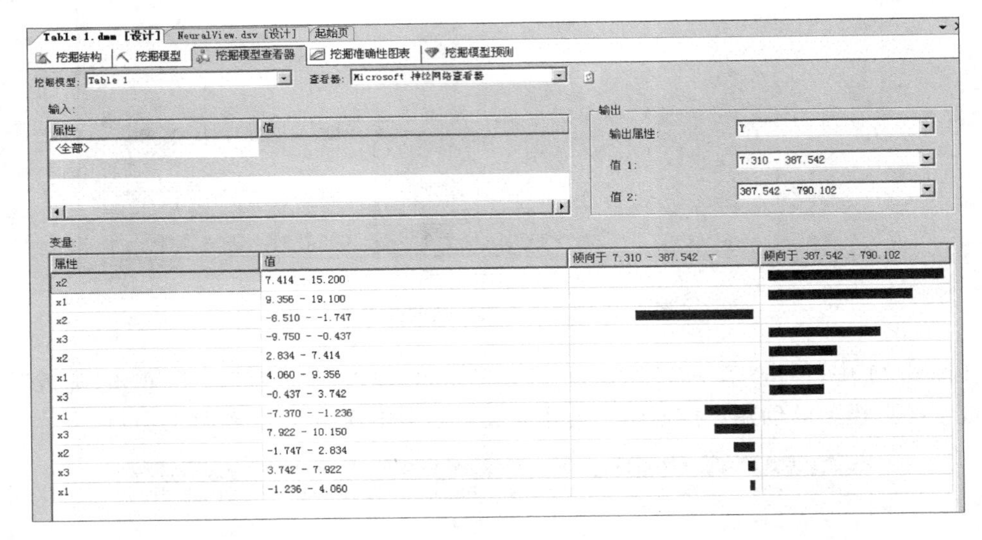

图 9.13 数据分析图表

在图 9.13 所示的窗口中,黑色的条块表示输入变量在某个范围内取值对输出变量将处在哪个区间的影响程度。如果把鼠标置于某个条块上,还将出现一些值,表示输入变量取某个区间的值时,输出变量处于某个区间的概率。从图 9.13 所示的窗口中,不难看出某个输入变量在某个区间中对结果贡献的重要程度。

最后,选择“挖掘模型预测”选项卡,进行数据预测。出现的界面如图 9.14 所示。

在图 9.14 所示的界面中,单击“选择事例表”按钮,在选择导航中选择事例表为 Table_1,将出现图 9.15 所示的界面。

在图 9.14 所示的结构中,单击工具栏上的“单独查询”按钮(挖掘模型窗口上面左边第 3 个图标按钮,鼠标放在其上时,会出现“单独查询”提示),即产生图 9.16 所示的界面。

在图 9.16 所示的界面中,把表 9.1 中数据的最后一行分别输入到变量 x_1,x_2,x_3 后面的空白中,然后把挖掘模型下的 Y 项拖动至最下面一行的最左边的位置。然后单击工具栏上的“切换到查询结果”按钮,会出现图 9.17 所示的界面。

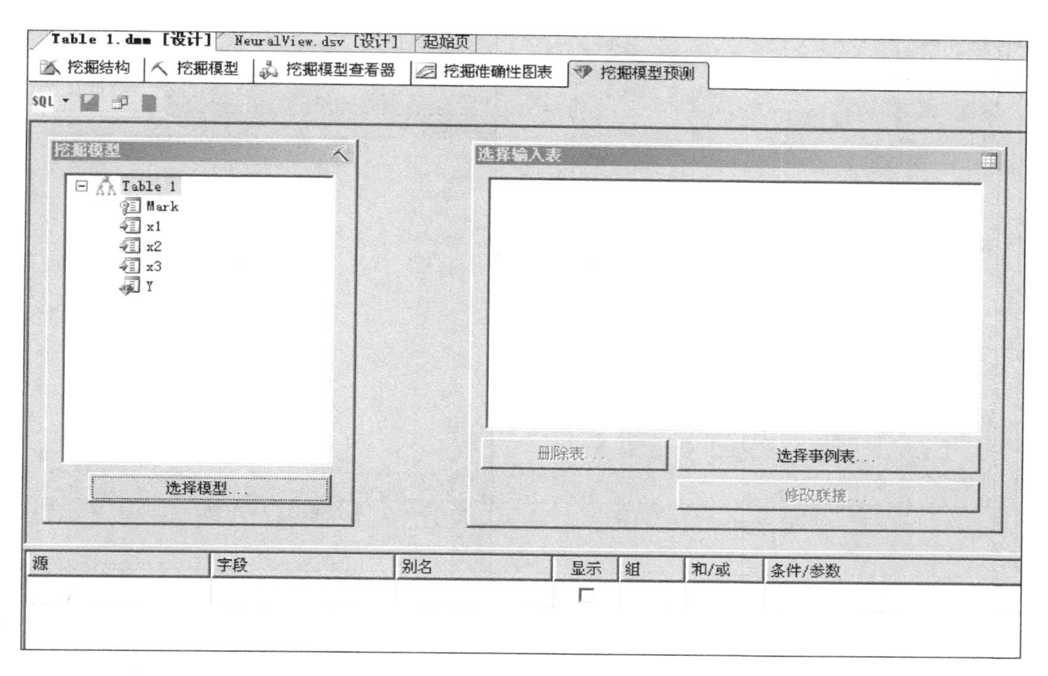

图 9.14　挖掘模型预测

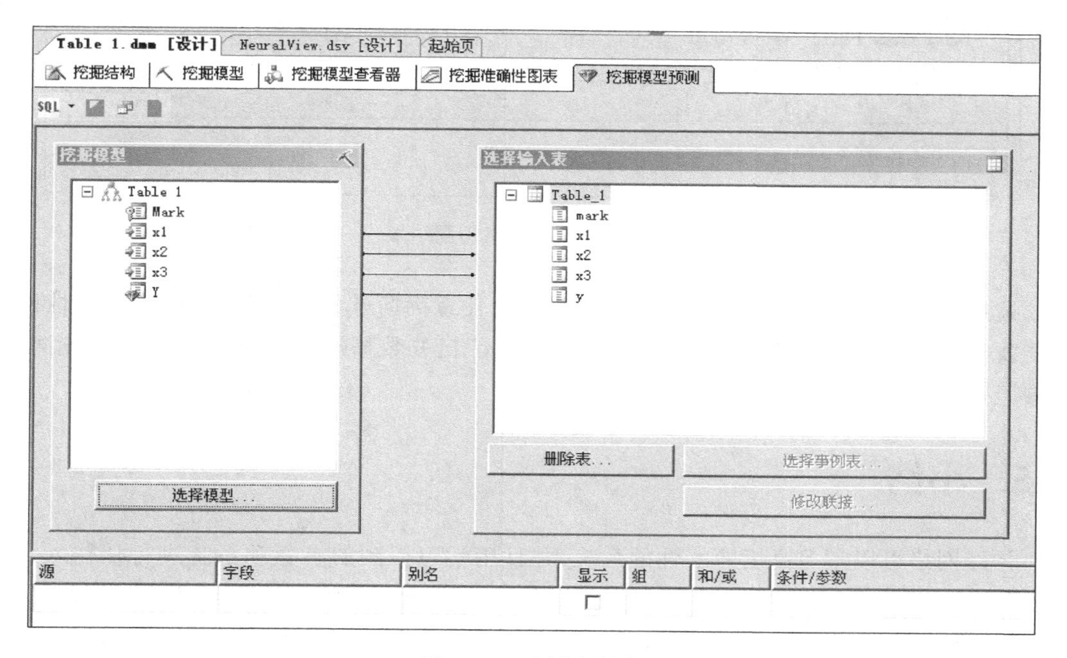

图 9.15　选择事例表

从预测结果中得知，Y 的预测值是 69.81，它虽然与实际值 55.24 有一定的差距，但比使用多元线性回归得到的结果(286.64)好得多。事实上，如果已知数据不是 8 条，而是超过 200 条，那么使用神经网络预测该问题的结果会相当精确，而多元线性回归将不会有大的进

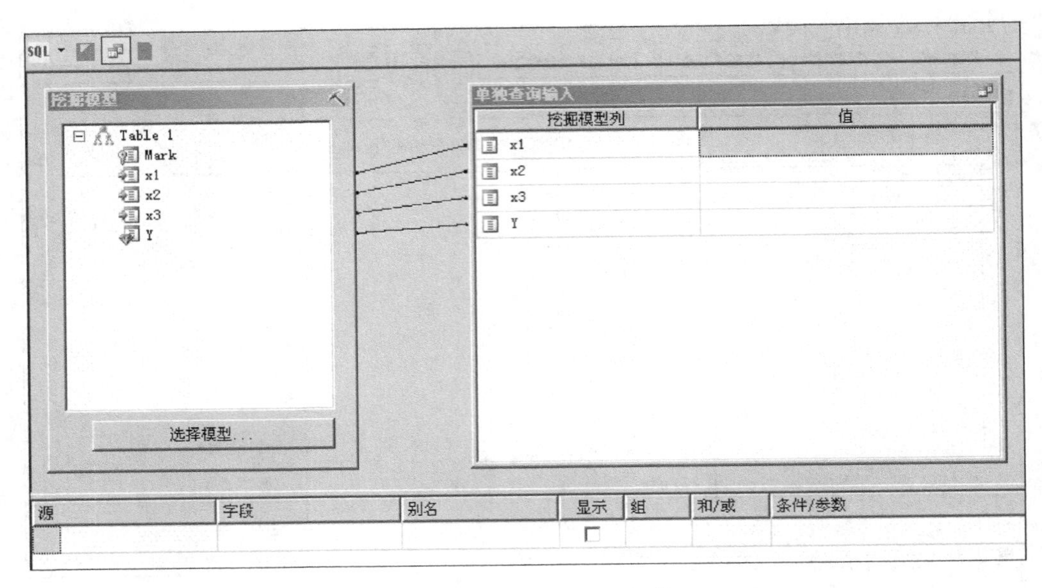

图 9.16　输入可输入列的值

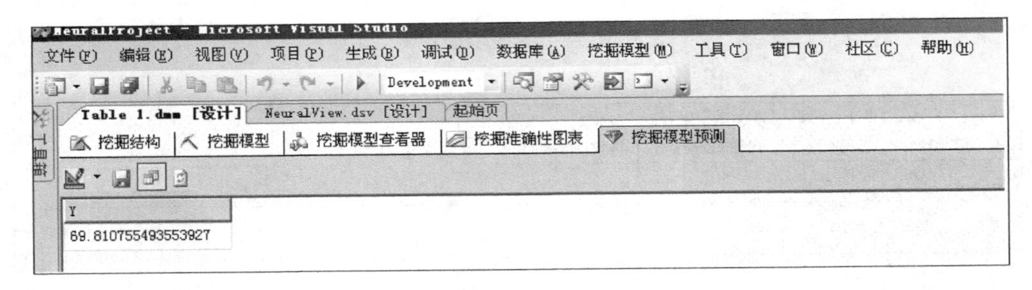

图 9.17　神经网络预测结果

步。造成这种结果的原因是神经网络模型能逼近任意高阶非线性的映射,而多元线性回归只能找到一阶的规律。有兴趣的读者可以尝试扩大已知数据规模,重新建立模型并预测,验证神经网络预测该问题的准确性。

9.5　小结

神经网络可以学习高度非线性的系统,并且用学习得到的参数和系统进行从输入到输出的预测。但是,神经网络需要很长的学习时间才能把网络中的参数训练出来。因此,它仅适用于时间容许的应用场合。另外,神经网络中各个结点之间的连接权值对使用者来说几乎是无法看出其中意义的,是不可理解的。因此,神经网络系统是一个“黑匣子”。这与我们之前学习的“白匣子”贝叶斯网络恰好是相对的。虽然不能理解网络内部的连接权值,但这并不妨碍我们利用神经网络进行高质量的预测操作。

利用神经网络软件包进行分析和预测工作时,用户所需要的预处理是比较少的,对系统的了解要求也是比较低的。因此,神经网络有着大量的应用。我们在掌握神经网络原理的基础上要熟练掌握相应的软件包,熟练掌握对它的应用。需要重点注意的问题是:使用 SQL Server 2005 进行神经网络模型的建立和预测工作之前,要首先安装补丁 Service Pack 1。

9.6　习题

1. 前馈网络和递归网络有什么本质区别?

2. 多层前馈网络中隐藏层神经元的作用是什么?

3. 在 BP 算法中,总体误差对网络输出的偏导数和有序导数是否一致?总体误差对网络输入的偏导数和有序导数是否一致?

4. 从一个 3 输入 2 输出的系统中获取了 10 条历史数据,如表 9.2 所示。最后两条数据是系统的输入,不知道其对应的输出。请使用 SQL Server 2005 的神经网络功能预测最后两条数据的输出。

表 9.2　一个 3 输入 2 输出系统的输入输出数据

数据	输入 1	输入 2	输入 3	输出 1	输出 2
7.44	19.96	35.86	8.27	4.71	19.96
5.51	19.00	36.79	8.54	3.82	19.00
7.90	20.06	34.74	8.06	4.87	20.06
7.31	18.72	34.65	8.22	4.56	18.72
6.11	20.42	30.16	7.04	4.07	20.42
5.43	17.08	34.22	8.35	3.68	17.08
5.71	17.38	36.41	8.76	3.84	17.38
5.80	19.53	35.72	8.24	3.97	19.53
6.51	19.96	36.09	8.27	4.32	19.96
7.46	20.09	37.30	8.52		
5.18	19.35	32.22	7.55		

CHAPTER 10

第10章 遗传算法

遗传算法是一种基于达尔文进化论的并行、随机的搜索算法。它利用群体搜索技术，每个种群代表一组问题的解，通过对当前种群进行选择、交叉和变异等一系列遗传操作，从而产生新一代的种群，并利用优胜劣汰机制逐步使种群进化到包含近似最优解的状态。遗传算法思想简单，易于实现并具有良好的鲁棒性，可应用于多个领域。例如优化和搜索、机器学习、智能控制、模式识别和人工生命等领域都可以使用遗传算法解决问题。

10.1 概述

遗传算法(Genetic Algorithms，GA)是一种有效的全局搜索方法，是一种基于达尔文自然选择和遗传变异等生物进化机制而发展起来的仿生算法。根据达尔文的进化论，生物种群从低级、简单的类型逐渐发展成为高级、复杂的类型。各种生物要生存下去就必须进行生存斗争，具有较强生存能力的生物个体容易存活下来，并有较多的机会产生后代；具有较低生存能力的个体则被淘汰，或者产生后代的机会越来越少，直至消亡。这种现象被称为“自然选择，适者生存”。这一关于生物进化的研究结论，已得到了广泛的接受和应用。

1975年，美国教授John. H. Holland等人基于进化论共同研究了具有开创意义的遗传算法理论和方法。遗传算法是一种借鉴生物界自然选择、遗传变异机制和进化机制发展起来的高度并行、随机、自适应的搜索算法。简单而言，它使用了群体搜索技术，将种群代表一组问题解，通过对当前种群施加选择、交叉和变异等一系列遗传操作，从而产生新一代的种群，并逐步使种群进化到包含近似最优解的状态。遗传算法能够解决传统方法难以求解的许多复杂优化问题。

遗传算法自问世以来不断地扩展其应用领域，人们已有效地把它应用于许多领域的实际问题，如函数优化、自动控制、图像识别和机器学习等。目前，遗传算法作为高性能优化方法逐渐成熟起来。但是，遗传算法也存在很多问题，如理论不完善、存在早成熟收敛及收敛速度慢等缺点。

10.2　相关概念

在遗传算法中，借用了很多生物学中的概念，引申到遗传算法中的相关概念如下。

【定义 10.1】 基因。

基因(gene)是基本的遗传单位。在生物学与遗传算法中，基因都是个体的基本组成单元。

【定义 10.2】 个体。

在生物学中，个体(individual)由多个基因组成。在遗传算法中，个体代表待优化问题的一个解。

【定义 10.3】 编码与解码。

将问题的解转换成基因序列的过程称为编码(encoding)，编码是由问题空间到遗传算法空间的映射。反之，将基因转换成问题的解的过程称为解码(decoding)。在遗传算法中，首先需要将问题的解编码成基因序列，在需要确定个体优劣时，再将其解码到解空间进行评估。遗传算法的一个特点是它只在遗传基因空间对个体执行各种遗传操作，而在解空间对解进行评估和选择。

对于不同的问题，个体的编码方案可能有很大的差异，因此个体的表现形式也各不相同，个体的编码方案还可能直接影响到遗传算法的求解效果。因此，个体编码方案的设计、选择是遗传算法设计中的重要一环，也是遗传算法的一个重要的创新点。

【定义 10.4】 种群。

生物的遗传进化不能仅通过自身进行，而需要在一个群体中进行，这一群体称为种群(population)。种群中的单个组成元素是个体。在遗传算法运行时，都同时存在多个个体，代表问题的多个解。种群规模是遗传算法的参数之一，种群规模的设置可能会影响到遗传算法的优化效果。种群规模太小，则种群缺乏多样性，从而影响到遗传算法全局搜索的能力；种群规模太大，则遗传算法易退化成随机搜索。种群规模的设置与优化的问题、问题的规模和遗传算法本身都有关系。

【定义 10.5】 适应度。

在研究自然界中生物的遗传与进化现象时，生物学中使用适应度(fitness)这个术语来衡量某个物种对于生存环境的适应程度。对生存环境适应度较高的物种将获得更多的繁衍机会；而对生存环境适应度较低的物种，其繁衍机会较少，甚至逐渐消失。在遗传算法中，适应度被用来度量个体的优劣程度。越接近最优解，其适应度越高；反之，其适应度越低。

【定义 10.6】 代。

在生物的繁衍过程中，个体从出生到死亡即为一代(generation)，在遗传算法中，代的意思为遗传算法的迭代次数。代可以指定遗传算法运行时的最大迭代次数，即代数可作为遗传算法的一个结束标志。

【定义 10.7】 遗传算子。

遗传算子(genetic operators)是指作用在个体上的各种遗传操作。虽然在遗传算法的发展过程中产生了一些特殊的遗传算子，例如免疫算子，但是几乎所有遗传算法中都包含三种基本的遗传算子：选择算子、交叉算子和变异算子。

【定义 10.8】 选择算子。

在生物的遗传进化过程中，对生存环境适应度较高的个体将有更多机会遗传到下一代；而对生存环境适应度较低的个体，其个体遗传到下一代的机会也较少，此即生物界中的“优胜劣汰，适者生存”的自然选择。在遗传算法中，选择算子模拟了生物界的自然选择过程。所谓选择算子(selection operator)，是指在适应度的基础上，按照某种规则或方法从当前代的种群中选择出一些适应度高的个体遗传到下一代种群中。

目前常用的选择方法有轮盘赌方法、最佳个体保留法、期望法、截断选择法和竞争法等。

【定义 10.9】 交叉算子。

有性生殖生物在繁殖下一代时，两个同源个体之间通过交叉而重组，亦即两个个体的某一相同位置处基因被切断。其前后两串分别交叉组合形成两个新的个体。

在遗传算法中，交叉算子(crossover operator)是指以某一概率(称为交叉概率)选择种群中的个体，把两个父个体的部分基因加以替换、重组而生成新的个体。交叉的作用是为了获得新的更好的个体(即待优化问题更好的解)。

【定义 10.10】 变异算子。

生物学中的变异是指在细胞进行复制时可能以很小的概率产生某些复制差，从而使基因发生某种变化，产生出新的个体，这些新的个体表现出新性状。

在遗传算法中，变异算子(mutation operator)是指以某一概率(称为变异概率)选择种群中的个体，改变其个体中某些基因的值或对其个体进行某种方式的重组(例如改变基因的排列顺序)。变异算子使遗传算法具有局部的随机搜索能力，还能使遗传算法有机会跳出局部最优解，从而获得更好的全局优化能力。交叉算子需要两个父个体作为输入，其输出可以是两个子个体，也可以是一个子个体；而变异算子只作用于一个父个体，并输出一个子个体。

交叉算子与变异算子所采用的具体算法与个体编码方案有密切的关系。对于同一个待优化问题，如果采用的个体编码方案不同，交叉算子与变异算子的具体算法可能有很大的不同。

10.3 基本步骤

10.3.1 概述

遗传算法在设计时需要考虑以下几个问题。

(1) 确定编码方式，以便对问题的解进行编码，即用个体表示问题的可能解。

(2) 确定种群大小规模。

(3) 确定适应度函数，决定个体适应度的评估标准。

(4) 确定选择的方法及选择概率。

(5) 确定交叉的方法及交叉概率。

(6) 确定变异的方法及变异概率。

(7) 确定进化的终止条件。

虽然在实际应用中遗传算法的形式出现了不少变形，但这些遗传算法都有共同的特点，即通过对自然界进化过程中自然选择、交叉、变异机理的模仿，来完成对最优解的搜索过程。基于这个共同的特点，Goldberg 总结了一种统一的最基本的遗传算法，该算法被称为基本遗传算法(Simple Genetic Algorithm，SGA)。

SGA 只使用了选择算子、交叉算子和变异算子这三种遗传算子，其结构简单，易于理解，是其他遗传算法的雏形和基础。

确定好上述参数和方法后，遗传算法的基本步骤如图 10.1 所示。

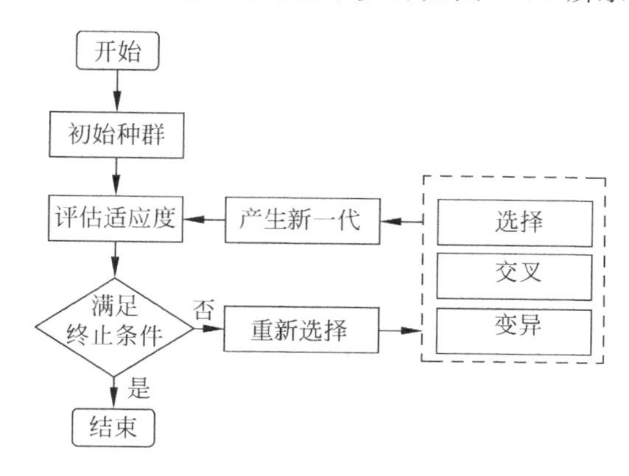

图 10.1　基本遗传算法基本步骤

SGA 的基本流程如下。

(1) 初始化，产生初始种群。

(2) 个体评价，即计算种群中每个个体的适应度。

(3) 按选择概率 P_s，执行选择算子，从当前种群中选择部分个体进入下一代种群。

(4) 按交叉概率 P_c，执行交叉算子。

(5) 按变异概率 P_m，执行变异算子。

(6) 若满足设定的终止条件，则输出种群中适应度最优的个体作为问题的最优解或满意解，否则执行第(2)步。

10.3.2　引例

下面以遗传算法解决一个简单的函数优化问题为例，引入遗传算法的相关概念。函数优化问题通常指求函数的最大值或最小值。待优化的目标函数如下：

$$f(x) = x^2 \quad x \in [0,31]$$

求该函数的最小值，即需要先求得在[0,31]区间内的哪个 x 值可以使 y 值最小。

(1) 首先确定编码方式。

编码方式跟解空间形式和大小、要求的精度都有关系，通常采用二进制编码。本例如果只要求精度是整数即可，则问题的解来自 0～31 之间的某个整数。

编码就是要将每个可能的解转换成二进制数，以便进行遗传操作。每个二进制位是 0 或 1，就是基因。对应于解空间 32 种情况，需要 5 位二进制数表示所有可能解的集合。基因序列<00000>对应于端点 0；序列<11111>对应于另一个端点 31。例如整数 4 被编码为 00100，这个过程就是编码过程。

如果要求每个解精确到小数点后 3 位，则应该将闭区间[0,31]划分为 32×10^3 等分。则所需的基因序列长度就至少是 15 位，因为

$$2^{15}=32768>32\times10^3$$

(2) 设定种群规模为 4，即每代种群中包含 4 个个体。

(3) 适应度函数可以直接选用目标函数 $f(x)$衡量个体。

(4) 选择操作采用适应度比例选择法，按照个体适应度在适应度总和中占有的概率决定该个体被选择进入下一代的概率，公式如下：

$$p_s(x_i)=\frac{f(x_i)}{\sum f(x_i)}$$

(5) 采用单点交叉方法，交叉概率设置为 1.0。即所有个体都作为交叉操作的父体，两两进行交叉。

(6) 变异概率设置为 0.1，终止条件设定为进化 50 代后停止。

(7) 设定好上述方法和参数后，随机产生初始种群，如表 10.1 所示。

表 10.1 初始种群

个体 x_i	个体基因序列	对应的解 x_i
x_1	01110	14
x_2	11000	24
x_3	10001	17
x_4	00111	7

(8) 计算初始种群中个体适应度，并根据选择算法决定每个个体出现在下一代中的个数。被选择的个体将出现在下一步交叉运算的候选里，组成了交配池。适应度计算如表 10.2 所示。

表 10.2 适应度计算

对应的解 x_i	适应度 $\text{fit}(x_i)$	$f_i/\Sigma f$	选择个数
14	196	0.18	1
24	576	0.52	2
17	289	0.26	1
7	49	0.04	0

(9) 根据交叉概率 1.0 和单点交叉原则，对于每两个个体进行交叉操作，即将交叉点后的个体基因片断互换。例如，个体＜01110＞与个体＜11000＞在第 2 个基因处单点交叉会产生新的个体＜01000＞和＜11110＞，如图 10.2 所示。单点交叉后的结果如表 10.3 所示。

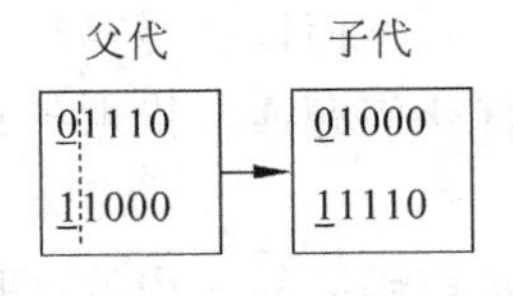

图 10.2 单点交叉

表 10.3 交叉运算

交配池	交叉点	下一子代	x	$f(x)$
01110	2	01000	8	64
11000	2	11110	30	900
11000	4	11001	25	625
10001	4	10000	16	256

(10) 根据变异概率 0.1 和基因总数 4×5=20 可知，被变异基因个数为 20×0.1=2。如发生变异 01000→01001，10000→10010，则第一代种群如表 10.4 所示。

表 10.4　第一代种群

个体 x_i	个体基因序列	对应的解 x_i
x_1	01001	9
x_2	11110	30
x_3	11001	25
x_4	10010	18

(11) 产生了第一代种群后，由于进化终止条件没有满足，所以继续重复上述步骤，进行适应度计算、选择、交叉和变异操作，产生下一代。直到第 50 代，算法结束，选出其中的最优个体作为最终解。

10.4　算法设计

遗传算法的设计主要有 5 大要素：编码方式、种群规模的设定、适应度函数的设计、遗传算子的设计和终止条件的设定。

10.4.1　编码方式

当用遗传算法求解问题时，必须在问题空间和对遗传算法的个体基因结构之间建立联系，即确定编码和解码的方法。一般来说，由于遗传算法计算过程的鲁棒性，它对编码的要求并不苛刻，但编码的策略对于遗传算子，尤其是对交叉和变异算子的功能和设计有很大的影响。

编码方式一般应满足以下 3 个规则。

(1) 完备性：原问题空间中的点都能成为编码后的点。

(2) 健全性：编码后的空间中的点能对应原问题空间所有的点。

(3) 非冗余性：编码前后空间的点一一对应。

在实际操作中，二进制编码是最基本的编码方式，其应用范围非常广泛。除了二进制编码之外，还有各种其他的编码形式，如实数编码、十进制编码、字符编码和树编码等。

1. 二进制编码

二进制编码方式是最常用的一种编码方式。它以二值符号集{0,1}为编码字符集，所构成的个体基因序列是一个二进制符号串。例如，1001001 是一个长为 7 的个体。

染色体的长度与问题所要求的求解精度有关。假设某参数 x 的取值范围是 $[x_{\min}, x_{\max}]$，编码长度为 l，计算精度为 d，则二进制编码可使 000…000 对应于 $x_{\min}$，111…111 对应于 $x_{\max}$，000…001 对应于 $x_{\min}+d$。故有

$$d=\frac{x_{\max}-x_{\min}}{2^l-1}$$

二进制编码简单易行，便于进行遗传操作。

2. 实数编码

对于一些精度要求高的多元连续函数优化问题,二进制编码不够直观,而且基因序列太长而导致遗传算法训练的解空间过大。这时可使用实数编码。实数编码中,个体的每个基因都是一个自变量,并用某一范围内的一个实数来表示,编码长度取决于自变量的个数。

例如,若某一个优化问题含有三个自变量 x_i,$i=1,2,3$,每个自变量都有其对应的上下限$[x_{i\min}, x_{i\max}]$,则某个个体可以表示为 x=＜3.40,6.25,7.43＞。

在实数编码方式中,必须保证基因值在给定的区间限制范围内,遗传算法中所使用的交叉、变异等遗传算子也必须使其运算结果所产生新个体的基因值在这个区间限制范围内。交叉操作时,交叉位置必须选在两个基因的分界处,而不能选在某个基因的中间位置。

实数编码适合于搜索空间大、精度要求高的情况。

3. 十进制编码

十进制编码是字符编码中的一种,它将待处理的参数数值逐位数字地转化为一定长度的数字字符并形成基因序列。其遗传操作可以完全类似于遗传算法对二进制字符串的处理。例如,对前例,当每个参数取值范围均包含在区间[0,10),且按两位小数位的精度编码时,该个体可表示为 x=＜340,625,743＞。同实数编码方法一样,十进制编码也必须保证基因值在给定的区间限制范围内,遗传算法中所使用的交叉、变异等遗传算子必须使其运算结果所产生新个体的基因值也在这个区间限制范围内。为方便算子设计起见,可以对各自变量进行预处理,将各自变量的取值范围映射为[0,999]。前例中,若第一个参数的取值范围为[0,4.50],则可以将该参数值乘上系数 222,将区间扩大为[0,999]。这样,各基因值的取值范围都是{0,…,9}。遗传操作生成的新个体再除以 222 就可得真实值。

无论哪种编码,其个体基因序列的长度都很关键。

(1) 长度越长则精确度越高,并且编码解码运算时间越长。

(2) 长度越短则精确度越低,不能保证搜索到全局最优解。

(3) 长度主要由变量取值范围和精度决定。

10.4.2 种群规模

一定数量的个体组成了种群,种群中个体的数目称为种群规模。由于算法的种群性操作需要,所以在执行遗传操作之前,必须已经有了一个若干初始解组成的初始种群。在实际工程问题中,往往并不具有关于问题空间的先验知识,所以很难确定最优解的数量及其在可行解空间中的情况。所以最好在问题的解空间均匀布点,随机生成一定数目的初始种群。种群规模是遗传算法的控制参数之一,它的选取对遗传算法的效能有影响。一般的种群规模在几十到几百之间取值,问题的复杂程度不同时取值也不同。问题越难,种群规模应适当扩大一些;对于已有信息,尽量减少种群规模,一般取值范围为几十到几百。

初始种群的设定可采取以下策略。

(1) 估计最优解在整个问题空间的分布范围,然后在此分布范围内均匀设置初始种群。

(2) 先随机生成一定数目的个体,然后从中选出最好的个体加入种群中,重复这一过程,直到达到种群规模。

群体规模是影响遗传算法寻优效率的重要参数之一。群体规模过小会限制群体的多样性,导致搜索过程过早收敛;规模过大,计算量增加,也会削弱算法的效率。许多文献都建议在实际应用中,群体个数取值在几十到几百之间。初始群体的个体通常都是随机产生的。

10.4.3　适应度函数

遗传算法将问题空间表示为基因序列空间,为了执行适者生存的原则必须对个体的适应性进行评价。因此,适应度函数就体现了个体的生存环境。根据个体的适应度,也就是适应度函数计算的结果,就可以判断它在此环境下的生存能力。一般来说,较好的个体基因结构具有较高的适应函数值,即可以获得较高的评价,体现了较强的生存能力,这对于之后的个体遗传操作很重要。由于适应度函数是种群中个体生存机会选择的唯一确定性指标,所以适应度函数的形式直接决定着种群的遗传行为。根据实际问题的含义,适应度函数可以是生产利润、市场占有率、商品流通量、网络流量或机器可靠性等。

为了能够直接将适应度函数与种群中的个体优劣度量相联系,在遗传算法中的适应度函数规定为非负,并且在任何情况下总是希望越大越好。一般而言,适应度函数是通过对目标函数的转换而形成的。

适应度函数的设计一般主要满足以下条件。

(1) 连续、非负。

(2) 适应度函数设计应尽可能简单。

(3) 适应度函数对某一类具体问题,应尽可能通用。

当然,对于特殊设计的遗传算法,可以不必完全遵守上述规则。

10.4.4　遗传算子

标准的遗传算子一般都包括选择、交叉和变异三种。它们构成了遗传算法的核心,使得算法具有强大的搜索能力。

1. 选择算子

选择操作就是用来确定如何从父代种群中按照某种方法选取哪些个体遗传到下一代种群的遗传运算。它是根据个体适应度函数值的大小正比于其被放入候选的概率的过程。在备选集中按照一定的选择概率进行操作,这个概率取决于种群中个体的适应度及其分布。其主要作用是避免了基因缺失,提高全局收敛性和计算效率。选择算子可看作是种群空间到父体空间的随机映射,它按照某种准则或概率分布从当前种群中以高的概率选取那些好的个体组成不同的父体以供生成新的个体。

目前常用的选择算子有适应度比例选择、轮盘式选择和竞争式选择等形式。

(1) 适应度比例选择。适应度比例选择中,适应度高的个体被大量复制,反之淘汰。

在该方法中,个体的选择概率和其适应度成正比。设种群大小为 n,其中个体 i 的适应度为 $\mathrm{fit}(x_i)$,则 i 被选择的概率是

$$p_s(x_i)=\frac{\mathrm{fit}(x_i)}{\sum \mathrm{fit}(x_i)}$$

(2) 轮盘式选择。轮盘式选择根据适应度大小分配轮盘面积,面积表示挑选到交配池

中的概率。如表 10.5 所示,表示了 4 个个体的适应度、选择概率和累积概率。为了选择交配个体,需要进行多轮选择。每一轮产生一个[0,1]均匀分布的随机数,将该随机数作为选择指针来确定被选个体。如图 10.3 所示,第一轮随机数为 0.79,则个体 17 被选中;第二轮随机数为 0.60,则个体 24 被选中。

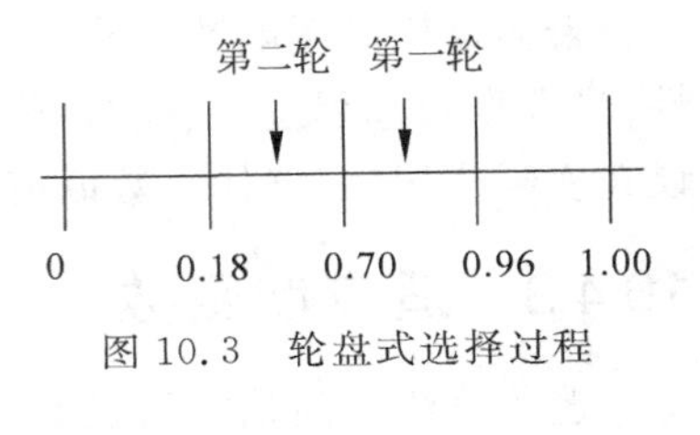

图 10.3 轮盘式选择过程

表 10.5 适应度计算

个 体	适 应 度	选 择 概 率	累 计 概 率
14	196	0.18	0.18
24	576	0.52	0.70
17	289	0.26	0.96
7	49	0.04	1

(3) 竞争式选择。竞争式选择在每一代的进化过程中首先随机地选取两个以上个体,具有最大适应度者送入交配池。重复地选取,一直到交配池中的个体个数与种群规模相同为止。同样的,适应度函数值越高的个体越容易被选中。

2. 交叉算子

交叉操作是遗传算法中最主要的遗传操作。它是模仿自然界有性繁殖的基因重组过程,对两个父代个体进行基因操作,其作用在于把原有优良基因遗传到下一代种群中,并生成包含更复杂基因结构的新个体。交叉算子可看作是父体空间到个体空间的随机映射,它通常的作用方式是:随机地确定一个或多个分量位置为交叉点,由此将一对父体的两个个体分为有限个片断,再以概率 P_c(称为交叉概率)交换相应片断得到新的个体。

根据交叉点个数的多少,交叉算子可分为单点交叉、两点交叉、多点交叉和均匀交叉等形式。其中均匀交叉是对两个父代个体的每一个基因位上的基因进行等概率交换而生成两个子代,它可看作是多点交叉的极限形式。各种交叉形式如图 10.4 所示。

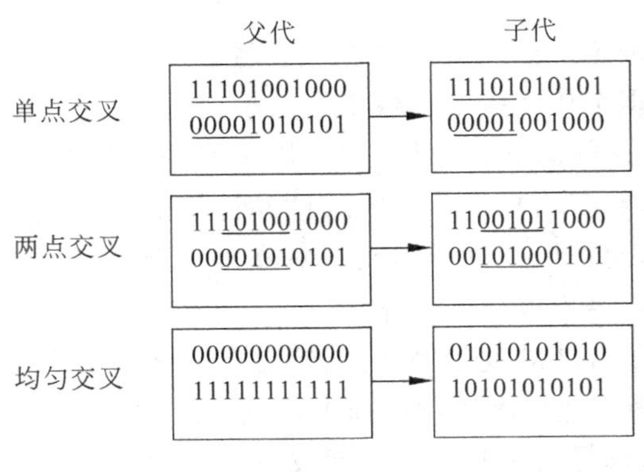

图 10.4 交叉算子

交叉概率 P_c 的设置对于搜索过程很重要。

(1) 交叉概率太高,则优良物种被取走的速度越快,产生新物种的速度也越快。

(2) 交叉概率太低,则搜索过程会停滞不前。

(3) 交叉前已经过复制和选择，故较一般随机搜索算法要好。

3. 变异算子

完全依靠选择和交叉操作可能导致无法创造出具有新特性的个体，如图 10.5 所示。

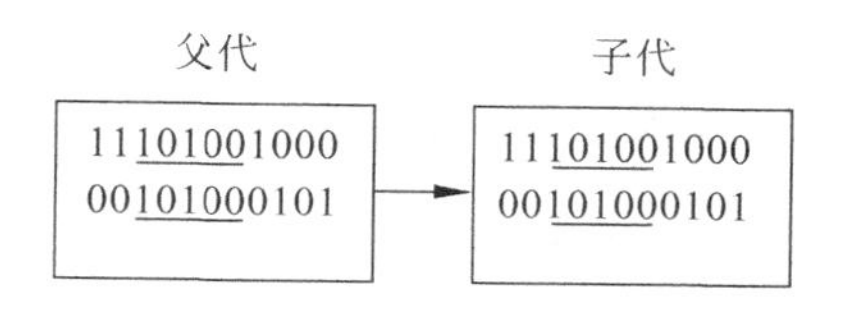

图 10.5　交叉导致没有创新

为了解决上述问题，希望通过突变的方式使新个体跳脱局域解范围，产生全局最优解。变异操作是将个体基因序列中的某些基因位上的基因值用该基因位的其他等位基因来替换，从而形成一个新个体。在遗传算法中，变异算子通常通过按变异概率 p_m 随机对个体中的基因进行突变来实现。为了保证个体变异后不会与父辈产生太大差异，变异概率一般取值较小，以保证种群发展的稳定性，否则等同于随机搜索。

变异算子可看作是个体空间到个体空间的随机映射，常见的变异算子包括位点变异、插入变异、对换变异、边界变异、非均匀变异和高斯变异等形式。变异操作需注意如下问题。

(1) 交叉与变异概率控制算法收敛速度。

(2) 初始概率可以定为较大的值，以便在全局范围内搜索，然后依进化代数递减，锁定最优解。

(3) 适当时刻可以加入人为干扰以刺激产生新物种。

10.4.5　终止条件

关于遗传算法的迭代过程如何终止，一般采用设定最大代数的方法。首先，该方法简单易行，但需要多次调试才能找到合适的代数，所以不准确。其次，可以根据种群的收敛程度来判定，通过计算种群中基因多样性程度，即所有基因位的相似程度来进行控制；或者根据算法的最优解连续多少代没有新的改进来确定，也就是所有个体趋近相同时可以结束进化。有时也可以根据种群的平均适应度超过预先设定的阈值决定进化结束。

10.5　相关研究与应用

遗传算法提供了一种求解复杂系统优化问题的通用框架，它不依赖于问题的具体领域，对问题的种类有很强的鲁棒性，所以应用于很多学科。

1. 函数优化问题

函数优化是遗传算法的经典应用领域，也是对遗传算法进行性能评估的常用做法。很多人构造出了各种各样的复杂形式的测试函数，有连续函数也有离散函数，有凸函数也有凹函数，有低维函数也有高维函数，有确定函数也有随机函数，有单峰值函数也有多峰值函数等。而对一些非线性、多模型、多目标的函数优化问题，用其他优化方法较难求解，而遗传算法可以求得较好的结果。

2. 组合优化问题

随着问题规模的扩大，组合优化问题的搜索空间也急剧扩大，这种情况下用枚举法很难或者甚至不可能得到其精确最优解。对于这类复杂问题,遗传算法则是寻求满意解的最佳工具之一。实践证明,遗传算法对于组合优化中的 NP 问题非常有效。例如,遗传算法已经在求解旅行商问题、背包问题、装箱问题和图形划分问题等方面得到成功的应用。

3. 生产调度问题

生产调度问题在许多情况下所建立起来的数学模型难以精确求解,即使经过一些简化之后可以进行求解,也会因简化太多而使求解结果与实际相差甚远。目前遗传算法已成为解决复杂调度问题的有效工具,在单件生产车间调度、流水线生产车间调度、生产规划和任务分配等方面,遗传算法都得到了有效的应用。

4. 自动控制

在自动控制领域中有许多与优化相关的问题需要求解,遗传算法已经得到应用并显示了良好的效果。例如,用遗传算法进行航空控制系统的优化、模糊控制器优化设计,参数辨识,利用遗传算法进行人工神经网络的结构优化设计和权值学习,都显示出了遗传算法在这些领域中应用的可能性。

5. 图像处理

图像处理和模式识别是计算机视觉中的一个重要研究领域。在图像处理过程中,如扫描、特征提取和图像分割等不可避免地产生一些误差,这些误差会影响到图像处理和识别的效果。如何使这些误差最小是使计算机视觉达到实用化的重要要求。遗传算法在图像处理中的优化计算方面是完全胜任的。目前遗传算法已在图像恢复、图像边缘特征提取及几何形状识别等方面得到了应用。

6. 人工生命

人工生命是用计算机等人工媒体模拟或构造出具有自然生物系统特有行为的人造系统。自组织能力和自学习能力是人工生命的两大主要特征。人工生命与遗传算法有着密切的关系,给予遗传算法的进化模型是研究人工生命现象的重要理论基础。虽然人工生命的研究尚处于启蒙阶段,但遗传算法已在进化模型、学习模型和行为模型等方面显示了初步的应用能力。可以预见,遗传算法在人工生命及复杂自适应系统的模拟与设计研究中,将得到更为深入的发展。

7. 遗传编程

Koza 发展了遗传程序设计的概念,他使用了以 LISP 语言所表示的编码方法,基于对一种树形结构所进行的遗传操作自动生成计算机程序。虽然遗传程序设计的理论尚未成熟,应用也有一些限制,但它已在一些人工智能和机器学习方面取得成功的应用。

8. 机器学习

学习能力是高级自适应系统所应具备的能力之一。基于遗传算法的机器学习,特别是分类器系统，在许多领域得到了应用。例如，遗传算法被用于模糊控制规则的学习，利用遗传算法学习隶属度函数，从而更好地改进了模糊系统的性能。基于遗传算法的机器学习可用于调整人工神经网络的连接权，也可用于神经网络结构的优化设计。分类器系统在多机器人路径规划系统中得到了成功的应用。

10.6　小结

遗传算法是模拟达尔文的遗传选择和自然淘汰生物进化过程的计算模型，是一种通过模拟自然进化过程搜索最优解的方法。J. Holland 教授所提出的 GA 通常为简单遗传算法。

遗传算法的设计主要有 5 大要素：编码方式、种群规模的设定、适应度函数的设计、遗传算子的设计和终止条件的设定。

遗传算法是从代表问题可能潜在的解集的一个种群开始的，而一个种群则由经过基因编码的一定数目的个体组成。在一开始需要实现从解空间到基因序列的映射，即编码工作。初代种群产生之后，按照适者生存和优胜劣汰的原理，逐代演化产生出越来越好的近似解。在每一代，根据问题域中个体的适应度大小选择个体，并借助于自然遗传学的遗传算子进行组合交叉和变异，产生出代表新解集的种群。这个过程将导致种群像自然进化一样的后生代种群比前代更加适应于环境，末代种群中的最优个体经过解码，可以作为问题的近似最优解。

10.7　习题

1. 待优化的目标函数如下：

$$f(x) = x^3 + 1 \quad x \in [0,9]$$

求该函数的最大值，即需要先求得在[0,9]区间内的哪个 x 值可以使 y 值最大。则采用二进制编码时，需使用________位编码。

2. 以下两个个体单点交叉后的结果是：________和________。

1000101101

0101010101

3. 以下两个个体单点交叉后的结果是：________和________。

100 0101101

010 1010101

4. 以下两个个体均匀交叉后的结果是：________和________。

1000101101

0101010101

5. 遗传算法的主要应用有哪些？

6. 简单遗传算法包括哪些步骤？

7. 遗传算法在设计时涉及哪些参数？每种参数的作用是什么？

8. 遗传算法可能遇到怎样的问题？

9. 如果采用轮盘赌选择法，填写表 10.6 中个体 1～4 的选择概率。

表 10.6　习题 9 所用表格

个　体	适　应　度	选择概率	累计概率
1	328		
2	446		
3	529		
4	943		

CHAPTER 11

第11章 统计分析

统计学提供了大量的数据分析方法。例如,可以通过计算属性取值的均值、方差,作出数据分布的直方图来了解数据的分布状况;可以根据样本统计量对总体参数作出推断;可以通过建立各类统计分析模型进行统计预测;可以通过多元统计方法对多元数据进行探索分析等。可以说,统计分析方法在数据挖掘技术中的作用是不容忽视的。在实际应用中,利用专门的统计分析软件对数据进行处理会更加方便一些,例如统计分析软件 SPSS、SAS 等。由 SPSS、SAS 等公司开发的数据挖掘软件 Clementine、Enterprise Miner 也都包含了传统的统计分析方法模块。数据库开发平台 SQL Sever 提供了统计分析方法中的线性回归模型、逻辑回归模型和时间序列模型,但使用的算法不同于传统的统计软件。

11.1 线性回归模型

先来看一个例子。一家企业发现最近几个月的销售量不够理想,希望采取一些措施来促进产品的销售。可以采取的措施包括增加广告支出、调整产品的价格等。企业希望知道企业的销售量与广告支出、销售价格之间的定量关系才能进行预测和决策:广告支出增加 1 万元,销售量会有什么样的变化?单位价格降低 100 元,销售量会怎样变化?广告支出和销售价格等于特定数值时,销售量等于多少?确定以上定量关系的过程称为回归分析。在回归分析中,属性(例如销售量)称为因变量;影响因变量变动的属性(例如广告支出、销售价格)称为自变量;表示因变量和自变量之间定量关系的函数称为回归模型。回归分析的主要任务就是对回归模型中的参数进行估计,以分析因变量与自变量之间的定量关系,并用来对因变量进行预测。

当回归模型中只包含一个自变量时,称为一元回归模型;当回归模型中包含两个或两个以上的自变量时,称为多元回归模型。此外,当回归模型中的自变量只以一次方的形式出现时,称为线性回归模型;否则称为非线性回归模型。由于一元回归模型是多元回归模型的特例,并且大部分非线性回归模型都可以通过适当的数学变换转化为线性回归模型,所以本节主要研究多元线性回归模型。

11.1.1 线性回归模型的参数估计

假设给定的数据集为 $D=\{(x_{i1},x_{i2},\cdots,x_{ik};\ y_i)\mid i=1,2,\cdots,n\}$,其中,数据样本$(x_{i1},x_{i2},\cdots,x_{ik})$分别对应 k 个自变量(在数据挖掘中称为描述属性)$X_1,X_2,\cdots,X_k$ 的具体取值;$y_i(i=1,2,\cdots,n)$代表因变量 Y 的具体取值。在线性回归分析中,因变量和自变量的取值一般是连续的。

给定上述条件之后,可以得到多元线性回归模型,如式(11-1)所示。

$$Y=\beta_0+\beta_1X_1+\beta_2X_2+\cdots+\beta_kX_k+\mu \tag{11-1}$$

式(11-1)中,因变量 Y 与自变量 $X_1,X_2,\cdots,X_k$ 之间具有线性关系;$\beta_j(j=0,1,2,\cdots,k)$是未知参数,称为回归系数;$\mu$ 是随机误差项。

将自变量 $X_1,X_2,\cdots,X_k$ 的具体取值代入式(11-1)中,可以得到式(11-2)。

$$y_i=\beta_0+\beta_1x_{i1}+\beta_2x_{i2}+\cdots+\beta_kx_{ik}+\mu_i,\quad i=1,2,\cdots,n \tag{11-2}$$

在多元线性回归模型中,由于回归系数 $\beta_j(j=0,1,2,\cdots,k)$是未知的,需要对它们进行估计。假设回归系数的估计值为 $\hat{\beta}_j(j=0,1,2,\cdots,k)$,则多元线性回归模型(式(11-1))可以用式(11-3)所示的多元线性回归方程来表示。

$$\hat{Y}=\hat{\beta}_0+\hat{\beta}_1X_1+\hat{\beta}_2X_2+\cdots+\hat{\beta}_kX_k \tag{11-3}$$

将自变量 $X_1,X_2,\cdots,X_k$ 的具体取值代入式(11-3)中,可以得到式(11-4)。

$$\hat{y}_i=\hat{\beta}_0+\hat{\beta}_1x_{i1}+\hat{\beta}_2x_{i2}+\cdots+\hat{\beta}_kx_{ik},\quad i=1,2,\cdots,n \tag{11-4}$$

其中,$\hat{y}_i$ 是 y_i 的估计值。

线性回归分析就是根据因变量和自变量的已知数据对线性回归模型中的回归系数 $\beta_j(j=0,1,2,\cdots,k)$进行参数估计,求取回归系数的估计值 $\hat{\beta}_j(j=0,1,2,\cdots,k)$,进而利用线性回归方程进行预测和分析。

在参数估计时通常采用最小二乘法,它的主要思想是使因变量的真实值与估计值之间残差的平方和达到最小,由此来对模型中的回归系数进行估计。在线性回归分析中,需要在一系列假设条件的前提下使用最小二乘法,这些假设条件包括:μ_i 服从正态分布;μ_i 的期望值为0;μ_i、μ_j 不相关;μ_i 的方差是一个常数;X_i 和 μ_i 不相关;自变量之间不存在多重共线性(多元回归)等。

因变量的真实值与估计值之间残差的表达式如式(11-5)所示。

$$e_i=y_i-\hat{y}_i,\quad i=1,2,\cdots,n \tag{11-5}$$

如果要使式(11-3)表示的方程最接近式(11-1)所示的线性回归模型,由最小二乘法可知回归系数的估计值为 $\hat{\beta}_j(j=0,1,2,\cdots,k)$。应使因变量的全部真实值 y_i 与全部估计值 $\hat{y}_i$ 的残差 $e_i(i=1,2,\cdots,n)$的平方和最小,即使

$$\begin{aligned}Q(\hat{\beta}_0,\hat{\beta}_1,\hat{\beta}_2,\cdots,\hat{\beta}_k)&=\sum_{i=1}^{n}e_i^2=\sum_{i=1}^{n}(y_i-\hat{y}_i)^2\\&=\sum_{i=1}^{n}(y_i-\hat{\beta}_0-\hat{\beta}_1x_{i1}-\hat{\beta}_2x_{i2}-\cdots-\hat{\beta}_kx_{ik})^2\end{aligned}$$

取得最小值。根据多元函数的极值原理，Q 分别对 $\hat{\beta}_j(j=0,1,2,\cdots,k)$ 求一阶偏导数，并令其等于 0，即

$$\frac{\partial Q}{\partial \hat{\beta}_j}=0,\quad j=1,2,\cdots,k$$

由此，可以得到一个包含 k 个方程的方程组，如式(11-6)所示。

$$\begin{cases} n\hat{\beta}_0+\hat{\beta}_1\sum_{i=1}^{n}x_{i1}+\hat{\beta}_2\sum_{i=1}^{n}x_{i2}+\cdots+\hat{\beta}_k\sum_{i=1}^{n}x_{ik}=\sum_{i=1}^{k}y_i \\ \hat{\beta}_0\sum_{i=1}^{n}x_{i1}+\hat{\beta}_1\sum_{i=1}^{n}x_{i1}^2+\hat{\beta}_2\sum_{i=1}^{n}x_{i1}x_{i2}+\cdots+\hat{\beta}_k\sum_{i=1}^{n}x_{i1}x_{ik}=\sum_{i=1}^{n}x_{i1}y_i \\ \vdots \\ \hat{\beta}_0\sum_{i=1}^{n}x_{ik}+\hat{\beta}_1\sum_{i=1}^{n}x_{i1}x_{ik}+\hat{\beta}_2\sum_{i=1}^{n}x_{i2}x_{ik}+\cdots+\hat{\beta}_k\sum_{i=1}^{n}x_{ik}^2=\sum_{i=1}^{n}x_{ik}y_i \end{cases} \tag{11-6}$$

求解式(11-6)所示的方程组，得到回归系数的估计值为 $\hat{\beta}_j(j=0,1,2,\cdots,k)$，可以用式(11-7)的矩阵形式来表示。

$$\hat{\beta}=(\boldsymbol{X}^{\mathrm{T}}\boldsymbol{X})^{-1}\boldsymbol{X}^{\mathrm{T}}\boldsymbol{Y}^* \tag{11-7}$$

在式(11-7)中，$\hat{\beta}=(\hat{\beta}_0,\hat{\beta}_1,\hat{\beta}_2,\cdots,\hat{\beta}_k)^T$ 是包含 $k+1$ 个元素的列向量，其中的各个元素是回归系数 $\beta_j(j=0,1,2,\cdots,k)$ 的估计值；$\boldsymbol{Y}^*=(y_1,y_2,\cdots,y_n)^{\mathrm{T}}$ 是包含 n 个元素的列向量，其中的各个元素是因变量 Y 的具体取值；$\boldsymbol{X}$ 是 n 行，$k+1$ 列的矩阵，它的具体形式为

$$\boldsymbol{X}=\begin{bmatrix} 1 & x_{11} & x_{12} & \cdots & x_{1k} \\ 1 & x_{21} & x_{22} & \cdots & x_{2k} \\ \vdots & \vdots & \vdots & \ddots & \vdots \\ 1 & x_{n1} & x_{n2} & \cdots & x_{nk} \end{bmatrix}$$

在矩阵 $\boldsymbol{X}$ 中，除了第一列的元素都为 1 之外，其余的元素都是因变量 $X_1,X_2,\cdots,X_k$ 的具体取值。

得出回归系数的估计值之后，就可以利用回归方程进行分析和预测了。对于 $\boldsymbol{Y}$ 值未知的数据样本，把自变量的具体取值代入线性回归方程就可以得到 $\boldsymbol{Y}$ 的预测值。

但是，根据线性回归方程进行分析和预测之前，必须先对线性回归方程的拟合效果和显著性进行分析和检验。只有拟合程度较高，通过了显著性检验的方程才具有应用价值。

11.1.2　线性回归方程的判定系数

在线性回归分析中，根据 11.1.1 节中介绍的步骤得到回归系数的估计值之后，根据式(11-4)可以计算出因变量 Y 的各个真实值的估计值。因变量的真实值与估计值之间的接近程度通常用判定系数(R^2)来进行度量。判定系数的定义如式(11-8)所示。

$$R^2=\frac{\mathrm{RSS}}{\mathrm{TSS}}=1-\frac{\mathrm{ESS}}{\mathrm{TSS}} \tag{11-8}$$

其中，TSS 称为总离差平方和，RSS 称为回归平方和，ESS 称为残差平方和，它们的表达式分别为式(11-9)、式(11-10)和式(11-11)。此外，在线性回归分析中，如果使用 OLS 估计，并且方程中包含自变量，可以证明 TSS=RSS+ESS。

$$TSS = \sum_{i=1}^{n}(y_i - \bar{y})^2 \tag{11-9}$$

$$RSS = \sum_{i=1}^{n}(\hat{y}_i - \bar{y})^2 \tag{11-10}$$

$$ESS = \sum_{i=1}^{n}(y_i - \hat{y}_i)^2 \tag{11-11}$$

式(11-9)和式(11-10)中的$\bar{y}$是因变量 Y 的各个真实取值的平均值,它的表达式如式(11-12)所示。

$$\bar{y} = \frac{1}{n}\sum_{i=1}^{n} y_i \tag{11-12}$$

从式(11-8)可以看出,判定系数 R^2 的取值范围是[0,1]。R^2 越接近于 1,表明回归平方和 RSS 占总离差平方和 TSS 的比例越大,则线性回归方程的拟合程度就越好;反之,R^2 越接近于 0,回归方程的拟合程度就越差。

在线性回归方程(式(11-3))中,自变量的个数对判定系数 R^2 的大小有直接影响。为了消除这种影响,更加客观地比较线性回归方程的拟合效果,在多元线性回归分析中通常用样本的个数 n 和自变量的个数 k 对判定系数 R^2 进行修正,从而得到修正的判定系数 R_a^2,如式(11-13)所示。

$$R_a^2 = 1 - (1 - R^2) \times \frac{n-1}{n-k-1} \tag{11-13}$$

由于 R_a^2 同时考虑了样本的个数 n 和自变量的个数 k 的影响,使得 R_a^2 总是小于 R^2,而且 R_a^2 不会由于自变量个数的增加而越来越接近 1。因此,在多元线性回归分析中通常用修正的判定系数 R_a^2 来度量因变量的真实值与估计值之间的接近程度。

11.1.3 线性回归方程的检验

在实际应用中,出于成本、时间等方面的考虑,我们只能利用总体中的一部分进行统计分析(如 11.1.1 节中的数据集 D 只是总体中的一部分)。例如,如果想了解某种产品的平均使用寿命,不可能对所有的产品样本都进行测量,只能对其中的一部分样本进行抽样测量。那么,根据部分数据样本进行统计分析时得到的计算结果能否代表总体的真实情况?这需要通过假设检验的方法加以判断。

在线性回归分析中,得到回归系数的估计值之后,还要对总体中的回归系数的显著性进行检验。显著性检验包括两方面的内容:一方面是对各个回归系数的显著性检验;另一方面是对线性回归方程的显著性检验。前者通常采用 t 检验,后者通常采用 F 检验。

1. 回归系数的 t 检验

回归系数的 t 检验中,原假设通常为 $\beta_j = 0(j=0,1,2,\cdots,k)$,检验的 t 统计量的表达式如式(11-14)所示,式中的分母是 β_j 的标准误差。标准误差的计算公式比较复杂,但在统计软件中都可以直接给出计算结果。

$$t_j = \frac{\hat{\beta}_j}{s_{\hat{\beta}_j}}, \quad j = 1,2,\cdots,k \tag{11-14}$$

在原假设条件成立时，t_j 服从自由度为 $n-p-1$ 的 t 分布。对于每一个回归系数 $\beta_j(j=0,1,2,\cdots,k)$，根据 t 统计量 $t_j(j=0,1,2,\cdots,k)$ 可以计算出相应的概率值（p 值）。如果这个 p 值小于预先设定的显著性水平（通常取值为 5%），就可以拒绝原假设，说明不能认为总体中 $\beta_j=0$，也就是说自变量 X_j 在模型中的作用是显著的。当 p 值大于预先设定的显著性水平时，不能拒绝原假设。通常情况下我们希望拒绝原假设，因而也就希望得到较小的 p 值。

2. 线性回归方程的 F 检验

线性回归方程的 F 检验是用来检验因变量 Y 与 k 个自变量 $X_1,X_2,\cdots,X_k$ 之间的关系是否显著，也称为总体显著性检验。F 检验的原假设为 $\beta_1=\beta_2=\cdots=\beta_k=0$，检验的 F 统计量的表达式如式(11-15)所示。

$$F=\frac{RSS/k}{ESS/(n-k-1)} \tag{11-15}$$

在原假设条件成立时，F 统计量服从数学中的 $F(k,n-k-1)$ 分布。根据 F 统计量的值可以计算出相应的 p 值，p 值小于预先设定的显著性水平时拒绝原假设，否则不能拒绝原假设。显然，在 F 检验中我们是希望拒绝原假设的。

在 t 检验和 F 检验中如果不能拒绝某个原假设时，通常需要对线性回归模型进行修改，之后重新进行回归系数的估计。

11.1.4　统计软件中的线性回归分析

统计软件中的线性回归分析按照 11.1.1 节中的方法得出回归方程以及相关的统计结果。例如，某公司的总经理比较关心公司员工的缺勤情况。为此，公司的人事经理着手对这一问题进行研究。有文章指出员工的年龄可能会影响员工的出勤情况。因此，人事经理收集了 15 个人的年龄和在过去一年中缺勤天数的资料来研究这一问题，收集到的数据如表 11.1 所示。

表 11.1　缺勤天数和年龄的数据

编　号	缺勤天数	年　龄	编　号	缺勤天数	年　龄
1	3	25	9	9	56
2	4	36	10	12	60
3	7	41	11	8	51
4	4	27	12	5	33
5	3	35	13	6	37
6	3	31	14	2	31
7	5	35	15	2	29
8	7	41			

可以看出，缺勤天数是因变量 Y，年龄是自变量 X，它们可以构造如下的线性回归模型：

$$缺勤天数=\beta_0+\beta_1 * 年龄+\mu$$

许多统计软件都可以进行线性回归分析，本节使用统计软件 SPSS。在 SPSS 中输入表 11.1 的数据，选择 Analyze 菜单的 Regression 命令，选择 linear，经过一系列设定后可以得到线性回归的结果。

根据 SPSS 的计算结果,方程 R^2(R Square)=0.859 的值比较接近于 1,说明方程的拟合效果较好。方差分析表中 F 检验的 p 值(Sig.)为 0.0000,在 5%的显著性水平下可以拒绝原假设,也就是说方程整体上是显著的。

表 11.2 是回归系数的估计值($\hat{\beta}_0=-4.2769$,$\hat{\beta}_1=0.2538$)和 t 检验的结果。从表中可以看出,自变量 X(年龄)的 t 检验中 p 值小于 5%,在 5%的显著性水平下可以拒绝原假设,说明自变量在模型中是显著的。

表 11.2 回归分析的回归系数和 t 检验

	系数	标准误差	p 值
常数项	−4.2769	1.1164	0.0021
X	0.2538	0.0285	0.0000

根据回归系数的估计值,得到的线性回归方程为

$$\widehat{\text{缺勤天数}}=-4.2769+0.2538*\text{年龄}$$

根据以上回归方程,年龄每增加 1 岁,平均缺勤天数增加 0.2538 天。如果需要根据 X 的值预测 Y 的值,只需要把 X 的值代入方程进行计算即可。例如,如果一名职工年龄为 40 岁,可以计算出他的缺勤天数为 5.88 天。

11.1.5 SQL Server 2005 中的线性回归应用

本节讲述如何使用 SQL Server 2005 中的线性回归对数据进行分析,使用的数据集是 SQL Server 2005 的 Adventure Works DW 数据库中的 vTimeSeries 数据集。

11.1.1 节给出的线性回归模型的参数估计方法(最小二乘法)是统计分析中普遍采用的方法。而 SQL Server 2005 中的 Microsoft 线性回归使用的算法是 Microsoft 决策树算法的特例,不是最小二乘法。下面给出 SQL Server 2005 中的线性回归的操作步骤。

(1) 创建 Analysis Services 项目。

(2) 创建数据源。

上述两个步骤与 4.4.2 节中的步骤(1)和(2)相同,这里不再赘述。

(3) 创建数据源视图。

在解决方案资源管理器中,右击“数据源视图”,从弹出的快捷菜单中选择“新建数据源视图”命令,系统将打开数据源视图向导。在“欢迎使用数据源视图向导”页上,单击“下一步”按钮。在“选择数据源”页中再次单击“下一步”按钮。在“选择表和视图”页上,选择 dbo.vTimeSeries 视图,然后单击右箭头按钮,将它包括在新数据源视图中,如图 11.1 所示。

在图 11.1 中,单击“下一步”按钮,在随后出现的“完成向导”页上,默认情况下系统将数据源视图命名为 Adventure Works DW,单击“完成”按钮,数据源视图创建成功。

(4) 创建“线性回归”挖掘结构。

在解决方案资源管理器中,右击“挖掘结构”,从弹出的快捷菜单中选择“新建挖掘结构”

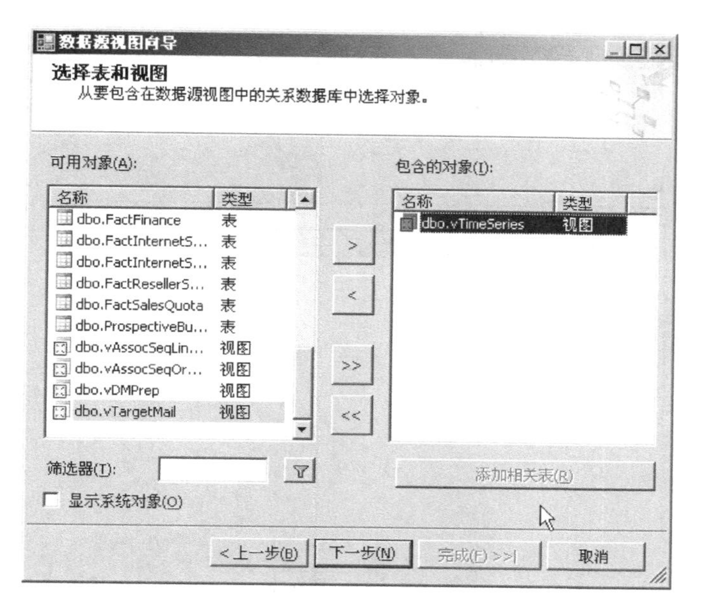

图 11.1　创建数据源视图

命令，系统将打开数据挖掘向导。在“欢迎使用数据挖掘向导”页上，单击“下一步”按钮。在“选择定义方法”页上，确认已选中“从现有关系数据库或数据仓库”，再单击“下一步”按钮。在“选择数据挖掘技术”页的“您要使用何种数据挖掘技术?”下拉列表中选择“Microsoft 线性回归”选项，如图 11.2 所示。

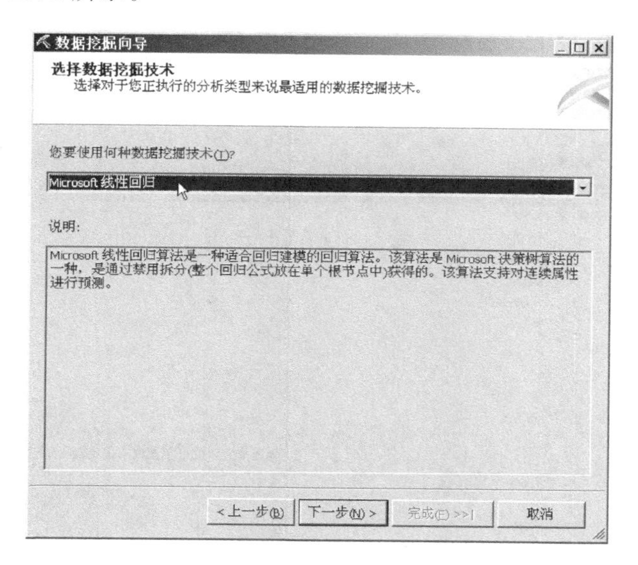

图 11.2　选择 Microsoft 线性回归作为挖掘技术

在图 11.2 中，单击“下一步”按钮，在随后出现的“选择数据源视图”页上，请注意已默认选中 Adventure Works DW。单击“选择数据源视图”页上的“下一步”按钮，在“指定表类型”页上，选中 vTimeSeries 表右边“事例”列中的复选框，如图 11.3 所示。

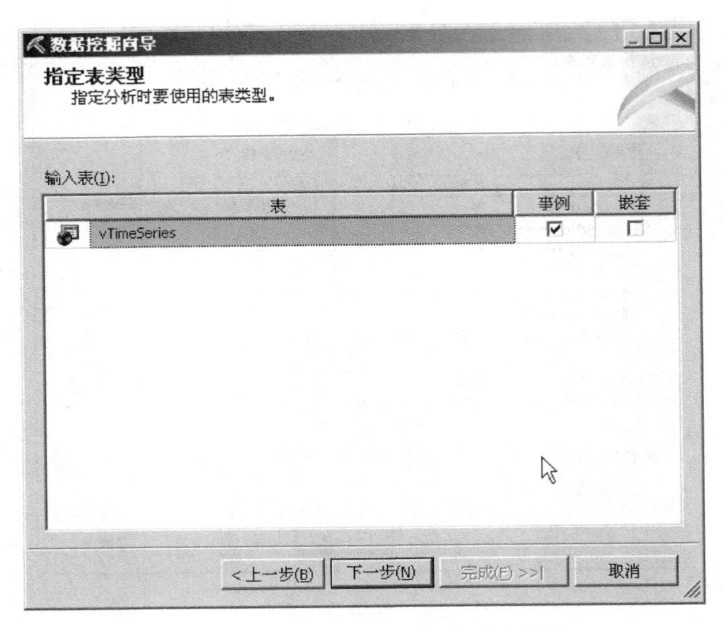

图 11.3 选择 vTimeSeries 作为事例表

在图 11.3 中,单击“下一步”按钮,出现“指定定型数据”页,如图 11.4 所示。在图 11.4 中,依次选中 TimeIndex 列右边“键”列中的复选框,Amount 和 Quantity 列右边的“输入”复选框,Quantity 列右边的“可预测”复选框。

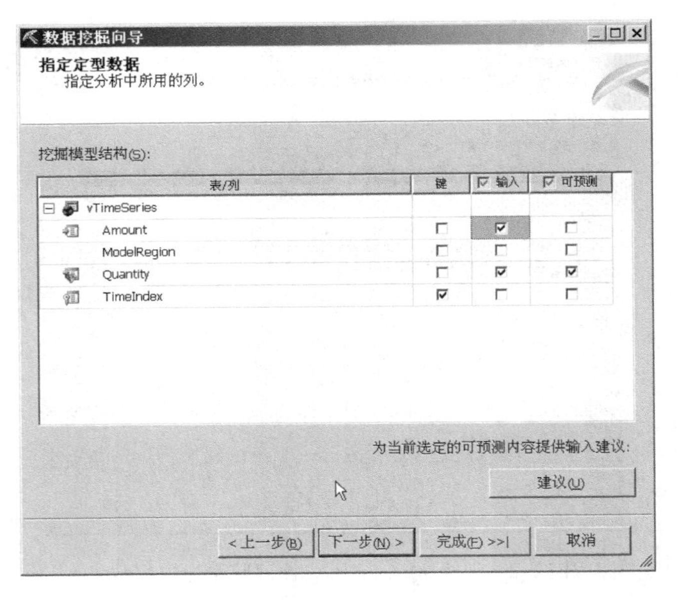

图 11.4 指定线性回归分析中所用的列

在图 11.4 中单击“下一步”按钮,在“指定列的内容和数据类型”页上,单击“下一步”按钮,出现“完成向导”页,如图 11.5 所示。

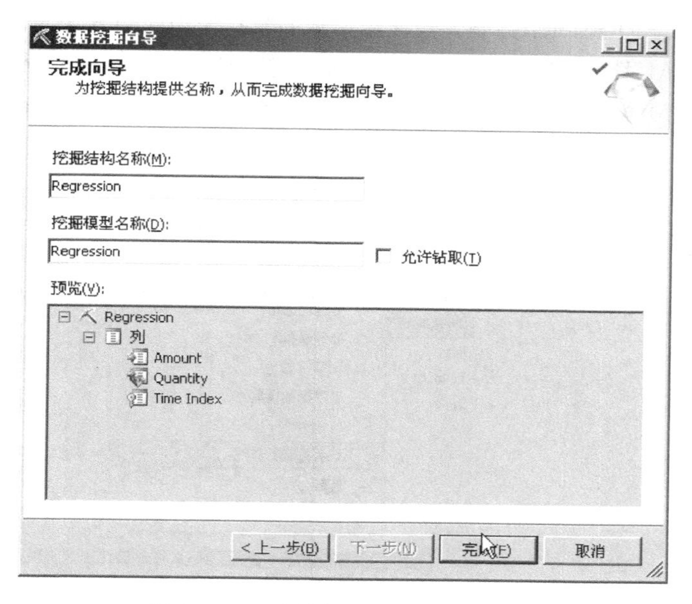

图 11.5 完成线性回归挖掘结构向导

在图 11.5 中的“挖掘结构名称”文本框中输入 Regression，在“挖掘模型名称”文本框中输入 Regression，之后单击“完成”按钮，至此线性回归挖掘结构创建完成，系统将打开挖掘结构设计器，显示 Adventure Works DW 挖掘结构视图，如图 11.6 所示。

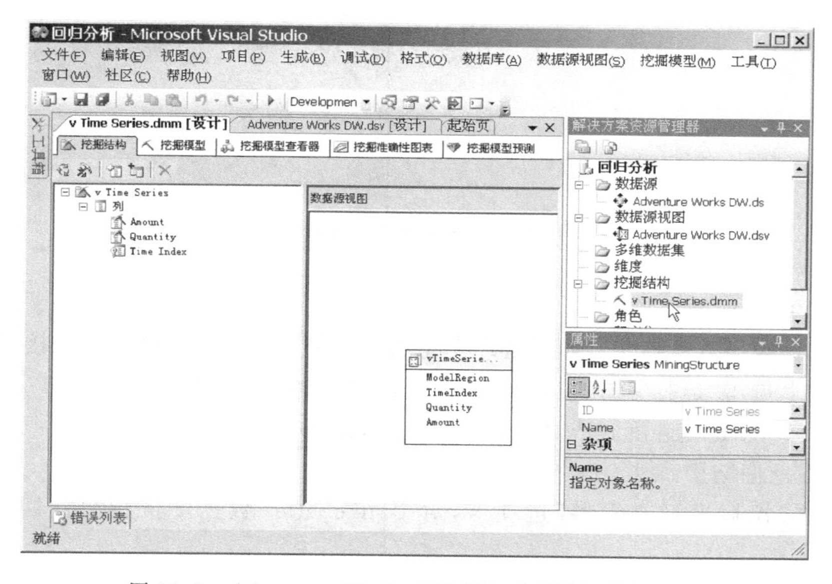

图 11.6 Adventure Works DW 回归分析挖掘结构视图

(5) 设置线性回归挖掘结构的相关参数。

在“挖掘模型”选项卡上右击，从弹出的快捷菜单中选择“设置算法参数”命令，系统将打开“算法参数”对话框，如图 11.7 所示。在“值”列中，为要更改的算法设置新值，如果未在“值”列中输入值，Analysis Services 将使用默认参数值。线性回归挖掘结构包括如下参数。

- FORCE_REGRESSOR：强制算法使用指定的数据作为回归方程的输入变量(自变量)。
- MAXIMUM_INPUT_ATTRIBUTES：指定算法可以处理的输入属性的最大数量。
- MAXIMUM_OUTPUT_ATTRIBUTES：指定算法可以处理的输出属性的最大数量。

图 11.7　设置回归分析算法参数

(6) 建立线性回归挖掘模型。

选择“挖掘模型查看器”选项卡，程序问是否建立部署项目，选择“是”，在接下来的“处理挖掘模型”页上单击“运行”按钮，出现“处理进度”页，如图 11.8 所示。

在图 11.8 中，处理进度完成之后，单击“关闭”按钮，建模完成。

(7) 查看挖掘结果。

再次选择“挖掘模型查看器”选项卡，对 vTimeSeries 数据集进行线性回归的结果如图 11.9 所示。

根据 Microsoft 线性回归分析的计算结果，最终得到的回归方程为

$$Quantity = 63.520 + 0.0003 * (Amount - 182770.113)$$

可以转化为

$$Quantity = 8.69 + 0.0003 * Amount$$

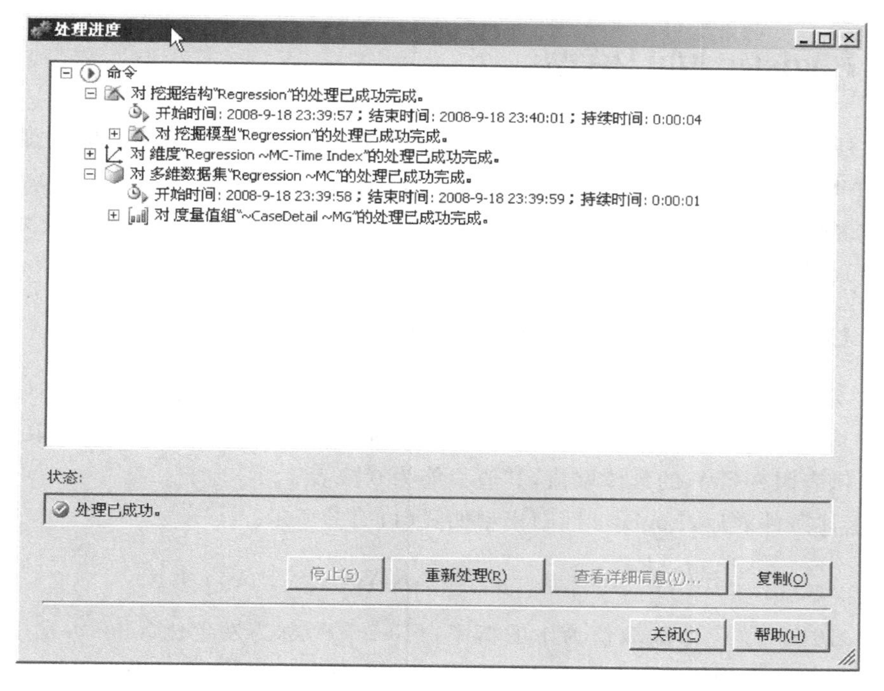

图 11.8　回归分析挖掘模型处理进度

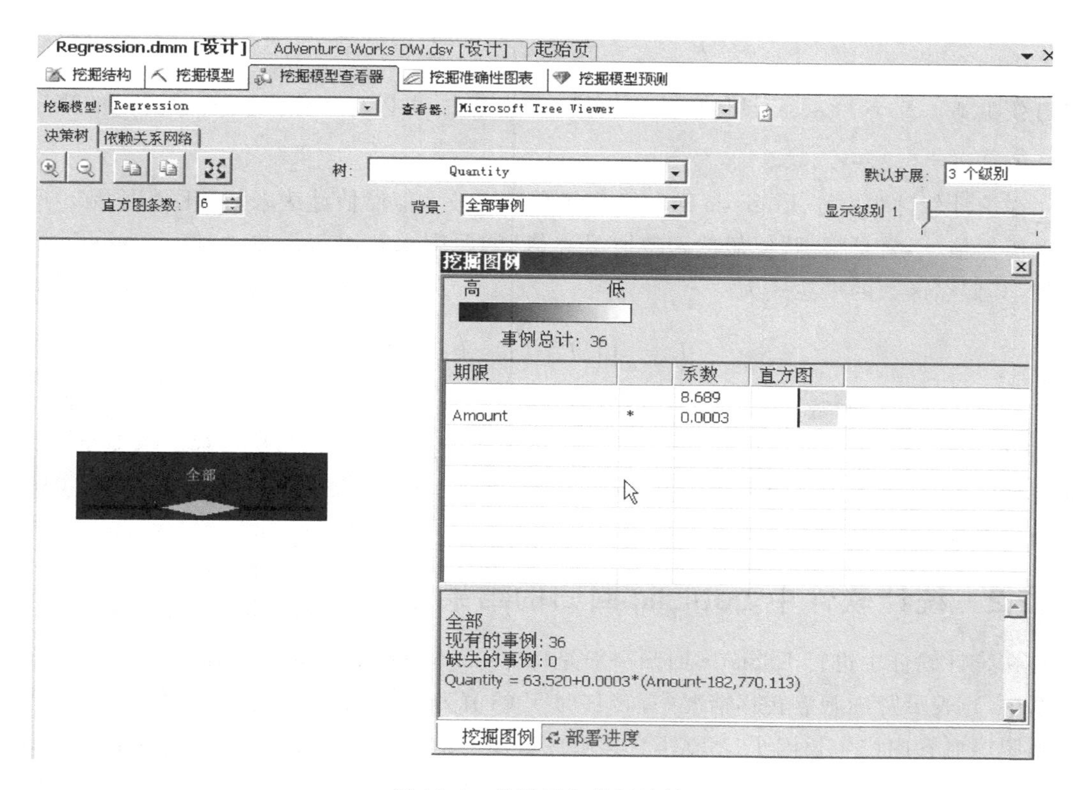

图 11.9　线性回归分析结果

11.2 Logistic 回归模型

线性回归模型的因变量是连续的,不太适合因变量 Y 为二分变量(例如,因变量 Y 的具体取值为 1 时表示购买了产品,因变量 Y 的具体取值为 0 时表示没有购买产品)的场合。在因变量为二分变量时一般采用 Logistic 回归模型(逻辑回归模型)的形式,用极大似然估计法(Maximum Likelihood Estimate)求解模型中的参数。

11.2.1 Logistic 回归模型的参数估计

假设给定的数据集为 $D=\{(x_{i1},x_{i2},\cdots,x_{ik};\ y_i)\mid i=1,2,\cdots,n\}$,其中数据样本$(x_{i1},x_{i2},\cdots,x_{ik})$分别对应 k 个自变量(在数据挖掘中称为描述属性)$X_1,X_2,\cdots,X_k$ 的具体取值;$y_i(i=1,2,\cdots,n)$代表因变量 Y 的具体取值,其值只能为 0 或者 1。

给定上述条件之后,Logistic 回归模型如式(11-16)所示。

$$\ln\left(\frac{P}{1-P}\right)=\beta_0+\beta_1X_1+\beta_2X_2+\cdots+\beta_kX_k+\mu \tag{11-16}$$

式(11-16)中的 P 为 Y 取值为 1 的概率,$P/(1-P)$称为发生比(odds),发生比的对数取值范围在$(-\infty,+\infty)$之间。根据 Logistic 回归模型的表达式可以推导出 Y 取值为 1 的概率的估计值,如式(11-17)所示。该表达式可以保证所估计的概率在 0～1 之间。

$$\hat{P}=\frac{e^{(\hat{\beta}_0+\hat{\beta}_1X_1+\hat{\beta}_2X_2+\cdots+\hat{\beta}_kX_k)}}{1+e^{(\hat{\beta}_0+\hat{\beta}_1X_1+\hat{\beta}_2X_2+\cdots+\hat{\beta}_kX_k)}} \tag{11-17}$$

将自变量 $X_1,X_2,\cdots,X_k$ 的具体取值代入式(11-17)中,可以得到各个 y_i 取值为 1 的概率的估计值$\hat{P}_i(i=1,2,\cdots,n)$。

在统计软件中对于 Logistic 回归模型通常采用极大似然估计法来估计回归系数。所谓极大似然估计,就是根据“使似然函数取最大值”的原则求解回归系数。对于 Logistic 回归模型,其似然函数的表达式为

$$L=\prod_{i=1}^{n}\hat{P}_i^{\,y_i}(1-\hat{P}_i)^{1-y_i} \tag{11-18}$$

对上式两边取对数,然后根据求极值的原理对未知参数求一阶偏导数,可以得到似然方程,再根据似然方程求解未知参数。在这里,根据似然函数得到的似然方程关于未知参数是非线性的,因而需要在计算机中通过迭代的方法进行求解,计算过程比较复杂,这些过程都能通过统计软件来完成。

11.2.2 统计软件中 Logistic 回归的结果分析

在统计软件中进行 Logistic 回归一般是按 11.2.1 节中的方法进行估计的。表 11.3 的数据中,Y 表示肾细胞癌转移情况(有转移时 Y 的值为 1;无转移时 Y 的值为 0);X_1 表示肾细胞癌血管内皮生长因子(VEGF),其阳性表述由低到高共 3 个等级;X_2 表示肾癌细胞核组织学分级,由低到高共 4 个等级。下面根据给定数据估计 Y 对 X_1 和 X_2 的 Logistic 回归方程。

表 11.3　Logistic 回归的数据集

Y	X_1	X_2	Y	X_1	X_2
0	2	2	0	1	2
0	1	1	1	3	3
0	2	2	0	1	2
1	3	4	1	3	3
1	3	3	0	1	2
0	1	2	0	1	2
0	1	1	1	3	4
0	1	3	1	2	4
0	1	1	0	2	2
0	3	2	1	3	3
0	3	4	0	2	2
1	2	4	0	1	4
0	1	1	1	3	4

许多统计软件都可以进行 Logistic 回归，本节使用统计软件 SPSS。在 SPSS 中输入数据，选择 Analyze 菜单的 Regression 命令，选择 Binary Logistic，在经过一系列设定后可以得到回归结果。部分计算结果如表 11.4 所示。表中包括回归系数、估计量的标准误差和假设检验的 p 值。其中，$\hat{\beta}_0=-12.328$，$\hat{\beta}_1=2.413$，$\hat{\beta}_2=2.413$。

表 11.4　SPSS 软件 Logistic 回归的结果

	系　数	标准误差	p 值
X_1	2.413	1.196	0.043604
X_2	2.096	1.088	0.053988
常数项	−12.328	5.431	0.023195

根据表 11.4 估计出的逻辑回归结果为

$$\hat{P}=\frac{\exp(-12.328+2.413X_1+2.096X_2)}{1+\exp(-12.328+2.413X_1+2.096X_2)}$$

可以根据上式对 Y 的取值进行预测：如果 Y 取值为 1 的概率 $P>0.5$，就预测 Y 的取值为 1；否则其预测值为 0。

11.2.3　SQL Server 2005 中的 Logistic 回归应用

本节讲述如何使用 SQL Server 2005 中的 Logistic 回归，使用的数据集是 SQL Server 2005 的 Adventure Works DW 数据库中的 vTargetMail 数据集。

SQL Server 2005 中的 Logistic 回归算法是 Microsoft 神经网络算法的特例，不是前面讲到的极大似然估计法。下面给出相关操作步骤。

(1) 创建 Analysis Services 项目。

(2) 创建数据源。

(3) 创建数据源视图。

上述三个步骤与 5.3.5 节中的步骤(1)、(2)和(3)相同，这里不再赘述。

(4) 创建“逻辑回归”挖掘结构。

在解决方案资源管理器中，右击“挖掘结构”，从弹出的快捷菜单中选择“新建挖掘结构”

命令,系统将打开数据挖掘向导。在"欢迎使用数据挖掘向导"页上,单击"下一步"按钮。在"选择定义方法"页上,确认已选中"从现有关系数据库或数据仓库",再单击"下一步"按钮。在"选择数据挖掘技术"页的"您要使用何种数据挖掘技术?"下拉列表中选择"Microsoft 逻辑回归"选项,如图 11.10 所示。

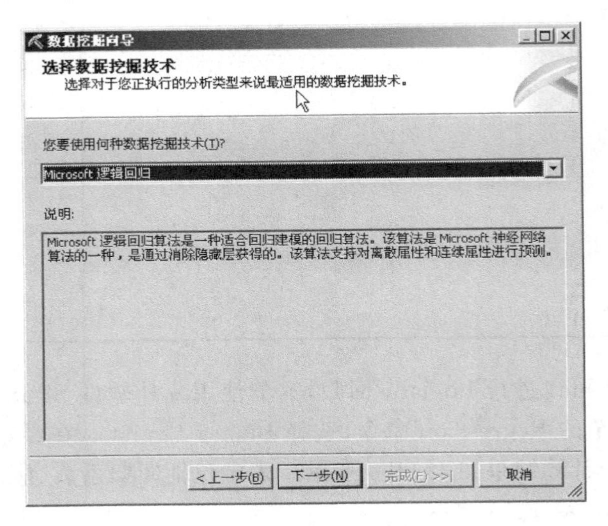

图 11.10　选择 Microsoft 逻辑回归作为挖掘技术

在图 11.10 中,单击"下一步"按钮,在随后出现的"选择数据源视图"页上,请注意已默认选中 Adventure Works DW。单击"选择数据源视图"页上的"下一步"按钮,在"指定表类型"页上选中 vTargetMail 表右边"事例"列中的复选框,如图 11.11 所示。

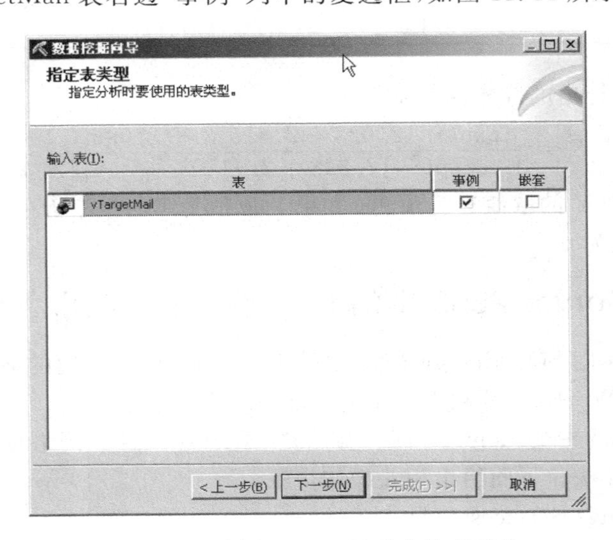

图 11.11　选择 vTargetMail 作为事例表

在图 11.11 中单击"下一步"按钮,出现"指定定型数据"页,如图 11.12 所示。在图 11.12 中,确保已选中 CustomerKey 列右边"键"列中的复选框,选中类别属性 BikeBuyer 列右边的"可预测"复选框,并且从属性列表中选中 Age、NumberCarsOwned、TotalChildren、

EnglishEduation、FrenchEduation、SpanishEduation 和 CommuteDistance 7 个描述属性的“输入”复选框。

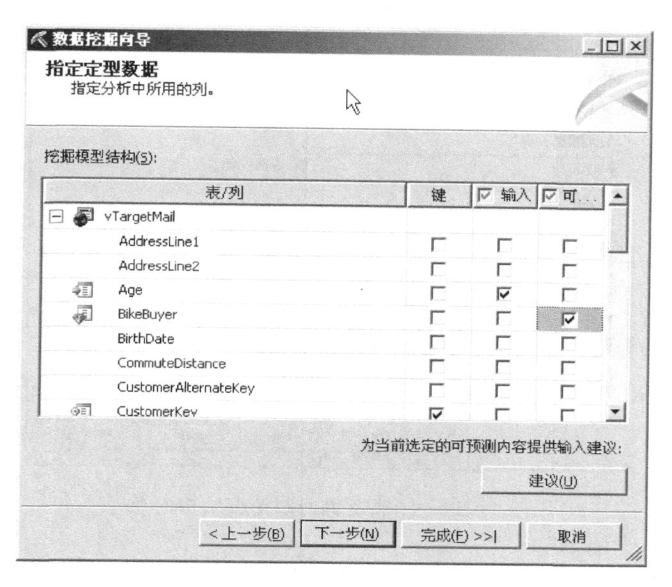

图 11.12 指定逻辑回归中所用的属性

在图 11.12 中单击“下一步”按钮，在“指定列的内容和数据类型”页上单击“检测”按钮，如图 11.13 所示，SQL Sever 2005 会对数据的类型进行检测，重要的一个变动是 Bike Buyer 的属性由 Continuous 变为了 Discrete。如果没有这个步骤计算结果可能不正确。在图 11.13 中单击“下一步”按钮，出现“完成向导”页，如图 11.14 所示。

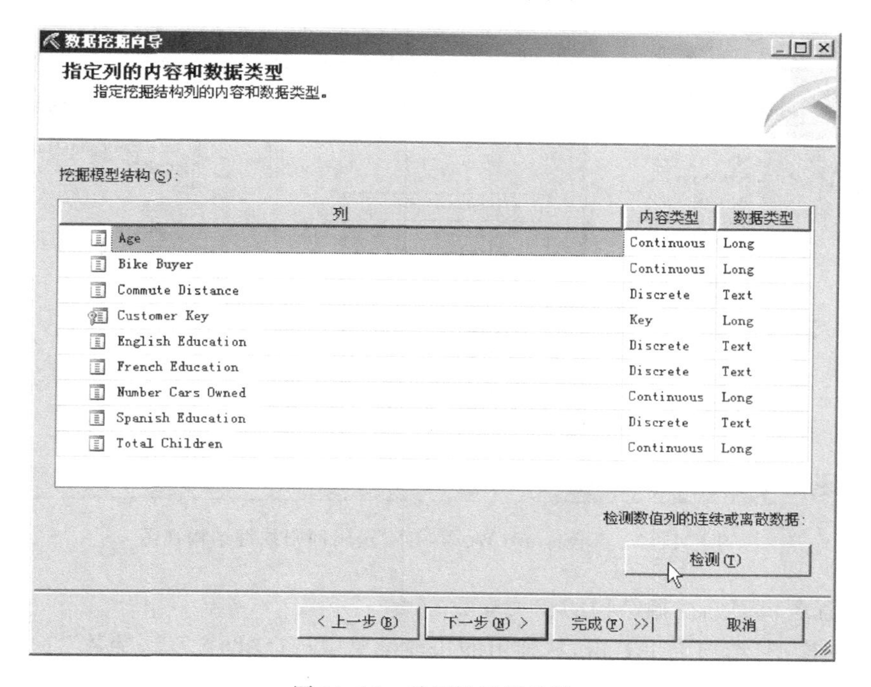

图 11.13 对属性进行检测

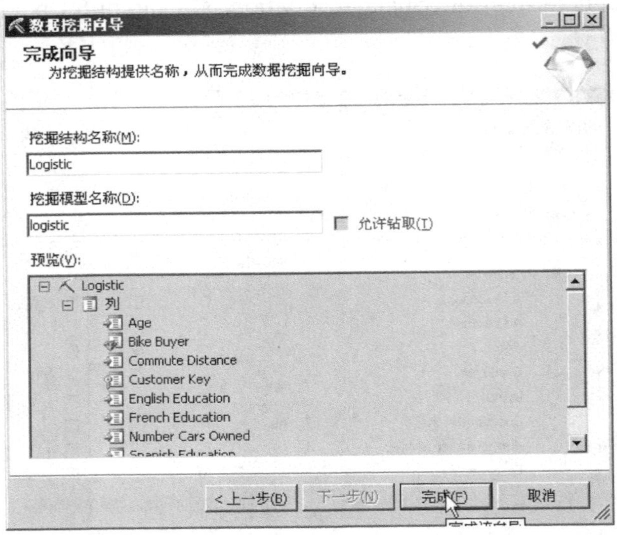

图 11.14 完成逻辑回归挖掘结构向导

在图 11.14 的"挖掘结构名称"文本框中输入 Logistic,在"挖掘模型名称"文本框中输入 Logistic,之后单击"完成"按钮,至此逻辑回归挖掘结构创建完成。系统将打开挖掘结构设计器,显示 Adventure Works DW 挖掘结构视图,如图 11.15 所示。

图 11.15 Adventure Works DW 逻辑回归挖掘结构视图

(5) 设置逻辑回归挖掘结构的相关参数。

在"挖掘模型"选项卡上右击,从弹出的快捷菜单中选择"设置算法参数"命令,系统将打开"算法参数"对话框,如图 11.16 所示。如果需要,可以在这里修改模型的参数。这里都采用默认值。

图 11.16　设置逻辑回归算法参数

(6) 建立逻辑回归挖掘模型。

选择“挖掘模型查看器”选项卡，程序问是否建立部署项目，选择“是”，在接下来的“处理挖掘模型”页上单击“运行”按钮，出现“处理进度”页，如图 11.17 所示。

在图 11.17 中，处理进度完成之后，单击“关闭”按钮，建模完成。

(7) 查看挖掘结果。

再次选择“挖掘模型查看器”选项卡，就能得到相关的结果。在图 11.18 中选择“挖掘准确性图表”选项卡，单击“选择事例表”按钮，在弹出的对话框中单击“确定”按钮。

之后，在图 11.19 中“筛选用于生成提升图的输入数据”下面选择 vTargetMail 表格中的 BikeBuyer。

完成以上操作后，SQL Sever 会根据 BikeBuyer 的实际值和预测值对模型进行评价。选择图 11.20 中的“分类矩阵”选项卡，可以得到关于预测结果准确性的分类矩阵。从图 11.20 中可以看出，分类正确(实际的类标号和预测的类标号相同的)共有 5595+5662=11257 人，占全部人员的 60.80%。

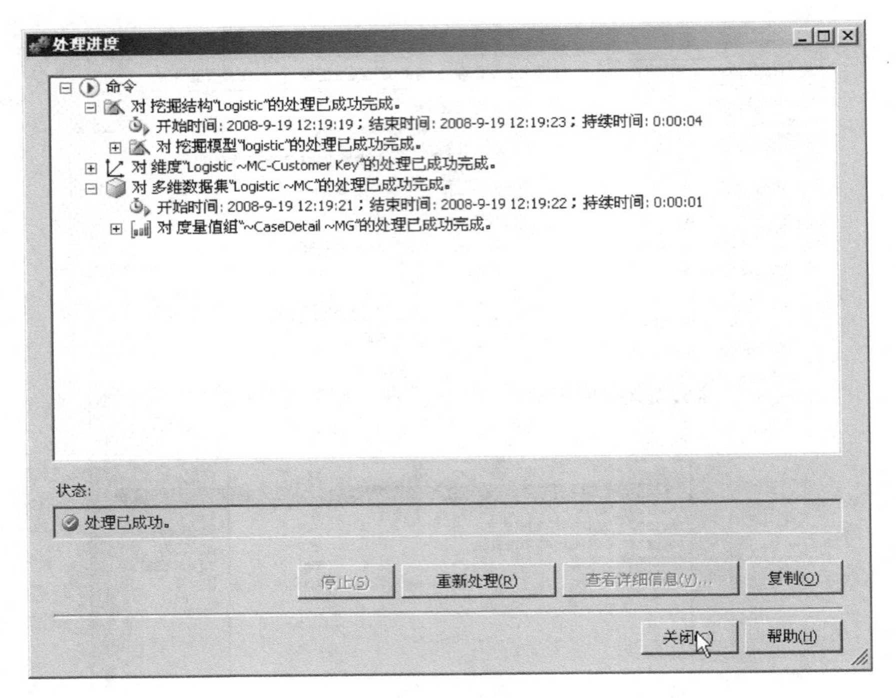

图 11.17 逻辑回归挖掘模型处理进度

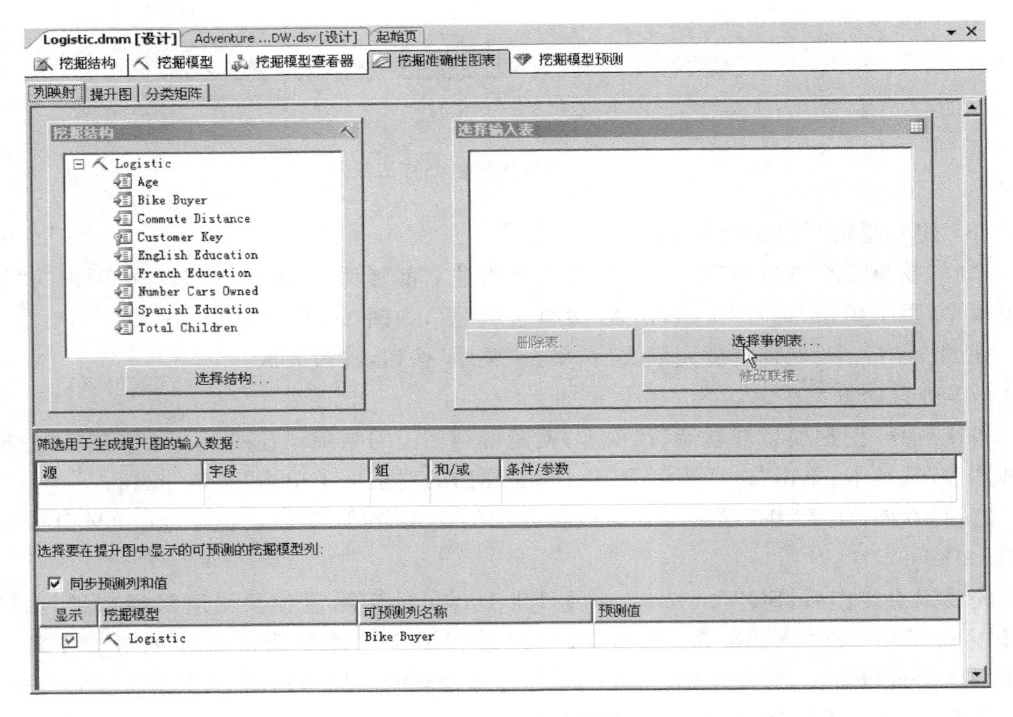

图 11.18 选择事例表

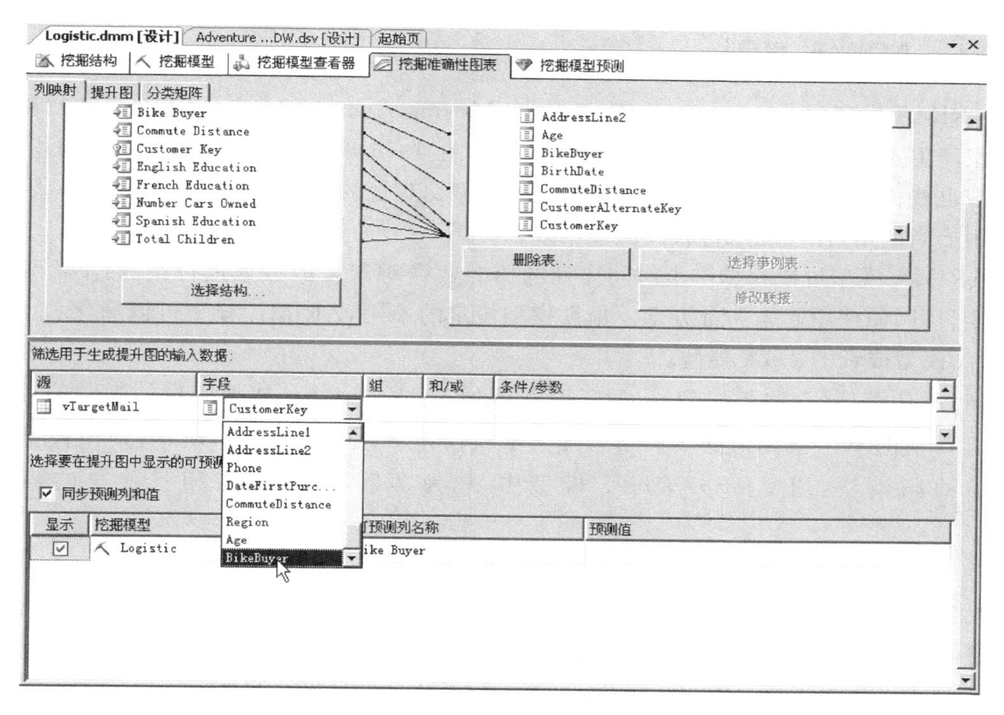

图 11.19　筛选用于生成提升图的输入数据

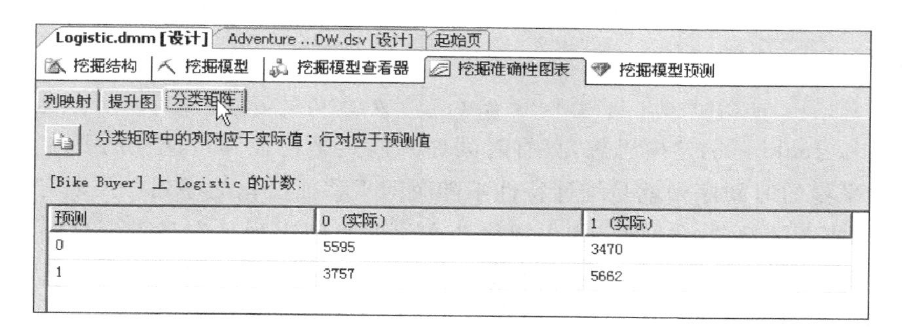

图 11.20　逻辑回归的结果

11.3　时间序列模型

时间序列是指按照时间的先后顺序所取得的一系列数据，可以是年度数据、季度数据、月度数据或其他时间形式的数据，通常用 $Y=\{Y_t|t=1,\cdots,n\}$ 来表示，其中 t 表示相应的时间。例如，一家公司历年的销售收入就构成一个时间序列。

对时间序列的未来趋势进行预测是时间序列分析的重要目的之一。时间序列预测的常用方法包括回归预测模型、指数平滑模型和 ARIMA 模型等。本节对在实际中应用比较广泛的 ARIMA 模型进行介绍，并对 SQL Sever 2005 中的时序分析方法进行介绍。

11.3.1 ARIMA 模型

ARIMA 模型(Autoregressive Integrated Moving Average Model),求和自回归移动平均模型产生于 20 世纪 60 年代末,Box 和 Jenkins 在 1976 年对该模型进行了系统阐述,所以该模型也被称为 Box-Jenkins 模型。ARIMA 模型比其他的统计预测技术要复杂一些,但如果运用恰当的话,往往能取得较好的预测效果。

ARIMA 模型可以根据一个时间序列的历史数据对未来的数据进行预测,不需要另外的自变量,因而使用起来非常方便。根据模型设定的不同,ARIMA 模型可以简化为 AR 模型、MA 模型或者 ARMA 模型。

(1) AR 模型(自回归模型)。对于时间序列 $Y_1, Y_2, \cdots, Y_t$,如果变量的观测值可以表示为其以前的 p 个观测值的线性组合加上随机误差项,如式(11-19)所示,则该模型称为 p 阶自回归模型,用 AR(p)表示。模型中 φ_0 为常数项,a_t 表示相互独立的随机误差项。

$$Y_t = \varphi_0 + \varphi_1 Y_{t-1} + \cdots + \varphi_p Y_{t-p} + a_t \tag{11-19}$$

(2) MA 模型(移动平均模型)。如果一个时间序列的观测值可以表示为当前和先前的 q 个随机误差项的线性组合,如式(11-20)所示,则该模型称为 q 阶移动平均模型,用 MA(q)表示。模型中的 μ 为时间序列的均值,a_t 表示相互独立的随机误差项。

$$Y_t = \mu + a_t - \theta_1 a_{t-1} - \cdots - \theta_q a_{t-q} \tag{11-20}$$

(3) ARMA 模型。ARMA(p,q)模型是 AR(p)和 MA(q)模型的组合,其表达式如式(11-21)所示。

$$Y_t = \varphi_0 + \varphi_1 Y_{t-1} + \cdots + \varphi_p Y_{t-p} + a_t - \theta_1 a_{t-1} - \cdots - \theta_q a_{t-q} \tag{11-21}$$

根据 Box、Jenkins 的建模思想,只有时间序列满足平稳性和可逆性的要求时上述模型才有意义。平稳的时间序列就是统计特性不随时间平移而变化的序列。长期有持续的上升或下降趋势,或者随季节变动而呈现出规律性变化的时间序列一定是不平稳的。对于不平稳的时间序列,必须先转化为平稳的时间序列以后才能建立 ARMA 模型。差分是最常用的时间序列平稳化的手段。所谓差分,就是用时间序列的当前值减去前面一个观测值,即 $Y_t - Y_{t-1}$。相隔 s 的差分为 $Y_t - Y_{t-s}$,一般用于周期为 s 的季节性数据。对于复杂的时间序列,可能需要进行 d 次差分才能使变换后的时间序列平稳。ARIMA 模型可以用式(11-22)表示。ARIMA 模型的建模过程就是先通过 d 阶的差分把不平稳的序列转化为平稳序列,再对差分后的序列建立 ARMA 模型。

$$\begin{cases} Z_t = (1 - B)^d Y_t \\ Z_t = \varphi_0 + \varphi_1 Z_{t-1} + \cdots + \varphi_p Z_{t-p} + a_t - \theta_1 a_{t-1} - \cdots - \theta_q a_{t-q} \end{cases} \tag{11-22}$$

在式(11-22)中,符号 B 表示后移算子。

一阶差分用公式表示为

$$(1 - B) Y_t = Y_t - Y_{t-1}$$

二阶差分用公式表示为

$$(1 - B)^2 Y_t = (1 - 2B + B^2) Y_t = Y_t - 2Y_{t-1} + Y_{t-2}$$

如果时间序列中包含季节成分，模型中还可以包含季节差分、季节自相关和季节移动平均的项，这时的模型称为季节 ARIMA 模型。模型的公式比较复杂，这里不作介绍。

11.3.2　建立 ARIMA 模型的步骤

一般来说，建立 ARIMA 模型需要以下几个步骤。

(1) 根据时间序列的图形或者其他方法对序列的平稳性进行判断。包含长期趋势和周期性变化的时间序列一定是不平稳的。

(2) 对非平稳序列进行平稳化处理，一般使用差分的方法。在差分时需要确定差分的阶数，即 d 的取值。

(3) 对于差分后的平稳序列，根据时间序列模型的识别规则建立相应的模型，也就是确定模型中 p 和 q 的值。模型识别中最主要的工具是自相关函数和偏相关函数。自相关函数描述了时间序列的当前序列和滞后的相关系数；偏相关函数描述了给定中间序列的条件下当前序列和滞后序列的相关系数。自相关函数和偏相关函数的图形可以帮助使用者初步判断时间序列所适合的模型形式和自回归、移动平均的阶数。

(4) 确定了模型中 p、d、q 的值，接下来就需要对模型中的 $p+q$ 个参数进行估计了。ARMA 模型的参数估计可以采用最小二乘估计或者极大似然估计等。参数估计的过程比较复杂，但借助于统计软件的帮助在实际应用中这已经不是一个问题了。

(5) 估计出模型的参数后，通常需要借助于一些统计方法对模型中参数的显著性、拟合效果等进行检验和分析。对模型残差的自相关函数和偏自相关函数进行分析是检验的重要内容，如果残差序列的自相关系数和偏自相关系数在统计上都不显著，就可以认为模型是可接受的。

(6) 通过检验的模型就可以用来进行预测了。预测通常通过统计软件来实现，手工计算对于包含 MA 项的模型来说困难比较大。

11.3.3　使用统计软件估计 ARIMA 模型

ARIMA 模型的模型设定和估计方法比较复杂，需要较多的专业知识。在实际应用中，许多统计软件都可以自动搜索最优的模型形式，估计出模型并进行预测。下面使用统计软件 SPSS 对给定数据进行预测。

表 11.5 所示为我国 1952—1988 年的农业国民收入指数。对这一序列建立 ARIMA 模型。显然，该序列有着显著的趋势，为非平稳序列，需要先进行差分。从图形看一阶差分后的序列可以认为是平稳的。通过对差分序列的自相关和偏自相关函数的分析，对序列拟合 ARIMA(0,1,1)模型。

在 SPSS 中输入数据，建立相应的时间变量，选择 Analyze→Time Series→Creat Models，经过进一步的设定后给出的估计结果如下：

$$(1-B)Y_t = 4.996 + a_t + 0.672a_{t-1}$$

从图 11.21 可以看出，时间序列的实际值和根据模型计算的拟合值是比较接近的。根据计算，模型的 R^2 值等于 0.981，非常接近于 1，说明拟合效果很好。

表 11.5　我国 1952—1988 年的农业国民收入指数

年　　份	农业国民收入指数	年　　份	农业国民收入指数
1952	100	1971	142
1953	101.6	1972	140.5
1954	103.3	1973	153.1
1955	111.5	1974	159.2
1956	116.5	1975	162.3
1957	120.1	1976	159.1
1958	120.3	1977	155.1
1959	100.6	1978	161.2
1960	83.6	1979	171.5
1961	84.7	1980	168.4
1962	88.7	1981	180.4
1963	98.9	1982	201.6
1964	111.9	1983	218.7
1965	122.9	1984	247
1966	131.9	1985	253.7
1967	134.2	1986	261.4
1968	131.6	1987	273.2
1969	132.2	1988	279.4
1970	139.8		

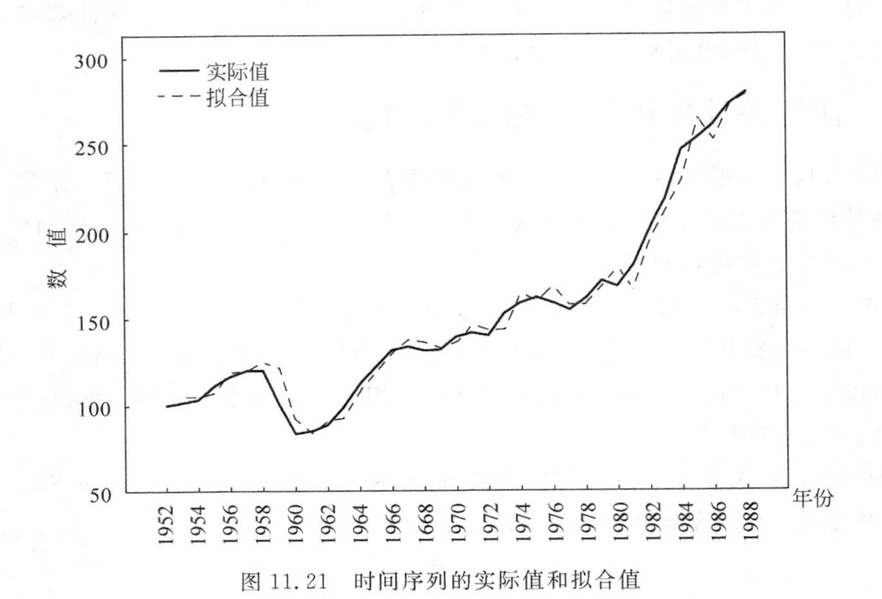

图 11.21　时间序列的实际值和拟合值

11.3.4　SQL Server 2005 中的时间序列分析

SQL Server 2005 中的 Microsoft 时间序列分析使用的算法是 Microsoft 决策树算法的特例。下面给出利用 Microsoft 时间序列分析进行数据分析的操作步骤，使用的数据集是 SQL Server 2005 的 Adventure Works DW 数据库中的 vTimeSeries 数据集。

(1) 创建 Analysis Services 项目。

(2) 创建数据源。

(3) 创建数据源视图。

上述三个步骤与 11.1.5 节中的步骤(1)、(2)和(3)相同，这里不再赘述。

(4) 创建时间序列挖掘结构。

在解决方案资源管理器中，右击"挖掘结构"，从弹出的快捷菜单中选择"新建挖掘结构"命令，系统将打开数据挖掘向导。在"欢迎使用数据挖掘向导"页上，单击"下一步"按钮。在"选择定义方法"页上，确认已选中"从现有关系数据库或数据仓库"，再单击"下一步"按钮。在"选择数据挖掘技术"页的"您要使用何种数据挖掘技术?"下拉列表中选择"Microsoft 时序"选项，如图 11.22 所示。

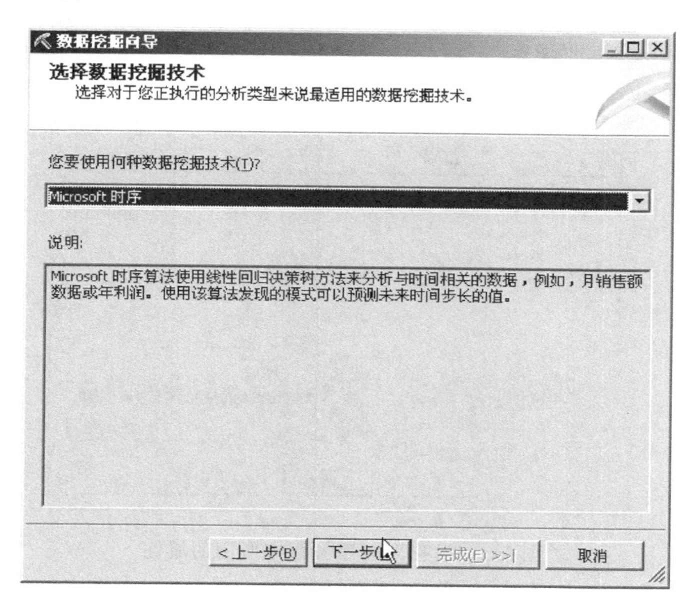

图 11.22　选择 Microsoft 时序作为挖掘技术

在图 11.22 中，单击"下一步"按钮，在随后出现的"选择数据源视图"页上，请注意已默认选中 Adventure Works DW。单击"选择数据源视图"页上的"下一步"按钮，在"指定表类型"页上选中 vTimeSeries 表右边"事例"列中的复选框，如图 11.23 所示。

在图 11.23 中，单击"下一步"按钮，出现"指定定型数据"页，如图 11.24 所示。在图 11.24 中，依次选中 TimeIndex 和 ModelRegion 列右边"键"列中的复选框，Amount 列右边的"输入"和"可预测"复选框。

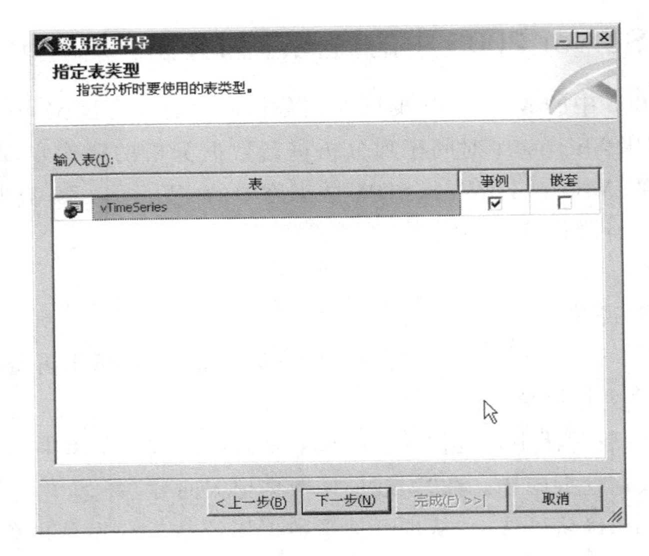

图 11.23 选择 vTimeSeries 作为事例表

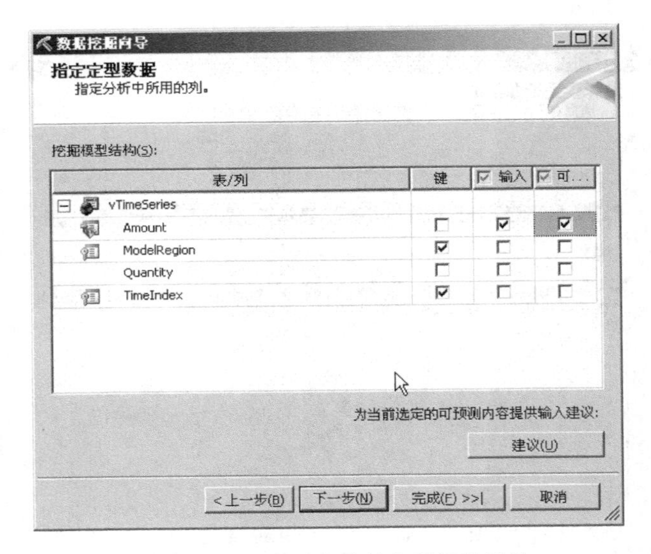

图 11.24 指定时序分析中所用的属性

在图 11.24 中单击"下一步"按钮,在"指定列的内容和数据类型"页上单击"下一步"按钮,出现"完成向导"页,如图 11.25 所示。

在图 11.25 的"挖掘结构名称"文本框中输入 Time Series,在"挖掘模型名称"文本框中输入 Time Series,之后单击"完成"按钮,由此时序挖掘结构创建完成,系统将打开挖掘结构设计器,显示 Adventure Works DW 挖掘结构视图,如图 11.26 所示。

(5) 设置时间序列挖掘结构的相关参数。

在"挖掘模型"选项卡上右击,从弹出的快捷菜单中选择"设置算法参数"命令,系统将打开"算法参数"对话框,如图 11.27 所示。由于本节使用的数据是月度数据,PERODICITY_HINT(周期性的建议)一项的数值要改为{12}。

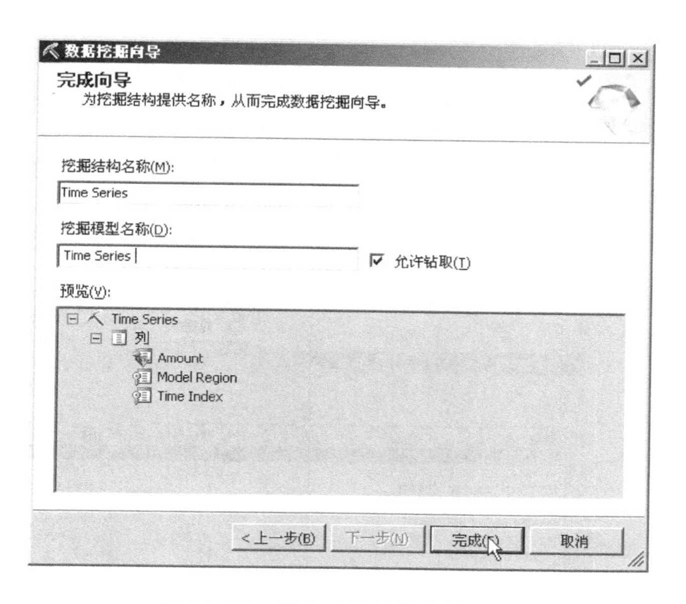

图 11.25　完成时序挖掘结构向导

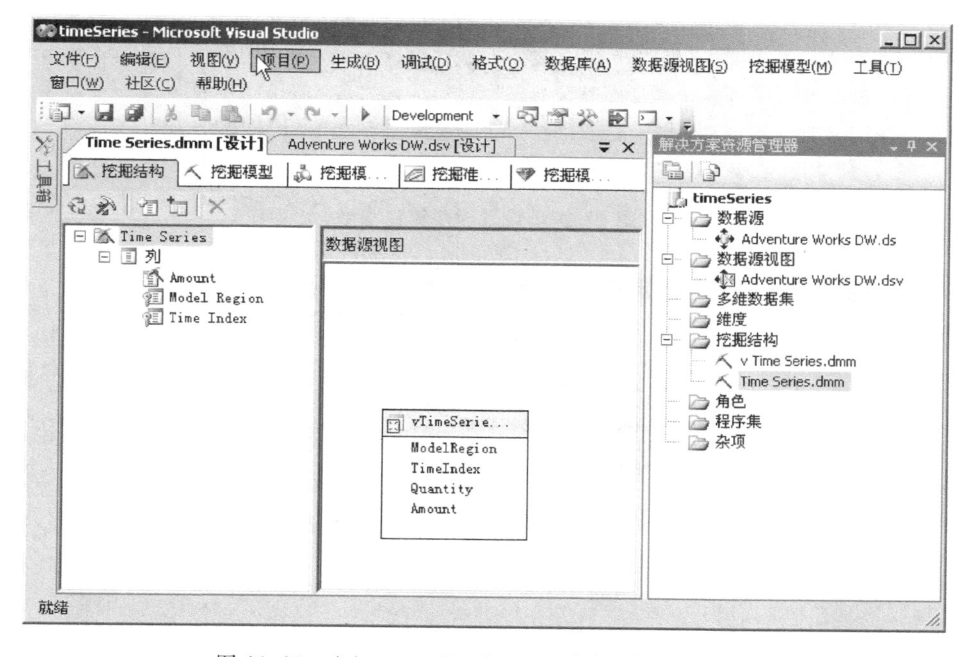

图 11.26　Adventure Works DW 时序挖掘结构视图

(6) 建立时间序列挖掘模型。

选择“挖掘模型查看器”选项卡，程序问是否建立部署项目，选择“是”，在接下来的“处理挖掘模型”页上单击“运行”按钮，出现“处理进度”页，如图 11.28 所示。

在图 11.28 中，处理进度完成之后，单击“关闭”按钮，建模完成。

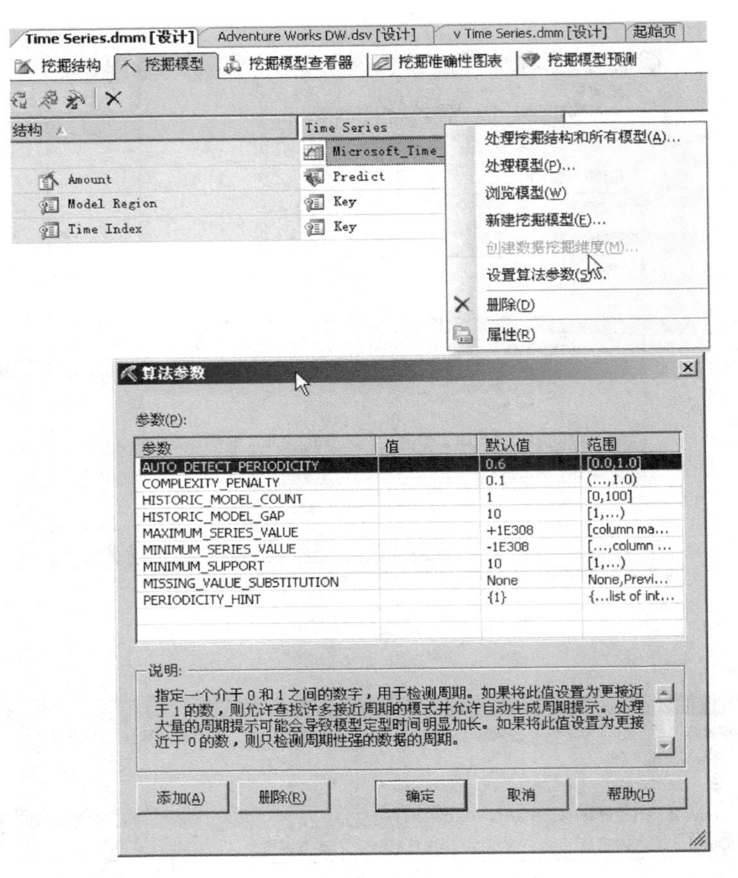

图 11.27　设置时序算法参数

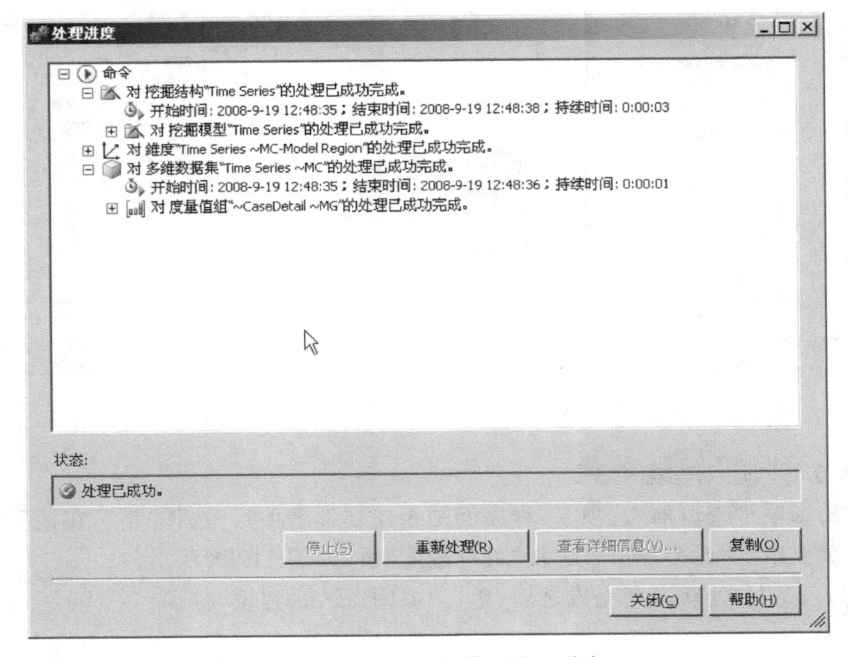

图 11.28　时序挖掘模型处理进度

（7）查看挖掘结果。

再次选择“挖掘模型查看器”选项卡，对 vTimeSeries 数据集进行时间序列分析的结果如图 11.29 和图 11.30 所示。

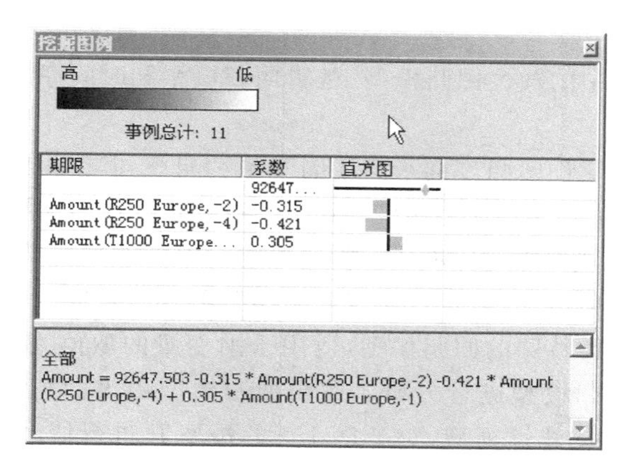

图 11.29　时序挖掘结果(1)

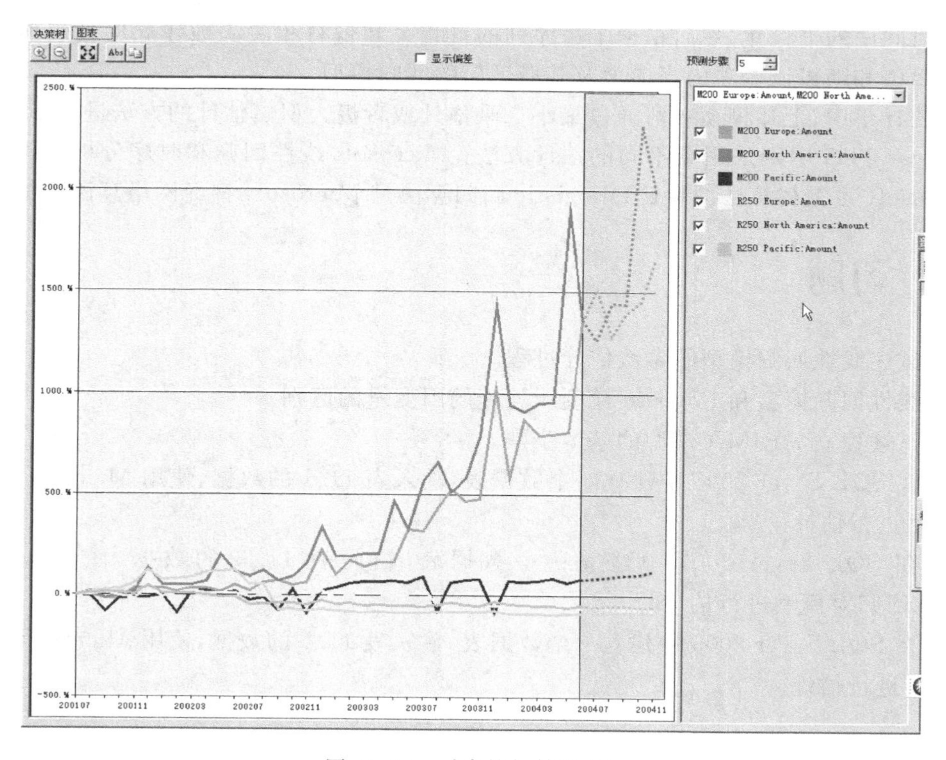

图 11.30　时序挖掘结果(2)

Microsoft 时序算法可以为数据集中的每个非重复序列生成模型。在这个例子中，数据集中每个区域都包含一段时间的销售额数据，所以该算法将为每个区域创建单独的时序模型。图 11.29 是对 T1000 Pacific 序列建立的预测模型。图 11.30 是模型对其中 6 个序列的预测情况。该图同时显示历史数据和未来数据。未来数据带有底纹，以便与历史数据区分开。

11.4 小结

本章介绍了统计学中的线性回归模型、逻辑回归模型和时间序列模型的基本概念、参数估计方法和主要应用。

线性回归模型通过线性回归方程来描述因变量和自变量之间的线性关系,一般采用最小二乘法来进行参数估计。在统计学中,得到了参数的估计值后还要对模型的拟合效果、自变量的显著性和模型的显著性进行统计检验。通过检验可以发现模型中存在的问题并对模型进行改进。通过了各项检验,拟合效果较好的模型可以用来进行预测。

逻辑回归模型是一类特殊的回归模型,适用于因变量的取值为二分变量的情况。这种情况不太适合用线性回归模型进行分析。逻辑回归模型最大的特点是建立发生比的对数 $\ln[P/(1-P)]$ 与自变量的线性模型,对 Y 等于 1 的概率 P 进行估计。这种方法的优点是可以保证估计出的 P 值在[0,1]之间。

ARIMA 模型是最常用的时间序列模型之一。其建模的基本思想是:先通过差分把非平稳的时间序列平稳化,然后根据平稳序列的自相关和偏自相关函数建立序列当前值对序列的滞后值和随机误差项的当前值及其滞后值的回归模型。

在统计学中,上述模型一般通过最小二乘估计或者极大似然估计的方法进行参数估计。SQL Sever 2005 中则采用了不同的估计方法:Microsoft 线性回归和时序分析使用的算法是 Microsoft 决策树算法的特例;Logistic 回归算法是 Microsoft 神经网络算法的特例。

11.5 习题

1. 试述线性回归模型的参数估计过程。
2. 线性回归模型和 Logistic 模型所处理的因变量的区别。
3. 试述建立 ARIMA 模型的基本步骤。
4. 在 SQL Sever 2005 中建立一个数据表,输入表 11.1 的数据,使用 Microsoft 线性回归对模型进行估计。
5. 在 SQL Sever 2005 中建立一个数据表,输入表 11.3 的数据,使用 Microsoft Logistic 回归对模型进行估计。
6. 在 SQL Sever 2005 中建立一个数据表,输入表 11.5 的数据,使用 Microsoft 时序分析对模型进行估计。

CHAPTER 12

第12章 文本和Web挖掘

20世纪90年代以来，随着Internet和Web技术的飞速发展和普及，信息获取已经从手工获取发展到计算机获取，以及到现在的通过网络进行信息获取。要在浩如烟海的网络世界里以及文本中找到所需信息，需要一种能够发现网页或文本内部隐含信息的工具，文本挖掘技术应运而生。可以利用各种数据挖掘方法，如分类学习、关联挖掘和聚类分析等，处理网页和文本中各种复杂类型的数据对象，以便从浩瀚的因特网和文本信息海洋中挖掘出用户所需要的信息和知识。

12.1 引例

下面有三段文本内容。

（1）今晚在北京大学体育馆进行的乒乓球女子团体决赛中，中国队以总比分3∶0战胜新加坡队，为中国乒乓球队夺得了本届奥运会的第一枚金牌，这也是在奥运会历史上产生的首枚乒乓球女子团体金牌。这枚金牌是中国体育代表团在本届奥运会上的第33枚金牌，已经超越了雅典奥运会32枚金牌的纪录，在中国奥运史上书写了新的历史（文字来源：奥运官方网站8月17日讯）。

（2）12月17日，北京航天飞行控制中心检测数据表明：截至12月17日凌晨3时44分，“神舟”六号飞船轨道舱已在太空中正常运行60天，环绕地球飞行1000余圈，轨道舱平台工况正常，各项科学试验按计划顺利进行并取得了初步成果（中国青年报消息）。

（3）今晚在北京大学体育馆进行了乒乓球男子单打的决赛，最终马琳以总比分4∶1战胜王皓获得金牌。由于之前王励勤在三四名决赛中战胜瑞典老将佩尔森，中国乒乓球队在本届奥运会上包揽了乒乓球男单项目的三枚奖牌，这也是中国代表团在本届奥运会上获得的第49枚金牌（奥运官方网站8月23日讯）。

针对上面的三段文本，有如下问题。

(1) 三段文本中哪两段文本在内容上更接近?

(2) 如果前两段文本各代表一类文本,那么,你认为第3段文本应该归为哪一类?

相信大多数读者能够给出正确的答案:第1段文本和第3段文本之间的关系更近,都是关于2008年北京第29届奥运会的报道,而第2段文字是关于“神舟”六号飞船的报道。如果第1段文本和第2段文本各代表一类,那么第3段文本应该归入第1类。

上述两个问题在文本规模较小、文本量较少的情况下可以让领域专家通过人工的手段完成。但对大规模、大数量的文本,如文献库或因特网上的网页,这项工作就很难人工完成,必须借助计算机的处理手段完成。本章将介绍如何用数据挖掘的手段让计算机快速、自动地解决上面提出的问题。

12.2 文本挖掘

文本挖掘是以计算语言学、统计数理分析为理论基础,结合机器学习和信息检索技术,从文本数据中发现和提取独立于用户信息需求的文档集中的隐含知识。它是一个从文本信息描述到选取提取模式,最终形成用户可理解的信息知识的过程。

12.2.1 文本信息检索概述

信息检索泛指用户从包含各种信息的文档集中查找所需要的信息或知识的过程,人们借助某种检索工具,运用某种特定的检索策略从待检索的信息源中查找出自己需要的信息。在日常生活中,文本信息占据很大的比例,它主要以文字或辅以图片呈现在人们面前。信息检索是一种不确定性检索,用户在检索信息时,并不知道信息源里是否有符合需要的东西,有时候检索出来的信息并不是我们需要的信息,信息的检索过程就是信息源中的信息和用户需求之间相互匹配的过程。

1. 信息检索的度量方式

最常用的衡量信息检索性能的尺度是信息检索的查准率和查全率。查准率是检索到的文档中的相关文档占全部检索到的文档的百分比,它所衡量的是检索系统的准确性。查全率是被检索出的文档中的相关文档占全部相关文档的百分比,它所衡量的是检索系统的全面性。

2. 基于模型的检索

在信息检索中,信息获取方式的优劣主要取决于信息模型的建立方法。信息模型建立方法主要可以分为三类:布尔模型、向量模型和概率模型。在布尔模型中,文档和查询式都表示为特征项的集合,可以通过运用集合运算来检索;在向量空间模型中,文档和查询式表示为高维空间中的向量,可以通过对向量的代数运算进行检索;概率模型中,文档和查询式是通过概率理论形式化为概率分布,检索模型建立在概率运算的基础之上。

检索模型包含如下三个要素。

(1) 文本集。早期文本信息检索基本局限于目录或者摘要等二次文献,它们的建立一般都采用传统的人工赋词标引方法。随着大量的各类信息的出现以及相关技术的发展,人们对全文检索系统的需求越来越大，对检索的要求也越来越高。全文检索不同于早期的检索系统，它是将整个文本信息作为检索对象，建立文本集，利用计算机抽取标识符，建立索引，再用全文检索技术实现检索。

(2) 用户提问。用户提交问题给检索系统，系统将其作为处理目标，搜寻文本集，并判断其中哪一个对象与用户的问题相匹配。

(3) 文本与用户提问相匹配。给定文本集与用户提问的描述，通常要判断该文本集与用户提问间的匹配程度。匹配处理的技术基础是自然语言处理技术以及能对文本集和用户提问做出严格的表示。

下面分别介绍几种模型。

(1) 布尔模型。在布尔模型中，将用户提问表示成布尔表达式，其中每一个用户提问词表达了用户的一个兴趣，如果该词在文本中出现，表明该文本满足用户兴趣，则赋值为 1；否则不满足，赋值为 0。查询式是由用户提问和操作符 and、or、not 组成的表达式，如果文本满足全部布尔表达式，则说明该文本与用户提问相匹配，系统将此文作为结果输出给用户。布尔模型的主要优点在于具有清楚和简单的形式，而主要缺陷在于完全匹配会导致太多或者太少的结果文档被返回。

(2) 向量空间模型。在向量空间模型中，有一个特征表示集。特征通常为字或词。用户提问与文本表示成高维空间向量，其中每一维为一个特征。一个用户提问的向量或文本向量的第 i 个元素表示用户提问或文本的第 i 个特征的重要度，或称权值。用户提问向量的权值由用户制定；文本向量的权值则根据特征在文本或文本集中的出现频率而得到。提问向量与文本向量间的余弦角通常用来测定该文本与该用户提问词之间的匹配程度。向量空间检索系统根据与用户提问之间余弦相似度的大小按序输出文本结果。

(3) 概率模型。在 20 世纪 60 年代，Maron 和 Kuhns 提出了概率模型，该模型在 INQUERY 系统环境中取得了较好的检索效果。富有代表性的模型是二值独立检索模型(binary independence retrieval，BIR)。BIR 模型实现简单且检索效果好，它根据用户的查询 Q，可以将所有文档 d 分为两类，一类与查询相关(集合 R)，另一类与查询不相关(集合 N，是 R 的补集)，两者概率分别表示为

$$P(R)=\frac{|R|}{|d|} \tag{12-1}$$

$$P(N)=1-P(R) \tag{12-2}$$

索引项的分布基于以下两条假设。

① 文档 D 可以表示为

$$d(x_1,x_2,\cdots,x_n) \tag{12-3}$$

其中，二元随机变量 x_i 表示索引项 t_i 是否在该文档中出现，如果出现，则 $x_i=1$；否则 $x_i=0$。

② 索引项与索引项之间相互独立，任意一个索引项的动作不会影响到其他索引项。

文档 D 和查询 Q 的相关度排序函数为

$$\mathrm{sim}(D,Q)=\frac{p(R\mid d)}{P(\bar{R}\mid d)} \tag{12-4}$$

利用贝叶斯公式并经简化，文档 D 与查询 Q 的相关函数可转换成以下形式：

$$\mathrm{sim}(D,Q)=\sum x_i\lg\frac{p_i(1-q_i)}{q_i(1-p_i)} \tag{12-5}$$

其中,d 表示训练文档集中的文档总数,R 表示训练文档集中与用户查询相关的文档数,表示在训练文档集中包含特征项的文档数,表示 R 个相关文档中包含特征项的文档数。

概率模型的主要优点是文档按照其相关概率大小降序排列,其效率明显优于布尔模型,但比向量空间模型略差。其主要缺点是需要初始时将文档分为相关和不相关的集合。

3. 基于相似性的检索

基于相似性的检索就是根据一组常用关键字发现相似的文档。在检索结果中可以包含相关程度的描述,其中相关程度是根据关键字的相似程度和关键字的出现次数等来确定的。

根据一个文档集合 d 和一个项集合 t,可以将每个文档表示为在 t 维空间 R 中的一个文档特征向量 v。向量 v 中第 j 个数值就是相应文档中第 j 个项的度量。如果文档中不包含这个项,那它就为 0,否则就不为 0。有许多定义这种向量中非 0 权值入口的方法。例如,若第 j 个项在文档中出现,就简单地定义 $v_j=1$,或定义 v_j 为项(在相应文档中)出现的频数,或相对项频数,即项频数除以所有项在相应文档中出现的次数。

由于相似文档应具有相似的项频数,可以根据在频数矩阵中的内容来判断一组文档间或文档与查询要求(由查询项组成)之间是否相似。一个有代表性的计算两个文档相似程度的计算方法,是余弦度量,其具体计算方法定义如下。

设 v_1 和 v_2 分别代表一个文档向量,那么两个文档的相似程度(余弦度量)定义为

$$\mathrm{sim}(v_1,v_2)=\frac{v_1\cdot v_2}{|v_1||v_2|} \tag{12-6}$$

其中,$v_1\cdot v_2$ 为标准的向量点乘,即为

$$\sum_{i=1}^{t} v_{1i}v_{2i} \tag{12-7}$$

分母中||的计算方法为

$$|v_i|=\sqrt{v_i\cdot v_i} \tag{12-8}$$

4. 文档间相似性计算举例

基于相似性的文档检索的前提是定义两篇文档之间的相似性。文档间相似性的计算不但是文档相似性检索的基础,而且是文档聚类和文档分类的基础。这是因为,由文档间的相似性很容易定义文档间的距离:文档的相似性高,它们之间的距离就近;文档的相似性低,它们之间的距离就远。所以,计算两篇文档的相似度是重要的基础性工作。

下面使用式(12-6)来计算两篇文档之间的相似度,使用的数据集是 12.1 节中给出的三段文本。

在计算文档相似度之前,首先需要给出一个关键词(或主题词)序列。这个序列是基本固定的,构成一部词典。例如,词典可以是:“北京大学,体育馆,乒乓球,团体,决赛,中国队,总比分,奥运会,金牌,女子团体,雅典奥运会,男子单打,检测数据,‘神舟’六号,轨道舱,太空,科学试验,金融,银行,监管,市场,经营,国际,货币,人民币”。

实际上的关键词序列规模要比上面的序列规模大得多。

下面构造 12.1 节中三段文本的向量。这里不统计某个关键字出现的频率,只要某个关键词出现,其对应位置的分量就是 1,否则就是 0。

对于 12.1 节中给出的三段文本，通过统计分别得到文档特征向量

$$v_1=\{1,1,1,1,1,1,1,1,1,1,1,0,0,0,0,0,0,0,0,0,0,0,0,0,0\}$$

$$v_2=\{0,0,0,0,0,0,0,0,0,0,0,0,1,1,1,1,1,0,0,0,0,0,0,0,0\}$$

$$v_3=\{1,1,1,0,1,0,1,1,1,0,0,1,0,0,0,0,0,0,0,0,0,0,0,0,0\}$$

由上面给出的三个向量，根据式(12-6)可以得到

$$\mathrm{sim}(v_1,v_2)=\frac{v_1\cdot v_2}{|v_1||v_2|}=\frac{0}{\sqrt{11}\times\sqrt{5}}=0$$

$$\mathrm{sim}(v_1,v_3)=\frac{v_1\cdot v_3}{|v_1||v_3|}=\frac{7}{\sqrt{11}\times\sqrt{8}}=\frac{7}{9.38}=0.75$$

$$\mathrm{sim}(v_2,v_3)=\frac{v_2\cdot v_3}{|v_2||v_3|}=\frac{0}{\sqrt{5}\times\sqrt{8}}=0$$

由上面的计算可得，12.1 节中的第 1 段文本和第 3 段文本具有很大的相似性，应该归为同一类，而第 1 段文本和第 2 段文本之间几乎没有相似性，第 2 段文本和第 3 段文本之间也几乎没有相似性。上面的计算会随词典的变化而变化。

由此，通过上述量化计算可以回答引例中提出的两个问题：(1)第 1 段文本和第 3 段文本之间关系很相近，应该归为同一类。(2)如果第 1 段文本和第 2 段文本各代表一类，那么第 3 段文本应该归为第一类。

上述的计算和分析过程示例了简单的文档聚类和分类工作，实际的文档聚类和分类工作要复杂得多，方法不只这一种，需要考虑更多方面的因素，但本质上都含有类似的思想。

12.2.2　基于关键字的关联分析

基于关键字的关联分析就是首先收集一起频繁出现的项或者关键字的集合，然后发现其中所存在的关联性。关联分析对文本数据库进行语法分析、抽取词根等预处理，生成关键字向量，根据关键字查询向量与文档向量之间的相关度比较结果，输出文本结果，然后调用关联挖掘算法。与关系数据库中关联规则的挖掘方法类似，基于关键字的关联规则产生包括两个阶段：关联挖掘阶段，这个阶段产生所有支持度大于或者等于最小支持度阈值的关键字集合，即频繁项集；规则生成阶段，利用前一阶段产生的频繁项集构造满足最小置信度约束的关联规则。根据不同的挖掘需要，可以利用关联挖掘或者最大模式挖掘算法来完成相应的文本分析任务。

12.2.3　文档自动聚类

文本聚类是根据文本数据的不同特征，将其划分为不同数据类的过程。其目的是要使同一类别的文本间的距离尽可能小，而不同类别的文本间的距离尽可能大。主要的聚类方法有统计方法、机器学习方法、神经网络方法和面向数据库的方法。在统计方法中，聚类也称聚类分析，主要研究基于几何距离的聚类。在机器学习中，聚类称作无监督学习。聚类学习和分类学习的不同主要在于：分类学习的训练文本或对象具有类标号，而用于聚类的文本没有类标号，由聚类学习算法自动确定。

传统的聚类方法在处理高维和海量文本数据时的效果不太理想，原因如下。

(1) 传统的聚类方法对样本空间的搜索具有一定的盲目性。

(2) 在高维很难找到适宜的相似度度量标准。

虽然文本聚类用于海量文本数据时存在不足,但与文本分类相比,文本聚类可以直接用于不带类标号的文本集,避免了为获得训练文本的类标号所花费的代价。根据聚类算法无须带有类标号样本这一优势,Nigam 等人提出从带有和不带有类标号的混合文本中学习分类模型的方法,其思想是利用聚类技术减少分类方法对有标号训练样本的需求,减轻手工标记样本类别所需的工作量,这种方法也称为半监督学习。

文本聚类包括以下步骤。

(1) 获取结构化的文本集。结构化的文本集由一组经过预处理的文本特征向量组成。从文本集中选取的特征好坏直接影响到聚类的质量。如果选取的特征与聚类目标无关,那么就难以得到良好的聚类结果。对于聚类任务,合理的特征选择策略应是使同类文本在特征空间中相距较近,异类文本相距较远。

(2) 执行聚类算法,获得聚类谱系图。聚类算法的目的是获取能够反映特征空间样本点之间的"抱团"性质。

(3) 选取合适的聚类阈值。在得到聚类谱系图后,领域专家凭借经验,并结合具体的应用场合确定阈值。阈值确定后,就可以直接从谱系图中得到聚类结果。

12.2.4 自动文档分类

自动文档分类是一个很重要的文本挖掘任务,是指根据文档的内容或者属性,将大量的文档归到一个或多个类别的过程。自动文档分类是指利用计算机将一篇文章自动地分派到一个或多个预定义的类别中。由于大量文档的存在,有必要对这些文档进行自动文档分类,虽然这个工作比较烦琐,但是能方便文档的检索和之后的分析。文档分类的关键问题是获得一个分类模式,利用此分类模式也可以对其他文档进行分类。

自动文档分类的过程通常包括如下两步。

(1) 将一组预先分好类的文档作为训练集,并利用一定的分类挖掘算法对训练集中的对象进行分析以导出分类模式,分类模式常用的表现形式有分类规则、判定树或数学公式。

(2) 利用获得的分类模式对类别未知的文档进行分类。可以看出,自动文档分类的本质是利用训练文本找出某一类文档中共有的特征,从而将出现某些相同特征的未知文档归入到相应的类别下。

12.2.5 自动摘要

文档的自动摘要就是利用计算机对文档进行处理,从中挑选出最能代表文档中心思想的句子或段落,经过修饰重组形成一段最能反映文档内容的文字;或者通过对文档的理解,重新生成一段能够表达文档主要内容的文字。

一般来说,自动摘要系统都由信息的理解、主题信息的提取和摘要生成三部分构成。因为这三部分所采用的方法不同,摘要系统也可以划分成不同的类型。若从摘要的内容进行分类,可分为如下几类。

(1) 主题摘要。在摘要过程中需要理解全文,抽取文章中的主题(概念、句),组织成文,构成摘要,作者原文摘要大致如此。这也是自动摘要系统的最高境界。

(2) 信息摘要。根据用户特定信息要求抽取有关信息,按用户所喜闻乐见的格式组织成有关信息的摘要(有人称其为理解型摘要)。

(3) 纲目摘要。在阅读并理解全文的基础上，识别文章的结构信息，给出全文目录纲要。

(4) 摘录型摘要。大部分文摘都是直接或间接选自原文，只有少数句子经过加工整理而成，手工文摘员的摘要大多如此。

(5) 评论型摘要。在阅读大量同类文献的基础上，文摘人员对这些文献进行分析比较，在综合评价后形成文摘。这类文摘需要文摘人员有较深的专业知识，对某一领域非常熟悉。

其中，上述(1)、(2)、(3)种摘要也常被称为报道型摘要。

文档使用计算机自动生成文档摘要，生成的摘要是表明文档主题的一个摘要内容，它可以明确地表达出文章撰写的主要目的。自动摘要生成的步骤如下。

(1) 对文档的预处理。对文档的章节、段落和句子等进行划分，主要以标点符号为划分依据，符号对于语法或者语义的影响可能比较大。但是对于文本预处理而言，符号就是句子间隔，将输入的原文本按照其所属章节、段落和句子等信息进行标记。

(2) 过滤。去掉文档中不相关的句子。

(3) 分词。利用给定的中文词表，对文档进行分词；对于不能处理的词，作单字处理，不必进行词性的判断；根据停用词表剔除无效的实义词。对英文来说，语句中的单词之间是通过空格自然分开的，但是中文的文字是紧紧相挨的，要对中文文档进行摘要，文档中的词如何切分出来是一个关键问题。在分词时可以采用双向最大匹配法与基于统计的方法相结合。分词步骤如下。

① 根据中文的语言规范和特点，先制定一个停用词表，表中存放那些明显不能构成词的单虚字、助词等。

② 分词时首先(第一遍扫描)将文档中含有的停用词表中的字、词去掉，以减少不必要的资源浪费并且提高分词速度。

③ 去除停用词后，文档将被分成许多较小的字符串，针对这些字符串可采用双向最大匹配法，进行第二遍扫描。双向最大匹配法就是将正向与逆向最大匹配法结合起来进行双向扫描匹配的一种方法。将字符串与一个常用词词典中的词进行匹配，若在词典中找到某个字符串，则匹配成功，识别出一个词。匹配完成后，文档分词基本完成。

④ 由于匹配法会遗漏一些生词，因此对匹配后的短字符串采用统计的方法进行处理，识别一些词典中不含有的新词。基于统计的分词法是将统计学的知识应用到语言处理的一种方法。从形式上看，词是稳定字的组合，因此在上下文中，相邻的字同时出现的次数越多，就越有可能构成一个词。因此，字与字相邻出现的频率或概率能够较好地反映成词的可信度。当紧密程度高于某一个阈值时，便可认为此字组可能构成一个词。因此，对文档匹配后的短字符串进行统计分词后，一些生词就可被识别出来，大大提高了分词的准确性。

(4) 统计分析。通过分析统计句子的词汇项信息，计算词权，确定文档关键词；在分词处理后，文章被切分成一个个的词，统计出各个词在文档中的出现次数。词的权重由词在当前文档的相对词频决定，为了定量地衡量词条的重要性，需要给文档中的每个词条赋予权值。

(5) 提取摘要。计算句子的权值，按权值大小对句子进行排序。确定句子的权值要考虑以下因素。

① 句子中包含的词条的重要性。句中词条权重之和越大,则说明句子的重要性可能越大。

② 句子在文章中所处的位置。如首句、末句等处的句子往往在较大程度上概述了文章的内容。

③ 某些具有特殊标记的句子。如果句子中包含了“综上所述”“总而言之”等概括性的词,则说明该句子能概括文章的意思,应该加大权重。

(6) 输出摘要。通过前面的统计、分析、计算之后,确定摘要长度,选取满足条件的句子,按原文顺序显示。

(7) 对摘要的评估。在自动摘要的研究中,评估是一个关键。摘要的质量可以从可理解性、内聚性、连贯性和易读性这4个方面来评估。对自动摘要的结果进行自动评估是一件很难的事,目前还没有很好的系统能进行自动评估。目前一般用人工摘要结果与之相比较,摘要评估要消耗不少人力。评价的标准采用信息检索中的准确率和召回率,两者的数值越高越好。假设自动摘要出的句子集为x,人工摘要出的句子集为y,准确率(p)为

$$p = (x \cap y)/x \tag{12-9}$$

准确率是自动摘要结果中属于应摘出的句子数目和自动摘出的所有句子数目的比值。

召回率(r)为

$$r = (x \cap y)/y \tag{12-10}$$

召回率是自动摘要结果中属于应摘出的句子数目和应该摘出的句子数目的比值。

12.3 Web 挖掘

Web 挖掘是从海量的 Web 数据中自动高效地提取有用知识的一种新兴的数据处理技术。在数据挖掘的最初阶段,人们把注意力集中在对存放在数据库中的数据进行挖掘,从数据库中获取知识(Knowledge Discovery in Database,KDD)的概念就是在这种情况下提出来的。近年来,因特网的飞速发展与广泛使用,使得 Web 上的信息量以惊人的速度增长,为了从这些海量的 Web 数据中获取对自己有用的信息,Web 挖掘技术应运而生,它是一种能自动地从 Web 资源中发现、获取信息,不至于在数据的海洋中迷失方向的技术。

Web 数据挖掘是用数据挖掘技术在 Web 文档和服务器中自动发现和提取感兴趣的、有用的模式和隐含的信息。按照挖掘对象的不同,可以将 Web 挖掘分为三类:Web 内容挖掘(Web content mining)、Web 结构挖掘和 Web 使用挖掘,如图 12.1 所示。

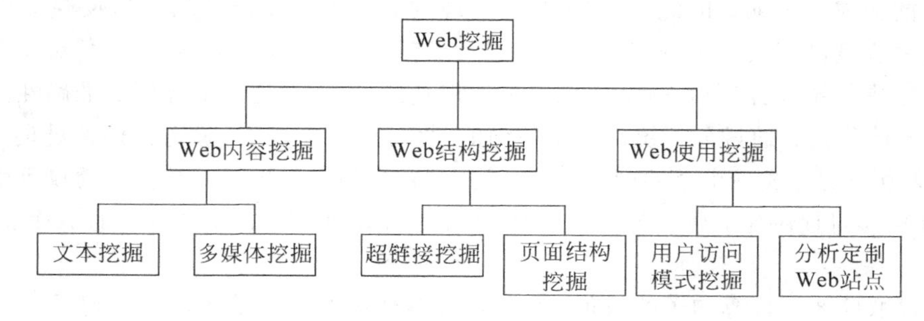

图 12.1　Web 挖掘分类

12.3.1 Web内容挖掘

Web内容挖掘是对Web页面内容进行挖掘，是从大量的Web数据中发现信息、抽取知识的过程。Web内容挖掘分为文本挖掘（包括txt、HTML等格式）和多媒体挖掘（包括图像、音频等媒体类型）。它包括以下内容。

（1）对搜索引擎的查询结果作进一步处理，得到更为精确和有用的信息，以增强搜索引擎的内容查询功能。

（2）数据库方法。把半结构化的Web信息重构得更结构化一些，然后就可以使用标准化的数据库查询机制和挖掘方法进行分析。

（3）对HTML页面内容进行挖掘。对页面中的文本进行文本挖掘，对页面中的多媒体信息进行多媒体信息挖掘。包括对页面内容摘要、分类、聚类以及关联规则发现。

Web文本挖掘是指对Web上大量文档集合的内容进行总结、分类、聚类和关联分析等。文本总结指的是根据用户提出的主题，从文档中提取出关键信息，用简洁的形式对文档内容进行摘要或者解释。文本分类是指根据预先定义的主题类别，把文档集合中的每一个文档分到一个或多个合适的类别。这不仅方便了用户浏览文档，而且也使得按照指定类别搜索文档变得容易。文本聚类是指把文档集合按照相似性分成若干类，使得类间相似性最小而类内相似性最大。文本聚类与分类的不同之处在于，聚类没有预先定义好的主题类别，它的目标是将文档集合分为若干个类，要求同一类内文档内容的相似度尽可能地大，而不同类间的相似度尽可能地小。关联分析是指从Web文档中找出不同词语之间的关系。

搜索引擎是指因特网上专门提供查询服务的一类网站，这些网站通过网络搜索软件（又称为网络搜索机器人）或网站登记等方式，收集因特网上大量网站的页面，经过加工处理后建库，从而能够对用户提出的各种查询作出响应，提供用户所需的信息。用户的查询途径主要包括自由词、全文检索、主题词检索、分类检索及其他特殊信息的检索（企业、人名和电话黄页等）。

搜索引擎一般由搜索器、索引器、检索器和用户接口4个部分组成。

（1）搜索器。其功能是在因特网中漫游，发现和搜集信息，它要尽可能多、尽可能快地搜集新信息和定期更新旧信息，以避免死连接和无效连接，为此搜索器的实现常采用分布式、并行计算技术，以提高信息发现和更新的速度。

（2）索引器。其功能是理解搜索器所搜索的信息，从中抽取出索引项，用于表示文档以及生成文档库的索引表。索引器可以使用集中式索引算法或分布式索引算法。

（3）检索器。其功能是根据用户的查询在索引库中快速检出文档，进行文档与查询的相关度评价，对将要输出的结果进行排序，并实现某种用户相关性反馈机制。

（4）用户接口。其作用是输入用户查询，显示查询结果，提供用户相关性反馈机制。分为简单接口和复杂接口两种。简单接口只提供用户输入查询串的文本框，复杂接口可以让用户对查询进行限制。

12.3.2 Web结构挖掘

Web结构挖掘即挖掘Web潜在的链接结构模式，它是从WWW的组织结构和链接关系中推导知识。在Web空间里，对人们有用的知识不仅包含在Web页面内容中，而且也包含在页面的结构之中。Web结构挖掘的主要方法有Page Rank和CLEVER。Web结构挖掘通过分析一个网页链接和被链接的网页数量和对象,建立Web自身的链接结构模式,这种模式可以用于进行网页分类、总结网站和网页的结构,由此获得有关不同网页间相似度及关联度的信息,并由此获得有关不同页面间相似度和关联度的信息。

Web结构挖掘也有助于发现权威的Web页面,这样可以进行页面等级的划分。在搜索某个给定问题的Web页面时,我们希望搜索到的页面能够对该问题具有权威性。超链接含有大量人类潜在的注释,权威性就隐藏在这些链接中,当一个Web页面指向另一个页面时,可以看作是该页面的作者对另一个页面的注释,页面的重要性也可以通过收集该页面的来自不同作者的注释来反映。

Web链接结构的局限性如下。

(1) 不是每个超链接都具有认可的性质。有些是为了其他目的而创建的,如为了导航或付费广告等,这些不具有认可性质的超链接不能用于权威判断。

(2) 在当今激烈的商业竞争下,很少有Web页面指向其竞争领域的权威页面。

(3) 权威页面很少是描述性的,例如,雅虎网页不包含任何自我描述,如搜索引擎。

Web结构挖掘的主要算法包括Page-rank算法和HITS算法。

(1) Page-rank算法。Page-rank算法是基于以下假设的思想:一个页面被多次引用,即很多页面有指向它的链接,则这个页面很重要;一个页面尽管没有被多次引用,但被一个重要页面引用,则这个页面也可能很重要;一个页面的重要性被均匀分布并传递到它所引用的页面。S. Brin和L. Page提出了计算页面权威性的算法,计算公式如下:

$$R(i) = (1-c) + c * \sum_{j \in B(i)} \frac{R(j)}{N(j)} \tag{12-11}$$

他们认为c的最佳值为0.85。其中,$B(i)$代表指向页面i的页面集合,$N(j)$表示页面j中指向其他页面的超链接数目,$R(i)$表示页面i的权威度。

Page-rank算法的优点是只要提前算好了Page-rank值,检索时不必重新计算,这样就减少了在线时间。该算法的缺点是它的检索具有全局性,要算一个网页的Page-rank值就要算出文档集里所有网页的Page-rank值,计算量比较大。

(2) HITS算法。1999年,Kleinberg提出了HITS(Hypertext Induced Topic Search)算法。他认为页面的重要性应该建立在用户查询条件的基础上,每一页面都分别有Authority值和Hub值。通常,好的Hub是指向许多好的权威页面,好的权威是指由许多好Hub所指向的页面。这种Hub和Authority之间的相互作用可用于权威页面的挖掘及高质量Web结构和资源的自动发现,这就是HITS方法的基本思想。

HITS算法的内容如下:将查询q提交给普通的基于相似度的搜索引擎,搜索引擎返回很多页面,从中取前n个页面作为根集(root set),用s表示。通过向s中加入被s引用的页面和引用s的页面将s扩展成一个更大的集合T,作为基本集(base set)。首先为基本集中的每一个页面赋予一个非负的权威权重a_p和非负的Hub权重h_p,并将所有a和h的初始值设置为同一个常数。Hub与权威的权重可按照如下公式进行迭代计算

$$a_p = \sum_{\text{qsuchthatq} \to p} h_q \tag{12-12}$$

$$h_p = \sum_{\text{qsuchthatq} \to p} a_q \tag{12-13}$$

HITS 算法的优点是：它是局部性的，只涉及一小部分页面，一般为几千个页面；它的权值与检索主题相关，此值是某个网页相对于某个检索主题的权值。该算法的缺点是对某些检索主题存在分散和泛化现象，检索这些主题的效率和性能很差。

12.3.3 Web 使用挖掘

现在，越来越多的企业利用 Internet 进行商务活动，对企业来说，访问信息挖掘是一种很重要的信息获取方式。用户在 Web 站点上的商业活动和浏览访问信息都记录在 log 文件中，Web 日志挖掘就是从服务器的 log 文件或其他数据中分析用户的访问模式。Web 使用挖掘有助于网络信息的合理组织和服务质量的改进。Web 使用挖掘的主要手段有关联规则挖掘、路径分析、聚类分析和序列模式挖掘等。

(1) 关联规则挖掘。通过关联分析挖掘出隐藏在数据间的相互关系，发现用户浏览时的相关页面。最常用的方法是 Aprior 算法，从事务数据库中挖掘出最大频繁访问项集，这个项集就是关联规则挖掘出来的用户访问模式。

如通过对 Web 站点服务器的日志进行关联规则的挖掘，发现访问室内排球页面的用户，其中的 45%也访问手球页面。访问羽毛球和跳水页面的用户，其中的 59%也访问桌球页面。

进行 Web 挖掘，利用在 Web 上的关联规则的发现，构建关联模型，可以针对客户动态调整站点的结构，使用户访问的有关联的文件间的连接能够比较直接。减少用户过滤信息的负担，如果网站具有这样的便利性，能给用户留下好的印象，增加下次访问的几率，也就为电子商务的开展提供了先机。

(2) 路径分析。路径分析可用于发现 Web 站点中最经常被访问的路径，从而调整站点的结构。

将网站上的页面定义成结点，页面之间的超级链接定义成图中的边，这样就形成网站结构图，从图中确定最频繁的访问路径。如一个网站，它包括页面{A,B,C,D,E,F,G}，这些页面之间通过超链接相连，其中 A 为这个网站的主页。网站的访问记录中有大量的不同访问者的访问路径数据，通过数据挖掘发现有许多用户在连接主页 A 后都会沿着 A-B-C-D-E 的访问路径访问 E，网站就应该在主页 A 上增加一个直接到 E 页面的链接，以方便用户的使用。通过路径分析，可以改进页面及网站结构的设计。

(3) 聚类分析。聚类分析不同于分类，其输入集是一组未标记的记录，也就是此时输入的记录还没有进行任何分类。聚类分析是把具有相似特征的用户或数据项归类，在网站管理中通过聚类具有相似浏览行为的用户，使管理员更多地了解用户，为用户提供更满意、更个性化的服务。

例如，有一些用户经常浏览 TOFEL、GRE、application 和 visa 的信息，经过分析这些用户被聚类为一组，就可以知道这是一组 expecting overseas student 用户。这样，Web 可自动给这个特点的用户聚类群发送新信息邮件，及时调整页面及页面内容，使网站管理活动能够在一定程度上满足用户的需求，使此 Web 站点活动更有意义和价值。

(4) 序列模式挖掘。序列模式是指在时序数据集中发现在时间上具有先后顺序的数据项。它与关联挖掘都是从用户访问的日志中寻找用户普遍访问的规律，关联挖掘更注重事务内的关系，序列模式挖掘则注意事务间的关系。在 Web 日志挖掘中，序列模式识别是指寻找用户会话中在时间上有先后关系的页面请求。

如在线定购计算机的用户,60%的人会在3个月内定购打印机。发现序列模式能够便于电子商务的决策者预测客户的访问模式,对客户提供个性化服务。网站管理员可利用发现的序列模式预测用户即将可能请求的页面,这样就可以针对特定用户在页面中放置不同的广告来增加广告点击率。

Web日志挖掘可分为三个阶段:数据预处理、数据挖掘和对挖掘出的模式进行分析。数据预处理将原始的日志文件经过一系列的数据处理转化成事务数据库,以供数据挖掘阶段使用。主要包括数据清洗和事务识别两个部分,数据清洗主要是对无关记录的删除、判断是否有重要的访问没有被记录、用户的识别等。事务识别是将页面访问序列划分为代表Web事务或用户会话的逻辑单元。数据挖掘阶段对数据预处理所形成的事务数据库,利用数据挖掘的一些有效算法来发现隐藏的模式、规则。然后主要是对挖掘出来的模式、规则进行分析,找出用户感兴趣的模式。

12.4 小结

有相当多的信息是以文本或者文档形式存放在数据库中的,这些数据库存储了大量的文档数据。文本数据挖掘也变得越来越重要。文本挖掘比基于关键字检索和基于相似性搜索又进一步,它是从半结构化的数据中发现有意义的知识。文本挖掘主要有基于关键字的关联分析、文档分类和文档自动摘要等。

因特网已经成为一个巨大的分布式全球信息服务中心,它不仅包含了大量的文档,而且还包含了丰富的动态超链接信息、存取和使用信息等。如此巨大的信息资源为数据挖掘提供了广阔的应用空间和基础。Web挖掘主要分为三类:Web内容挖掘、Web结构挖掘和Web使用挖掘。这里所介绍的Web挖掘内容主要有对文本挖掘和多媒体挖掘、搜索引擎技术的简要介绍、挖掘Web链接结构以及Web结构挖掘算法和Web使用模式挖掘等。

12.5 习题

1. 请简述Web挖掘的三个主要类别。

2. 对12.2.1节给出的例子,请重新计算三个文档两两之间的距离。但文档向量中的分量不是0/1的,而是关键词在文档中出现的频率。

3. 请解释衡量信息检索性能的尺度的两个概念:查准率和查全率。

4. 汉语文本挖掘的一项基础性工作是分词,请简述分词操作的基本步骤。

5. 简述Web使用挖掘的路径分析手段的工作原理,举例说明它的分析结果怎样帮助优化站点的结构。

参考文献

[1] Jeffrey A Hoffer, Mary B Prescott, Fred R McFadden. Modern Database Management (8th)[M]. America: Prentice Hall, 2007.

[2] Michael Corey, Michael Abbey. SQL Server 7 Data Warehousing 数据仓库[M]. 希望图书创作室,译. 北京:希望电子出版社,2000.

[3] 朱德利. SQL Server 2005 数据挖掘与商业智能完全解决方案[M]. 北京:电子工业出版社,2007.

[4] 何玉洁,张俊超. 数据仓库与OLAP实践教程[M]. 北京:清华大学出版社,2008.

[5] 王珊. 数据仓库技术与联机分析处理[M]. 北京:科学出版社,1999.

[6] 王小平,曹立明. 遗传算法——理论、应用与软件实现[M]. 西安:西安交通大学出版社,2002.

[7] 陈京民. 数据仓库与数据挖掘[M]. 2版. 北京:电子工业出版社,2007.

[8] 边肇祺,张学工. 模式识别[M]. 2版. 北京:清华大学出版社,2000.

[9] 张文修,吴伟志,梁吉业. 粗糙集理论与方法[M]. 北京:科学出版社,2001.

[10] 苗夺谦,李道国. 粗糙集理论、算法与应用[M]. 北京:清华大学出版社,2008.

[11] 吴喜之. 统计学:从数据到结论[M]. 北京:中国统计出版社,2006.

[12] 王燕. 应用时间序列分析[M]. 北京:中国人民大学出版社,2005.

[13] 毛国君. 数据挖掘原理与算法[M]. 2版. 北京:清华大学出版社,2007.

[14] Jiawei Han, Micheline Kamber. 数据挖掘概念与技术[M]. 2版. 范明,孟小峰,译. 北京:机械工业出版社,2007.

图书资源支持

感谢您一直以来对清华版图书的支持和爱护。为了配合本书的使用，本书提供配套的资源，有需求的读者请扫描下方的“书圈”微信公众号二维码，在图书专区下载，也可以拨打电话或发送电子邮件咨询。

如果您在使用本书的过程中遇到了什么问题，或者有相关图书出版计划，也请您发邮件告诉我们，以便我们更好地为您服务。

我们的联系方式：

地　　址：北京海淀区双清路学研大厦 A 座 707

邮　　编：100084

电　　话：010－62770175－4604

资源下载：http://www.tup.com.cn

电子邮件：weijj@tup.tsinghua.edu.cn

QQ：883604（请写明您的单位和姓名）

资源下载、样书申请

书圈

用微信扫一扫右边的二维码，即可关注清华大学出版社公众号“书圈”。